普通高等教育"十一五"国家级规划教材

丛书主编 谭浩强

高等院校计算机应用技术规划教材

应用型教材系列

常用办公软件

(*Windows 7, Office 2007*)

徐 燕 编著

清华大学出版社

北京

内 容 简 介

本书从计算机最基本的操作入手，引导读者由浅入深地进行学习，最终能够独立完成实际操作，内容包括：Windows 7 的功能、应用特点以及一些常用操作，Word 2007 文档的编辑、修饰、排版、表格、插图等操作，Excel 2007 的编辑、格式化、函数、图表和数据分析等功能，用 PowerPoint 2007 创建演示文稿、Access 创建数据库、数据表、窗体、查询与报表的方法、Outlook 2007 和 Internet 常识及常用操作。本书内容全面、丰富，配有一定的实例，还附有实际操作习题，使读者按照实例操作的同时，理论联系实际，巩固所学的知识。

本书不仅可以作为大专院校学生的计算机教材，也可供自学使用。

图书在版编目（CIP）数据

常用办公软件（Windows 7，Office 2007）/徐燕编著 . —北京：清华大学出版社，2011.2
（高等院校计算机应用技术规划教材）
ISBN 978-7-302-24476-9

Ⅰ. ①常…　Ⅱ. ①徐…　Ⅲ. ①窗口软件，Windows 7—高等学校—教材 ②办公室—自动化—应用软件，Office 2007—高等学校—教材　Ⅳ. ①TP316.7 ②TP317.1

中国版本图书馆 CIP 数据核字（2011）第 003473 号

责任编辑：谢　琛　顾　冰
责任校对：焦丽丽
责任印制：何　芊

出版发行：清华大学出版社　　　　　　　　　地　　址：北京清华大学学研大厦 A 座
　　　　　http://www.tup.com.cn　　　　　邮　　编：100084
　　　　社　总　机：010-62770175　　　　邮　　购：010-62786544
　　　　投稿与读者服务：010-62795954，jsjjc@tup.tsinghua.edu.cn
　　　　质　量　反　馈：010-62772015，zhiliang@tup.tsinghua.edu.cn
印　装　者：北京国马印刷厂
经　　销：全国新华书店
开　　本：185×260　　　印　张：20.25　　　字　数：461 千字
版　　次：2011 年 2 月第 1 版　　　印　次：2011 年 2 月第 1 次印刷
印　　数：1～4000
定　　价：33.00 元

产品编号：038106-01

《高等院校计算机应用技术规划教材》

进入 21 世纪,计算机成为人类常用的现代工具,每一个有文化的人都应当了解计算机,学会使用计算机来处理各种的事务。

学习计算机知识有两种不同的方法:一种是侧重理论知识的学习,从原理入手,注重理论和概念;另一种是侧重于应用的学习,从实际入手,注重掌握其应用的方法和技能。不同的人应根据其具体情况选择不同的学习方法。对多数人来说,计算机是作为一种工具来使用的,应当以应用为目的、以应用为出发点。对于应用型人才来说,显然应当采用后一种学习方法,根据当前和今后的需要,选择学习的内容,围绕应用进行学习。

学习计算机应用知识,并不排斥学习必要的基础理论知识,要处理好这二者的关系。在学习过程中,有两种不同的学习模式:一种是金字塔模型,亦称为建筑模型,强调基础宽厚,先系统学习理论知识,打好基础以后再联系实际应用;另一种是生物模型,植物并不是先长好树根再长树干,长好树干才长树冠,而是树根、树干和树冠同步生长的。对计算机应用型人才教育来说,应该采用生物模型,随着应用的发展,不断学习和扩展有关的理论知识,而不是孤立地、无目的地学习理论知识。

传统的理论课程采用以下的三部曲:提出概念—解释概念—举例说明,这适合前面第一种侧重知识的学习方法。对于侧重应用的学习者,我们提倡新的三部曲:提出问题—解决问题—归纳分析。传统的方法是:先理论后实际,先抽象后具体,先一般后个别。我们采用的方法是:从实际到理论,从具体到抽象,从个别到一般,从零散到系统。实践证明这种方法是行之有效的,减少了初学者在学习上的困难。这种教学方法更适合于应用型人才。

检查学习好坏的标准,不是"知道不知道",而是"会用不会用",学习的目的主要在于应用。因此希望读者一定要重视实践环节,多上机练习,千万不要满足于"上课能听懂、教材能看懂"。有些问题,别人讲半天也不明白,自己一上机就清楚了。教材中有些实践性比较强的内容,不一定在课堂上由老师讲授,而可以指定学生通过上机掌握这些内容。这样做可以培养学生的自学能力,启发学生的求知欲望。

全国高等院校计算机基础教育研究会历来倡导计算机基础教育必须坚持面向应用的正确方向,要求构建以应用为中心的课程体系,大力推广新的教学三部曲,这是十分重要的指导思想,这些思想在《中国高等院校计算机基础课程》中作了充分的说明。本丛书完全符合并积极贯彻全国高等院校计算机基础教育研究会的指导思想,按照《中国高等院校计算机基础教育课程体系》组织编写。

这套《高等院校计算机应用技术规划教材》是根据广大应用型本科和高职高专院校的迫切需要而精心组织的,其中包括 4 个系列:

(1) 基础教材系列。该系列主要涵盖了计算机公共基础课程的教材。

(2) 应用型教材系列。适合作为培养应用型人才的本科院校和基础较好、要求较高的高职高专学校的主干教材。

(3) 实用技术教材系列。针对应用型院校和高职高专院校所需掌握的技能技术编写的教材。

(4) 实训教材系列。应用型本科院校和高职高专院校都可以选用这类实训教材。其特点是侧重实践环节,通过实践(而不是通过理论讲授)去获取知识,掌握应用。这是教学改革的一个重要方面。

本套教材是从 1999 年开始出版的,根据教学的需要和读者的意见,几年来多次修改完善,选题不断扩展,内容日益丰富,先后出版了 60 多种教材和参考书,范围包括计算机专业和非计算机专业的教材和参考书;必修课教材、选修课教材和自学参考的教材。不同专业可以从中选择所需要的部分。

为了保证教材的质量,我们遴选了有丰富教学经验的高校优秀教师分别作为本丛书各教材的作者,这些老师长期从事计算机的教学工作,对应用型的教学特点有较多的研究和实践经验。由于指导思想明确、作者水平较高,教材针对性强,质量较高,本丛书问世 7 年来,愈来愈得到各校师生的欢迎和好评,至今已发行了 240 多万册,是国内应用型高校的主流教材之一。2006 年被教育部评为普通高等教育"十一五"国家级规划教材,向全国推荐。

由于我国的计算机应用技术教育正在蓬勃发展,许多问题有待深入讨论,新的经验也会层出不穷,我们会根据需要不断丰富本丛书的内容,扩充丛书的选题,以满足各校教学的需要。

本丛书肯定会有不足之处,请专家和读者不吝指正。

全国高等院校计算机基础教育研究会会长　　**谭浩强**
《高等院校计算机应用技术规划教材》主编

2008 年 5 月 1 日于北京清华园

前言

Windows 7 和 Office 2007 是 Microsoft 公司近些年推出的操作系统及办公自动化软件。Windows 7 与 Windows XP、Vista 相比,反应更快速,令人感觉清爽。Office 2007 的工作界面进行了比较大的革新,最显著的特征是去除了菜单,所有的命令都展现在功能区中。

本书比较详细地介绍了 Windows 7 操作系统、Office 2007 的常用组件(Word 2007、Excel 2007、PowerPoint 2007、Access 2007、Outlook 2007)及Internet:

第 1 章介绍 Windows 7 的功能、应用特点以及一些常用操作。

第 2 章概括介绍 Office 2007 常用软件新增功能和工作界面。

第 3 章结合实例创建简单的文稿和表格,学习 Word 2007 的基本操作。

第 4 章介绍 Word 文档的编辑、修饰、排版的常用操作。

第 5 章介绍 Word 文档的优化、表格、插图等高级操作。

第 6 章结合实例制作 Excel 工作表,学习 Excel 2007。

第 7 章介绍 Excel 的编辑和格式化的操作。

第 8 章介绍 Excel 的函数、图表和数据分析等功能。

第 9 章结合实例介绍如何创建丰富多彩的演示文稿。

第 10 章结合实例介绍 Access 创建数据库、数据表、窗体、查询与报表的方法。

第 11 章介绍 Outlook 和 Internet 常识及常用操作

本书主要内容均以实例操作的方式进行讲解,寓理论教学于实际操作之中。既有明确的学习目标,又有完成具体任务所必备的基础理论知识,更有具体的实际操作步骤,力求使学生边学边做边理解,较快地掌握计算机的应用技能。因此本书不仅可以作为各类大专院校的教材,也可以作为各类人员自学的计算机应用教程。

本书在编写过程中得到了谭浩强教授的关心和谢琛编辑的帮助,赵万龙教授对第 2 章和第 9 章进行了审阅,曹润讲师给予了因特网的资料支持,在此一并表示衷心感谢!

计算机软件的更新速度很快,而作者的水平有限,书中不妥之处在所难免,敬请同行和读者指正。

编　者

2010 年 9 月于北京

· V ·

第1章

中文操作系统 Windows 7

1.1　操作系统概念

操作系统(Operation System,OS)是重要的系统软件,像人的大脑"神经中枢"一样,指挥整个计算机系统,使计算机中主要部件之间相互配合、协调一致地工作,没有操作系统的计算机基本上什么也做不了。操作系统是系统软件的基础或核心,其他所有软件都建立在操作系统之上,从图1-1上可以清楚地看到操作系统的重要性。所以对于计算机使用者来说,必须和操作系统打交道,学会使用计算机,首先要了解计算机操作系统的知识,学会使用计算机操作系统。

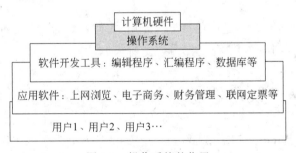

图 1-1　操作系统的位置

1.1.1　操作系统的作用

操作系统的主要作用有 3 个,一是合理调度与分配计算机系统的软硬件资源,改善计算机资源的共享和利用状况,最大限度地发挥计算机系统工作效率。二是提供便利友好的用户界面,改善用户与计算机的交流平台。三是提供软件开发的运行环境,任何一项软件的开发,必须要确定在哪种操作系统下开发,也就是说该软件在哪种操作系统支持下才能运行。因为任何一种软件并不是在随便哪一种操作下系统都可以运行的,所以操作系统也称为软件平台。

1.1.2　操作系统的分类

（1）按使用环境分为批处理、分时、实时系统。

（2）按用户数目分为单用户/多任务、多用户、单机、多机系统。

（3）按硬件结构分为网络、分布式、并行和多媒体操作系统。

因操作系统具有很强的通用性，具体使用哪一种操作系统，由计算机硬件配置和用户需求决定。

1.1.3　常见的操作系统

微机常用的操作系统有 CP/M、DOS、UNIX、OS/2（IBM）、Windows、Linux、Lindows等。不同类型的微机可以使用相同的操作系统，一个微机上可以使用几种操作系统。操作系统的命令方式大体有两种，即以 DOS 操作系统为代表的，用键盘为工具的字符命令方式，和以 Windows 操作系统为代表的，用鼠标为主要工具的文字图形相结合的图形界面方式。

1.1.4　微机操作系统的特点

微机操作系统是用户群最多的一种联机交互的单用户操作系统，其提供的功能比较简单、规模比较小。一般分为单任务和多任务两种。只支持一个任务，即内存中只有一个程序运行的，称为单任务操作系统，如 DOS 操作系统等。可以支持多个任务，即内存中同时可以有多个程序运行的，称为多任务操作系统，如 Windows XP Professional 操作系统等。

微机操作系统的特点，一是单用户个人专用，方便友好的用户界面和比较完善的文件管理功能；二是联机操作、人机交互，与分时系统类似。

1.2　Windows 7 简介

Windows 7 在 Windows XP 和 Windows Vista 的基础上引入了多项变化和改进。不仅带来全新的用户界面体验，而且改进了各项管理程序、应用程序和解决问题的小组件，从而提高了系统的性能和可靠性。Windows 7 的 3D 用户界面及全新的 Aero 效果是其极具吸引力的特征。对系统管理来说，Windows 7 与 Windows XP 在某些操作上极为相似，但其大多数新特征表明它是新一代操作系统。在本节中，将简介安装 Windows 7 对硬件配置的最低要求，了解不同 Windows 7 版本之间的区别，以及如何安装 Windows 7。

1.2.1　Windows 7 版本介绍

（1）Windows 7 简易版：简单易用，保留了 Windows 为大家所熟悉的特点和兼容性，并吸收了在可靠性和响应速度方面的最新技术。

（2）Windows 7 家庭普通版：使日常操作变得更快、更简单，可以更快、更方便地访问使用最频繁的程序和文档。

（3）Windows 7 家庭高级版：在计算机上享有最佳的娱乐体验，可以轻松地欣赏和共享喜爱的电视节目、照片、视频和音乐。

（4）Windows 7 专业版：提供办公和家用所需的一切功能，不仅拥有多种商务功能，而且拥有家庭高级版卓越的媒体和娱乐功能。

（5）Windows 7 旗舰版：集各版本功能之大全，具备 Windows 7 家庭高级版的所有娱乐功能和专业版的所有商务功能，同时增加了安全功能以及在多语言环境下工作的灵活性。

1.2.2　安装 Windows 7 硬件配置

安装 Windows 7 系统时的计算机硬件基本配置如表 1-1 所示，安装 Windows 7 推荐配置如表 1-2 所示。

表 1-1　安装 Windows 7 时所需的基本配置

设备名称	基本要求	备　注
CPU	600MHz 及以上	
内存	1GB 及以上	安装识别的最低内存是 512MB，小于 512MB 会提示内存不足。最低 256MB
硬盘	10GB 以上可用空间	最好保证每个分区有 20GB
显卡	集成显卡 16MB 以上	
其他设备	DVD R/RW 驱动器或者 U 盘等其他储存介质	
互联网	互联网连接/电话	需要联网/电话激活授权，否则只能进行为期 30 天的评估

表 1-2　安装 Windows 7 推荐配置

设备名称	基本要求	备　注
CPU	2.0GHz 及以上	Windows 7 包括 32 位及 64 位两种版本，如果安装 64 位版本，则需要支持 64 位运算的 CPU 的支持
内存	1GB DDR 及以上	最好 2GB DDR2 以上
硬盘	20GB 以上可用空间	最好 80GB 以上
显卡	DirectX9 显卡支持 WDDM1.1 或更高版本（显存大于 128MB）	包括集成显卡，64MB 的集成显卡也可以使用
其他设备	DVD R/RW 驱动器或者 U 盘等其他储存介质	安装用
	互联网连接/电话	需要在线激活，如果不激活，最多只能使用 30 天

1.2.3　安装 Windows 7

在全新安装或升级安装 Windows 7 操作系统之前，请注意以下事项。

（1）微软没有提供从 Windows XP 升级到 Windows 7 的方法。用户只能将重要文件和用户配置信息都备份下来，然后对 Windows 7 进行全新安装。或者先从 Windows XP 升级到 Windows Vista，然后再从 Windows Vista 升级到 Windows 7。

（2）32 位的 Windows Vista 只能升级到 32 位的 Windows 7。除全新安装外，32 位操作系统版本只能被升级到 32 位。

（3）只能在已经打好 SPI 或后续版本补丁的 Windows Vista 上进行升级，Windows Vista RTM 不能被直接升级到 Windows 7。

（4）Starter 版本和企业版不允许直接升级到任何零售版本。

（5）Windows Vista 只能升级成相应语言版本的 Windows 7，不能跨语言进行升级。

（6）出厂时被软件商预装在计算机中的 OEM 版 Windows Vista 不能升级安装到 Windows 7。

下面介绍如何利用安装光盘安装 Windows 7。

虽然不同版本的 Windows 7 的安装方式众多，但光盘安装仍然是最简便、快捷的方式之一。将计算机的 BIOS 设置为光驱启动，并插入 Windows 7 DVD 安装光盘引导。整个安装过程可以分为如下 3 个大的部分。

（1）引导 Windows 7 预安装环境

将计算机的 BIOS 设置为光驱启动，插入 Windows 7 DVD 引导安装光盘。此时，Windows 7 安装向导会出现在屏幕上，引导用户进入安装过程。

（2）安装 Windows 7

完成上步操作后，向导将提示用户选择升级安装或自定义（高级）安装。

如果希望将现有的 Windows Vista 升级到 Windows 7，可以单击"升级"按钮。升级安装时，要求当前系统磁盘空闲至少有不低于 8GB 的磁盘空间。

如果选择自定义（高级）安装，在此步骤中将对硬盘进行分区，并选择 Windows 7 所要安装到的分区。

选择 Windows 7 要安装到的分区后，单击"下一步"按钮。

在创建好磁盘分区之后，单击"下一步"按钮，便开始整个安装过程。

（3）配置 Windows 7

当安装文件复制完成后，需要创建一个用户并设置用户密码及密码提示。

在 Windows 7 中，为用户设置密码是必需的步骤，使用密码可以保护用户账户和计算机的安全，以防止其他用户未被授权就进行使用。

最后需要输入 Windows 7 的产品序列号并进行下一步操作。

Windows 的激活选项是微软控制产品被盗版的方式之一，Windows 7 在不激活（连接网络或电话）的状态下可以正常工作 30 天。

如果勾选"当联机时自动激活 Windows"选项而不更改产品密钥，Windows 7 在连接网络时会使用内置的安装密钥尝试激活。此时，可正常使用时间会变为 3 天。如果还未获得 Windows 7 正版授权密钥，可在不输入序列号并不勾选"当联机时自动激活 Windows"选项的情况下测试使用 30 天。在这 30 天当中，Windows 7 所有功能都可正常使用。

1.2.4 Windows 7 操作系统的特点

Windows 操作系统在每次推出新的版本中拥有其特点,Windows 7 的特点如下:

(1) 更易用。Windows 7 做了许多方便用户的设计,如快速最大化、窗口半屏显示、跳跃列表。系统故障快速修复等,这些新功能使 Windows 7 成为最易用的 Windows。

(2) 更快速。Windows 7 大幅缩减了 Windows 的启动时间,据实测,在 2008 年的中低端配置下运行,系统加载时间一般不超过 20 秒,这与 Windows Vista 的 40 余秒相比,是一个很大的进步。

(3) 更简单。Windows 7 将会让搜索和使用信息更加简单,包括本地、网络和互联网搜索功能,直观的用户体验将更加高级,还会整合自动化应用程序提交和交叉程序数据透明性。

(4) 更安全。Windows 7 除了包括改进了的安全性和功能合法性,还会把数据保护和管理扩展到外围设备。Windows 7 改进了基于角色的计算方案和用户账户管理,在数据保护和坚固协作的固有冲突之间搭建沟通桥梁,同时也会开启企业级的数据保护和权限许可。

(5) 更低的成本。Windows 7 可以帮助企业优化它们的桌面基础设施,具有无缝操作系统、应用程序和数据移植功能,并简化 PC 供应和升级,进一步朝完整的应用程序更新和补丁方面努力。

(6) 更好的连接。Windows 7 进一步增强了移动工作能力,无论何时、何地,任何设备都能访问数据和应用程序,开启坚固的特别协作体验,无线连接、管理和安全功能会进一步扩展,使性能和当前功能以及新兴移动硬件得到优化,拓展了多设备同步、管理和数据保护功能。

1.3 Windows 7 桌面及其设置

1.3.1 Windows 7 桌面

无论选择了 Windows 7 的哪个版本,在启动过程中 Windows 7 操作系统会进行自检、初始化硬件设备,无需进行任何操作即可进入 Windows 7 的登录界面。

登录 Windows 7 后显示在屏幕上的整个区域即成为“系统桌面”,简称“桌面”。主要包含桌面图标、桌面背景、“开始菜单”和任务栏,如图 1-2 所示。

1. 桌面图标

默认的 Windows 7 桌面上只有一个“回收站”图标,充分体现 Windows 7 的简洁的风格。桌面图标实际是一种快捷方式,可以根据个人的需要添加图标,用于快速打开相应的项目或程序。

2. 桌面背景

桌面背景又称为墙纸,可根据个人喜好,更改桌面背景图案,或选择多个图片创建一个幻灯片,选择更改图片的间隔时间,即可播放幻灯片。

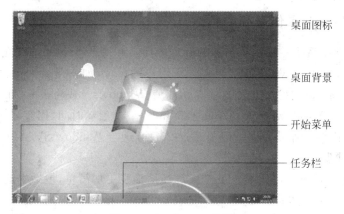

桌面图标

桌面背景

开始菜单

任务栏

图 1-2　Windows 7 桌面

3. "开始"菜单

　　Windows 7 的"开始"菜单在 Windows Vista 的基础上进行了改进和加强。与之前 Windows 版本相比，Windows 7 的"开始"菜单更加简洁。通过内置的搜索功能，可以非常快速地搜索应用程序、邮件和文件，并直接使用它们。Windows 7 程序子菜单也内置在"开始"菜单自身界面当中，无须像 Windows XP 那样层层展开并占用大部分桌面空间。

　　选择"开始"菜单，出现如图 1-3 所示的界面。有打开所有程序、邮件、文件搜索，可以快速定位用户所需要等功能。还可以进行计算机关机、注销等操作。

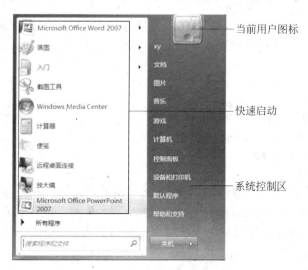

当前用户图标

快速启动

系统控制区

图 1-3　Windows 7 的"开始"菜单

4. 任务栏

　　Windows 7 桌面的下端即是任务栏，它是桌面的重要功能区。Windows 7 中引入了全新的超级任务栏，并采用了非常多的新特性和效果，如图 1-4 所示。

　　（1）实时预览

　　微软在 Windows Vista 中就已经引入了任务栏实时预览功能，并在 Windows 7 中得到增强。在 Windows 7 中，同一应用程序打开的多个页面或界面在任务栏中都以层叠图表的方式显示图标，当用户打开多个应用程序时，这种图表显示模式无疑为任务栏节省出了不少空间。当我们用鼠标指向此图标时，可实时预览打开的多个界面。

图 1-4　Windows 7 的任务栏

（2）媒体库按钮

媒体库按钮是 Windows 7 中新加入的功能，其作用相当一个快捷键。例如，当用户右击媒体库按钮（Windows Media Player）图标时，则会弹出用户最近播放的视频或音乐。

（3）通知区域

Windows XP 和 Windows Vista 当中的"隐藏不使用图标"功能已经一去不复返，Windows 7 中取而代之的是更为细化的通知区域"显示隐蔽的图标"功能。Windows 7 不仅继承了"前辈们"的优良传统，并将其发扬光大，用户还可以选择"自定义"，命令，当单击显示隐蔽图标按钮，即打开一个图标，如图 1-5 所示。

图 1-5　显示隐蔽的图标

5. 桌面小工具

小工具是 Windows 7 为用户提供的一系列非常实用的小程序。使用小工具可以直接查看 CPU 的使用情况，访问互联网上的天气信息等。当然，在微软网站上也为用户提供了非常实用的小工具，这些小工具都由广大用户和爱好者根据自己的喜好和需要开发，可以通过单击"联机获取更多小工具"链接到微软网站进行下载和使用。

Windows 7 已经内置了一组常用小工具供用户使用，当然也可以根据微软的开发指南开发出自己的小工具，如图 1-6 所示。需要注意的是，所添加的小工具必须支持

图 1-6　小工具

Windows Sideshow 设备才可以被正常使用。

6. 回收站

回收站是 Windows 操作系统用来存储被删除文件的场所。在管理文件和文件夹的过程中，系统将被删除硬盘的文件自动放在回收站中，而不是彻底删除，以避免因误操作带给用户麻烦。

可以通过查看回收站，来还原被删除的文件，或彻底删除文件。双击桌面上的"回收站"图标，打开"回收站"，在被删除的文件上右击，在显示的快捷菜单中选中需要的命令，如图 1-7 所示。

图 1-7　回收站

如果回收站的内容比较多，全部清空，可以右击桌面上的"回收站"图标，在显示的快捷菜单中选中"清空回收站"命令即可。

注意：U 盘、光盘、软盘被删除的内容是不自动移动回收站，而是彻底删除。

1.3.2　Windows 7 桌面设置

在 Windows 7 中，可以通过各种简单的方式来快速更改屏幕的显示方式，而不必每次都去打开控制面板；只需要通过简单的右击鼠标等操作就可以完成整个配置过程，而不必去尝试寻找隐藏选项。

在桌面上空白处右击会弹出一个快捷菜单，如图 1-8 所示。选择快捷菜单中"个性化"命令，即打开"控制面板个性化"的窗口，如图 1-9 所示。可以在"个性化"面板中对 Windows 7

图 1-8　桌面快捷菜单

的桌面主题"桌面背景"、"窗口颜色"、"声音"和"屏幕保护程序"进行自定义设置。

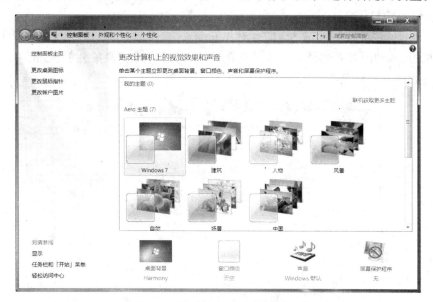

图1-9　"控制面板个性化"的窗口

1. 桌面背景

单击"桌面背景"图标,打开"桌面背景"设置窗口,单击图片位置的下拉菜单,选择图片库的图片,如图1-10所示。可以选择图片库中的一个图片作为桌面背景,又可以选择一组图片以幻灯片形式作为桌面背景。至于图片的切换时间、强化方式及图片位置等,可以根据需要选择。

图1-10　设置"桌面背景"窗口

2. 窗口颜色和声音

（1）设置窗口颜色

单击图 1-11"窗口颜色"图标，即可对 Windows 窗口颜色进行定义。在此界面中，微软已提供了 16 种内置颜色及一个颜色混合器，既可以快速选取某种颜色，也可以混合出自己所喜欢的独特颜色。

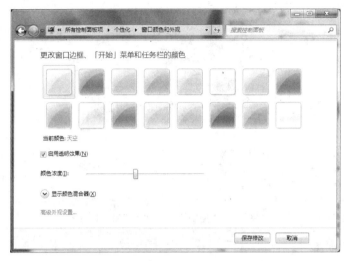

图 1-11　"窗口颜色"图标窗口

（2）设置声音

还可以通过单击"声音"的图标，打开如图 1-12 所示的对话框，选择"声音"选项卡，在"声音方案"及"程序事件"的选项中选择需要的声音。

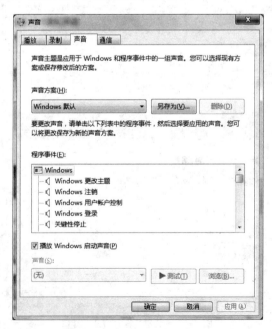

图 1-12　"声音"设置对话框

按个人的需求定义背景、窗口颜色及声音等特性后，要回到设置开始页，单击"保存主题"按钮，如图 1-13 的位置，即可将自定义的主题进行保存。

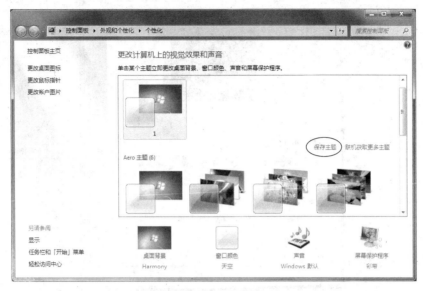

图 1-13 "保存主题"按钮

3. 屏幕保护程序

屏幕保护程序是通过不断变化的图形显示，使荧光层上的固定点不会被电子束长期轰击荧光层的相同区域，从而避免了屏幕的损坏。

屏幕保护程序是一种扩展名为.scr 的可执行文件。通常情况下，屏幕保护程序可以展示声音、图像和各种视频。甚至有杀毒软件厂商开发了屏保杀毒程序，系统在进入屏幕保护状态时，会自动对系统进行病毒检测。

设置屏幕保护程序，在桌面空白处右击，在弹出的快捷菜单中选择"个性化"命令，在"个性化"的窗口中，单击右下角的"屏幕保护程序"图标，即打开"屏幕保护程序设置"对话框，如图 1-14 所示。在对话框中可以打开屏幕保护程序的下拉菜单，根据需要对屏幕保护程序进行更改。

4. 调整日期和时间

Windows 7 对细微之处的处理和改进无处不在。当用户单击任务栏右下角的时间图标时，将看到时间和日期的全新面板。在一段过渡效果之后，时间和日期将以当月日历及当前时间（电子和石英）的形式展示给用户。在此界面中，也可对时区、时间及日期等进行调整，如图 1-15 所示。

例如，单击"更改日期和时间设置"打开日期和时间面板。可以更改当前日期、时间及时区。在"附加时间"选项卡可以为用户增加几个不同时区的时钟，在 Windows 7 中最多显示 3 个时区时钟。在"Internet 时间"选项卡中，可以将计算机设置为与 Internet 时间服务器进行时间同步校正时间。

5. 调整"开始"菜单

Windows 7 的"开始"菜单也可随用户的喜好进行自定义调整，可以选择任务栏的图

图 1-14 "屏幕保护程序设置"对话框

图 1-15 调整日期和时间

标显示方式,是否锁定任务栏、任务栏显示位置等。用户甚至可以将"开始"菜单调整为Windows XP模式的"经典"显示模式。当然,"开始"菜单中出现的选项和层叠分布模式也由用户自行调整。

右击任务栏,选择"属性"命令,打开"任务栏和「开始」菜单属性"对话框,如图 1-16 所示。按照不同的需求和喜好对"开始"菜单和任务栏进行自定义。

图 1-16 "任务栏和「开始」菜单属性"对话框

1.4 文件和文件夹的管理

1.4.1 文件和文件夹简介

1. 文件的概念

文件是在计算机中常常用到的概念,是有名称的一组相关信息的集合,它们以文件名的形式存放在磁盘、光盘上。文件的含义非常广泛,文件可以是一个程序、一段音乐、一幅画、一份文档等,而一种游戏软件是由一个或多个文件组成的。

文件大体分为三种,即程序文件、程序辅助文件、数据文件。

程序文件:程序文件是二进制文件,一般不能打开查看,可以直接执行该文件,一般扩展名为 exe。

程序辅助文件:程序辅助文件顾名思义是辅助程序文件的文件,不是每一个程序文件都有辅助文件,较大的功能模块程序都有它的辅助程序文件。

数据文件:数据文件包含程序所用的数据,数据文件与程序文件相链接才能够使用,例如:文档数据文件与文字处理程序联系才能编辑、浏览,图形数据文件与图形程序联系才能浏览图形。

2. 文件夹的概念

文件夹不是文件,是放文件的夹子,如同文件袋,可以将一个文件或多个文件分门别类地放在建立的各个文件夹中,目的是方便查找和管理。可以在任何一个磁盘中建立一个或多个文件夹,在一个文件夹下还可以再建多级文件夹,一级接一级,逐级进入,有条理地存放文件。

表示文件夹的字符是反斜杠"\",一般称之为路径。多级文件夹是用一组文件夹(文件夹 1\文件夹 2\文件夹 3\…\文件夹 n)来标识文件的位置。

3. 文件与文件夹的命名

任何一个文件都有文件名。文件全名是由盘符、路径、文件名、扩展名 4 部分组成。其格式为:

[盘符:][路径]<文件名>[.扩展名]

例如:

D:\学生名单\XINWEN.XLS
  ↓   ↓   ↓   ↓
盘符 路径   文件名 扩展名

4. 文件名命名规则

(1) 在文件名或文件夹名中,最多可以有 255 个字符或 127 个汉字,其中包含驱动器和完整路径信息。

(2) 每一文件全名由文件名和扩展名组成,文件名和扩展名中间用符号"."分隔,其格式为:文件名.扩展名,扩展名一般由系统自动给出。

(3) 文件名可以使用汉字、26 个英文字母(不区分大小写)、数字、部分符号、空格、下划线,可以使用中西文混合名字,例如:北京 abc。

(4) 文件名不能出现 \、|、/、:、、*、?、"、<、>9 个符号,这些符号在系统中另有用途,如果使用容易混淆。

文件夹的命名与文件名命名规则相同,但要注意文件夹名与同级文件名不能相同。建立新文件夹时,系统自动命名为"新文件夹(1)"、"新文件夹(2)"……"新文件夹(n)"。根据文件名命名规则和需要可重新命名文件夹名。

1.4.2 文件的类型

1. 文件类型

在 Windows 操作系统的文件夹中存放着所有系统文件,从扩展名上了解这些文件是什么类型,对管理计算机文件是十分必要的,表 1-3 是常见文件类型的扩展名。

表 1-3 文件类型的扩展名

扩展名	文件类型	扩展名	文件类型	扩展名	文件类型
ASC	ASCII 码文件	ASM	汇编语言源文件	AVI	视频文件
BMP	位图文件	BAK	编辑后的备用文件	CLP	剪贴板文件
COM	应用程序	DBF	数据库文件	DOC	Word 文档文件
DLL	应用程序扩展文件	DAT	批处理文件	EXE	应用程序
FON	字库文件	FOT	字库文件	HTM	主页文件
HLP	帮助文件	ICO	图标文件	INI	初始化文件

扩展名	文件类型	扩展名	文件类型	扩展名	文件类型
LST	源程序列表文件	LIB	程序库文件	MID	音频解霸文件
MAP	链接映像文件	OBJ	目标文件	OVL	程序覆盖文件
PCX	图像文件	PAR	交换文件	PWL	口令文件
SYS	系统文件	TXT	文本文件	WAV	音频文件
WRI	写字板	TAB	文本表格文件	ZIP	压缩文件

2. 通配符的使用

Windows 操作系统中,可以使用两个通配符,即星号"＊"和问号"?"。它们都是键盘字符,主要用于查找文件,一个"＊"代表任意个字符,一个"?"可以代表一个字符。

例 1-1 搜索 C 盘中的所有 TXT 文件,可以用 ＊.txt 表示。其中,"＊"号代表所有的文件名,TXT 表示扩展名。

例 1-2 搜索 A 盘中以 A 打头 5 个字符的扩展名为 DOC 的文件,可以用 A?????. DOC 表示。其中,一个"?"号代表一个字符。

3. 剪贴板

(1) 什么是剪贴板

剪贴板是内存中一个临时存储信息的区域。利用剪贴板可以将数据从一个地方复制或移动到另一个地方。可以使用"剪切"或"复制"命令将所选内容移至剪贴板,使用"粘贴"命令可将该内容插入到用户指定的目标位置。例如,可能要复制网站上的一部分文本,然后将其粘贴到电子邮件中。大多数 Windows 程序中都可以使用剪贴板。

(2) 将信息复制到剪贴板

复制文件中选定信息到剪贴板的步骤如下:

① 选定要复制的信息。这些信息可以是一段文字、声音或者是一个图形等。

② 执行编辑菜单中的"复制"命令,或快捷键 Ctrl＋C。

③ 在目标处执行"粘贴"操作,完成信息的复制操作,使用编辑菜单的"粘贴"命令,或快捷键 Ctrl＋V。

移动信息时使用编辑菜单的"剪切"命令(快捷键 Ctrl＋X),其余同上。

复制活动窗口或屏幕的图像到剪贴板的步骤如下:

① 打开要复制的窗口或屏幕,按下 Alt＋PrintScreen 键即可将一个活动的窗口图像复制到剪贴板上,按 PrintScreen 键则复制整个屏幕的图像。

② 在目标处执行"粘贴"操作,完成信息的复制操作,使用编辑菜单的"粘贴"命令,或快捷键 Ctrl＋V。

(3) 使用剪贴板时的注意事项

① Windows 在复制文件时,可以复制一个超过 1GB 的文件,原来剪贴板中存放的只是文件的信息而已,并非整个文件本身。只有在复制非文件,诸如文本、图片等时,剪贴板中存放的才是源数据本身。所以粘贴前删除原文件,粘贴操作将不能进行。

② 系统剪贴板或增强剪贴板上存放的信息量较大时,将严重影响系统运行的速度,必要时采用复制一个字符来更新系统剪贴板里的信息,或单击增强剪贴板的删除按钮,清空剪贴板上的信息,以清除 RAM 中被剪贴板占用的空间。

1.4.3 Windows 资源管理器

Windows 资源管理器将文件夹或文件有条理地显示在计算机资源管理器窗口中,使用 Windows 资源管理器可以很方便地对文件进行浏览、查看、移动、复制等操作。

1. 启动 Windows 资源管理器

启动 Windows 资源管理器有两种方法。

(1) 选择"开始"→"所有程序"→"附件"→"Windows 资源管理器"命令。

(2) 右击"开始"按钮,打开 Windows 资源管理器。

无论使用哪种方法打开,均会出现如图 1-17 所示的 Windows 资源管理器的窗口。

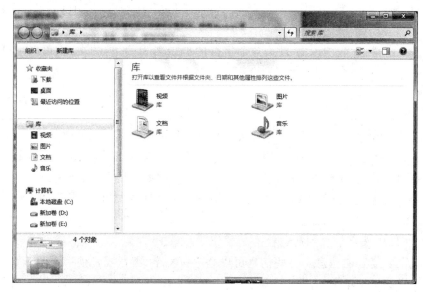

图 1-17　"资源管理器"窗口

2. 查看文件

通过库查看文件：Windows 7 提出了库的概念,打开 Windows 资源管理器看到的就是库文件夹,Windows 7 中的库为用户计算机磁盘中的文件提供统一的分类视图。用户可以不必记住哪一类的文件放在哪里,可以通过 Windows 7 提供的库快速查看文件。

通过"计算机"查看文件：Windows 7"计算机"窗口相当于 Windows XP 系统的"我的电脑"窗口,而且结构、布局、功能相同。

3. 更改您的视图

单击 Windows 资源管理器窗口右上角"更改您的视图"图标的小三角标(更多项)时,就会打开一个视图菜单,如图 1-18 所示。通过单击或移动菜单左边的垂直滚动条,可以更改视图。

4. 使用计算机"窗口"搜索

启动计算机"窗口",在窗口的右上角的搜索框中输入查询关键字,在输入关键字的同时系统开始进行搜索,进度条中显示搜索的进度。

可以通过单击搜索框启动"添加搜索筛选器"选项(种类、修改时间、大小、类型),来提高搜索精度。

5. 查看文件和文件夹属性

文件和文件夹属性包括常规(类型、位置、大小、占用空间)、属性(只读、隐藏),共享、安全、以前的版本、自定义。右击需要查看属性的文件或文件夹,即打开快捷菜单,单击快捷菜单中的"属性"命令,即可查看该文件或文件夹的属性,如图1-19所示。

图 1-18　更改视图菜单

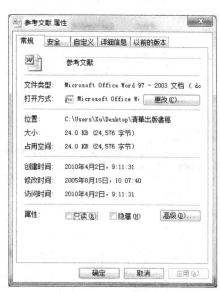

图 1-19　文件属性对话框

1.4.4　文件和文件夹的基本操作

熟练掌握文件和文件夹的基本操作对于使用计算机是非常重要的,具体的操作包括文件和文件夹的创建、选择、复制、移动、删除等。

1. 创建文件或文件夹

在资源管理器窗口,单击需要建立文件夹的盘符,右击左窗口的空白处,在打开的快捷菜单中选择"新建"→"文件夹"命令,即在该盘下创建一个新文件夹。如果在新建的文件夹中再建子文件夹,可以打开该文件夹,再按照上面的操作以此类推。

文件的创建,要根据需要选择相应软件,创建各种类型的文件。

2. 选中文件或文件夹

(1) 选中单个文件或文件夹:单击某个文件或文件夹。

(2) 选中多个连续文件或文件夹:单击要选的一个文件或文件夹,按住 Shift 键,再单击要选中的最后一个文件或文件夹。

（3）选中多个不连续文件或文件夹：单击要选的一个文件或文件夹，按住 Ctrl 键，再单击要选的其他文件或文件夹。

（4）全部选中文件或文件夹：单击盘符或某个文件夹，按 Ctrl＋A 键，就可以选中当前盘或文件夹的全部文件。

3. 重命名文件或文件夹

重命名文件或文件夹有两种，单个和批量。

（1）单个重命名文件或文件夹重命名：选中要重命名的文件或文件夹，右击，在打开快捷菜单中选择"重命名"命令，在可编写状态处输入重命名的内容。

（2）批量重命名文件或文件夹：右击要重命名的批量文件或文件夹，在打开快捷菜单中选择"重命名"命令，这时所选中的文件或文件夹会呈现可编写状态。直接输入文件名，在第一个文件或文件夹可编写状态处输入重命名的内容即可完成批量重命名。例如：在某一磁盘中新建 5 个文件夹，需要批量重命名。首先选中 5 个文件夹，右击，在打开的快捷菜单（如图 1-20 所示）中单击"重命名"命令。这时第 1 个文件夹处呈现编辑状态，输入"学生 1"后，按 Enter 键，这样 5 个文件夹就批量重命名为学生 1、学生 1(2)…，学生(5)，如图 1-21 所示。

图 1-20　批量重命名操作步骤 1

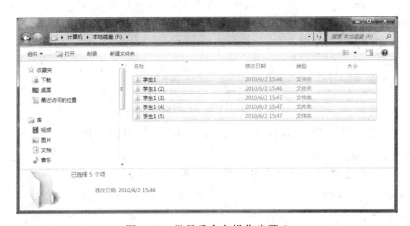

图 1-21　批量重命名操作步骤 2

4. 复制或移动文件和文件夹

复制文件或文件夹的方法有多种,比较简单常用的方法是用鼠标拖动。Windows 7增加了在复制时显示目标地址,这样就更方便了。例如,将 D:的某个文件或文件夹复制到 C 盘,用鼠标选中 D 盘的某个文件或文件夹,按住鼠标左键,拖动到 C 盘,在拖曳的同时,会显示"十复制到本地磁盘(C:)",松开鼠标左键即完成了文件或文件夹的复制。

移动文件或文件夹可以使用"剪切十粘贴"命令或组合键来实现,例如,将 D 盘的某个文件或文件夹移动到 C 盘的操作步骤为:用鼠标选中 D 盘中要移动的文件或文件夹,右击,在打开的快捷菜单选择"剪切(Ctrl+X)"命令,再打开要保存剪切文件或文件夹的C 盘,右击,在打开的快捷菜单中选择"粘贴(Ctrl+V)"命令,即完成了文件或文件夹的移动。

5. 将文件或文件夹加密

对文件夹和文件加密,可以保护它们免受未许可的访问。加密文件系统(EFS)是Windows 的一项功能,是将信息以加密格式存储在硬盘上。

加密文件夹或文件的步骤:右击要加密的文件夹或文件,单击"属性"→"常规"命令,在打开的"常规"选项卡中单击"高级"按钮,选择"加密内容以便保护数据"复选框,单击"确定"按钮后再次单击"确定"按钮,完成加密操作。

这时被加密的文件或文件夹图标显示绿色,但双击后还能打开,好像加密无效,其实不然。Windows 7 的文件或文件夹的加密表现在不同用户账号,就是说,在本用户中文件或文件夹被加密,在本用户中可以打开,换一个用户账号登录,这些被加密的文件或文件夹就不能打开了。

注意:首次加密文件夹或文件时,系统会自动创建加密证书。用户应该备份加密证书。如果证书和密钥已丢失或受损,而没有备份,则无法使用已经加过密的文件。有关详细信息,请参阅备份加密文件系统(EFS)证书。

解密文件夹或文件的步骤:右击要解密的文件夹或文件,然后单击"属性",单击"常规"选项卡,然后单击"高级"按钮,取消选择"加密内容以便保护数据"复选框,单击"确定"按钮,然后再次单击"确定"按钮。

6. 删除文件或文件夹

为了保持计算机中文件系统的整洁并节约磁盘空间,用户可以将一些不需要的文件或文件夹删除。

删除文件或文件夹可以通过"组织"选项、快捷菜单、按 Del 键来完成。例如,要删除某个或某批文件或文件夹,首先选定要删除的文件或文件夹,单击菜单上"组织"选项,如图 1-22 所示,或右击要删除的文件或文件夹,在打开的快捷菜单上选择"删除"命令即可。

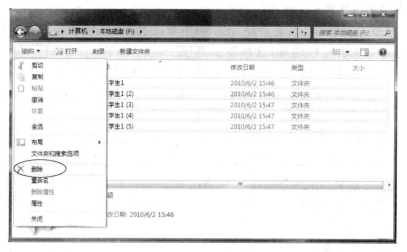

图 1-22 "组织"删除选项

1.5 Windows 7 软硬件的管理

1.5.1 软件的管理

虽然 Windows 7 操作系统中提供了诸如文字处理、图片编辑、媒体播放、娱乐游戏等应用程序,但是这些程序远远满足不了实际应用的需要,因此经常需要安装和运行一些用户需要的软件。

1. 安装、运行软件

安装软件既可从光盘上安装也可从硬盘上安装,若使用 CD 或 DVD 光盘安装软件,则要求计算机配备相应的光驱。许多用户更愿意从网上下载应用程序,或者将程序从光盘上复制到硬盘上,再从硬盘安装。

安装软件的步骤是:将安装软件光盘放在光驱中,如果启用了自动播放功能,则会自动运行光盘中的安装程序;假如没有自动运行安装程序,则双击光驱目录中的安装程序(通常是 Setup.exe 文件)。一般软件的安装都有提示步骤,可以按照提示安装即可。

在 Windows 7 操作系统中,可以有多种运行软件的方式,例如从开始菜单选择软件程序的快捷方式运行;使用桌面的快捷方式运行;使用任务栏上的快速启动工具栏运行等,用户可根据自己的习惯和爱好而定。

2. 卸载软件

要卸载软件程序有两种方法,一是通过程序自带的卸载功能卸载,二是在"程序和功能"窗口中卸载。

(1)程序自带的卸载功能卸载

一般软件在安装的时候会同时安装自带的卸载程序,可以在开始菜单中找到该程序目录,选择其卸载程序来卸载该软件。

（2）在"程序和功能"窗口中卸载软件

如果该程序没有自带卸载程序，可以通过"程序和功能"窗口卸载该程序。具体操作是：选择"开始"→"控制面板"→"程序和功能"命令，在打开的"程序和功能"窗口中选中要卸载的程序，单击上面的"卸载"按钮，或右击打开快捷菜单，如图 1-23 所示，在弹出的确认对话框中，选择"是"按钮，确认卸载操作，即可卸载程序。

图 1-23 "程序和功能"窗口

3. 添加或删除 Windows 7 组件

Windows 7 操作系统的许多服务都通过程序组件来实现的，Windows 组件是一类特殊的软件，不需要重新购买，需要时插入 Windows 7 安装光盘即可。系统默认安装了必备的 Windows 组件，用户可以根据需要通过"控制面板"添加或删除其他 Windows 组件。

添加删除 Windows 7 组件的具体操作：首先需要将 Windows 7 的光盘放入光驱，然后打开"控制面板"中的"程序和功能"窗口，单击窗口左上角"打开或关闭 Windows 功能"选项，在弹出的窗口列表中选择要安装的组件，如图 1-24 所示。

当系统读取光盘，自动安装组件程序时，会为安装弹出一个对话框，安装完毕后会提示"立即重新启动"、"稍后重新启动"供选择。

如果要删除某组件程序，也要将 Windows 7 安装光盘放入光驱，然后在列表中找到需要删除程序，取消对该组件的选择，单击"确定"按钮即可，与添加过程类似。

1.5.2 硬件的管理

1. 查看 CPU 速度和内存容量

计算机的性能主要取决于 CPU 速度和内存容量，Windows 7 可以用简单的操作快速查看当前计算机的 CPU 速度和内存容量。具体操作是：打开"资源管理器"窗口，右击

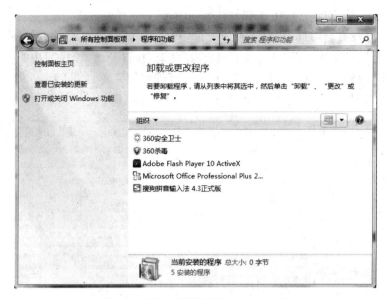

图 1-24 添加或删除 Windows 7 组件

"计算机"选项,选择快捷菜单中的"属性"命令,在打开的"系统"窗口中即可查看到 CPU 速度和内存容量,如图 1-25 所示。

图 1-25 "系统"窗口

2. 查看已经安装的设备

在多数情况下,不同计算机的配件设备及配置都不尽相同。了解不同设备存在的目的及资源使用情况,对使用好计算机是非常必要的。Windows 7 可以使用户设备管理体验更为流畅。

具体操作是：打开"资源管理器"窗口，右击"计算机"选项，选择快捷菜单中的"管理"命令，如图 1-26 所示。在打开的"计算机管理"窗口中，其中分为系统工具、存储、服务和应用程序。用户可以通过直接展开某类树状结构上的硬件并查看详细的相关硬件信息。

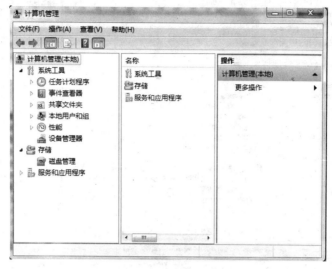

图 1-26 "计算机管理"窗口 1

（1）设备管理器

单击"设备管理器"会列出当前计算机所连接的所有硬件设备信息，设备管理器中对于设备图标的不同显示方式，体现了当前设备的工作状态。

- 如果设备工作正常，不会有任何提示警告。
- 如果设备工作有一定问题，会以黄色叹号对用户进行提示。
- 如果设备被不恰当安装或禁用，会以红叉对用户进行提示。

设备管理器是一个系统管理组件，它主要用于管理当前计算机系统中所连接的硬件设备，如设备的安装、卸载、启用、禁用、更新驱动程序等操作，如图 1-27 所示。

- 卸载：用于从当前系统中卸载一个设备驱动。
- 禁用：用于从当前系统中停用一个设备，而不卸载设备驱动。
- 启用：用于从当前系统中启用一个已停用的设备。
- 更新驱动程序软件：用于启动驱动程序更新向导，有自动或手动更新设备驱动。

（2）磁盘管理

当用户选择"磁盘管理"时，会显示出当前系统所连接的内部硬盘、外部硬盘和相关的可移动磁盘信息，如图 1-28 所示。

（3）磁盘清理

计算机使用一段时间后由于进行了大量的读写、安装等操作，会使磁盘上存留很多临时文件或已经没用的程序，这些存留的文件和程序不但占用磁盘空间，还会影响系统的整体性能，因此应该定期清理磁盘，释放磁盘空间。

磁盘清理具体操作：选择"开始"→"附件"→"系统工具"→"磁盘清理"命令，打开"磁

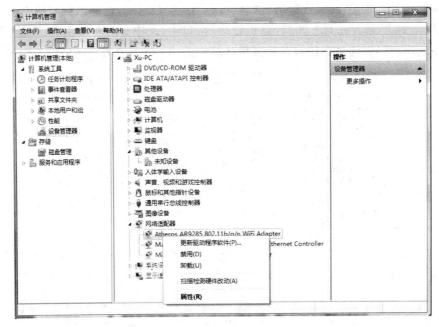

图 1-27　计算机管理窗口 2

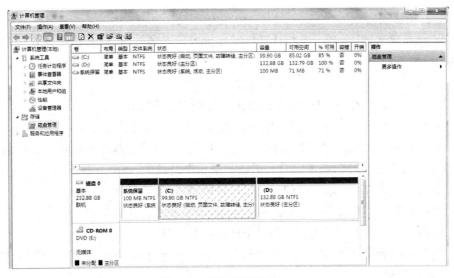

图 1-28　计算机管理窗口 3

盘清理"驱动器,选择驱动器后就开始进行分析,如图 1-29 所示。分析完毕后弹出一个对话框,如图 1-30 所示。根据提示清理文件即可。

图 1-29　磁盘清理 1

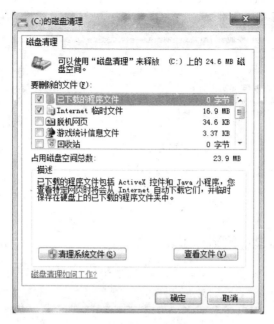

图 1-30　磁盘清理 2

（4）磁盘碎片清理

在计算机的使用过程中,免不了要对文件进行反复的剪切、复制、粘贴、移动等操作,这些操作涉及频繁的磁盘读写过程并生成用于虚拟内存的临时文件,久而久之,文件就会成为碎片。散布在磁盘的各个区域,一般情况下碎片不会在系统中出现问题,但碎片多时会浪费磁盘空间,引起计算机读取速度和性能的下降。

磁盘碎片清理的步骤:选择"开始"→"附件"→"系统工具"→"磁盘碎片整理程序"命令,打开"磁盘碎片整理程序"窗口,如图 1-31 所示。选择要整理的驱动器后,分别选择"分析磁盘"和"磁盘碎片整理"按钮,系统会自动进行磁盘碎片整理操作,用户不必等着清理碎片,可以打开其他窗口同时操作。

3. 设备和打印机

Windows 7 为用户提供了一个全新的硬件集中管理平台——"设备和打印机"功能。选择"开始"→"设备和打印机"命令,即可打开其管理界面,此界面显示当前计算机的外接设备情况,右击一个设备,会显示一个快捷菜单,如图 1-32 所示。

在弹出的快捷菜单中,显示了设备的当前状态、属性及需要设置项。如果要"添加打印机",则在此窗口上单击"添加打印机"选项,打开"添加打印机"窗口,如图 1-33 所示。

单击"添加本地打印机"选项,打开"选择打印机端口"对话框,选择"使用现有的窗口"单选按钮,在"安装打印机驱动程序"对话框中的"厂商"和"打印机"列表中选择所要安装的打印机正确型号,输入打印机的名称,单击"下一步"按钮,系统将自动安装打印机的驱动程序。

安装完成后将进入"打印机共享"对话框,在此对话框中可对打印机是否在局域网中进行设置,可以添上共享名称,单击"下一步"按钮即可完成安装打印机的过程。

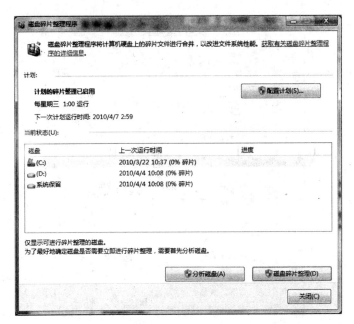

图 1-31　清理磁盘碎片

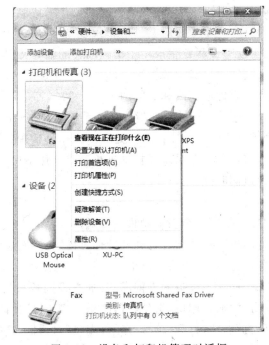

图 1-32　设备和打印机管理对话框

4. 更新设备驱动

在多数情况下,Windows 7 会自动从 Windows Update 更新设备驱动程序。当用户刚完成 Windows 7 操作系统安装时,系统可能提示你已经有更新程序可用,当然这其中也许就包括了当前某些设备的驱动程序。如果你的计算机有某些非常流行的硬件设备，并且这些设备已经被包括在了 Windows 7 的设备库当中，在计算机连接网络时，操作系统就会自动进行联机检查并对驱动程序进行更新。当 Windows 7 发现 Windows Update 已经对驱动程序进行了更新时，也会自动对用户计算机的驱动程序进行更新。

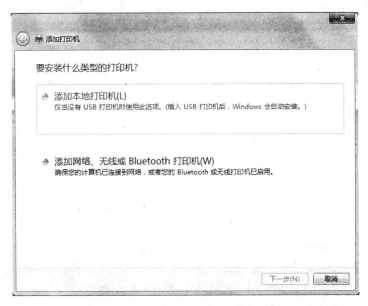

图 1-33　添加打印机设置

如果想更改 Windows 7 对驱动程序联机更新的默认配置，可以通过以下步骤来实现。

(1) 在桌面上右击"计算机"图标，在弹出的快捷菜单中选择"属性"命令。

(2) 在弹出的窗口左侧选择"高级系统设备"。

(3) 在系统属性中选择"硬件"选项卡，并单击"设备安装设备"。

(4) 在"设备安装设备"窗口中，可对驱动程序联机更新进行自定义。

- 选择单选按钮"是，自动执行该操作"会自动更新所有设备驱动，是 Windows 7 的默认选项，也是推荐选项。

- 选择单选按钮"否，让我选择要执行的操作"用户可对驱动更新进行自定义，其中有 3 个子项供用户进行选择。

- 选择单选按钮"使用增强的图标替换通用设备图标"时，当 Windows Update 中有对"设备和打印机"中显示的硬件设备的图标进行更新时，则自动更新"设备和打印机"中显示的硬件设备的图标。

1.5.3　设备使用自助

Windows 7 中硬件的安装、管理是非常简单和智能的，并且自身也内置了庞大的驱动设备。下面将学习 Windows 7 如何安装、保持和检修计算机硬件故障。

Windows 帮助和支持功能为硬件排错提供了大量的信息和支持，能在设备（如网卡）

无法正常工作时自动提供修复功能,并提供联机或脱机帮助信息。用户只需要切换到桌面,并按 F1 键,便可打开 Windows 帮助和支持交互界面,如图 1-34 所示。

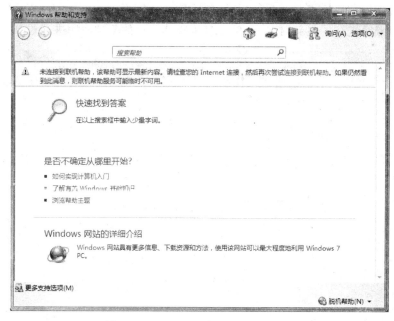

图 1-34　"Windows 帮助和支持"窗口

当计算机硬件设备出错或出现其他系统问题时,可以通过以下方式来寻求帮助。

- Windows 7 内置的 Windows 帮助和支持功能。
- 微软在线联机支持。
- 搜索微软知识库,网址为 http://support.microsoft.com/。
- 微软在线论坛或新闻组。
- 通过远程助手从朋友或其他技术专家处获取帮助。

1. 设置鼠标

　　鼠标是计算机系统中用户最常用到的基本输入设备,下面将介绍如何对鼠标自定义以提高工作效率。选择"开始"→"控制面板"→"鼠标"命令,即打开"鼠标属性"对话框,如图 1-35 所示。

　　(1) 在"鼠标键"选项卡中,可以对鼠标按钮的主次按键及双击速度等进行调整。

　　(2) 在"指针"选项卡中,微软提供了多种鼠标主题可供用户选择,用户也可添加自己喜爱的鼠标样式和特效。

　　(3) 在"指针选项"选项卡中,用户可对鼠标的移动速度,指针的位置及对齐方式等

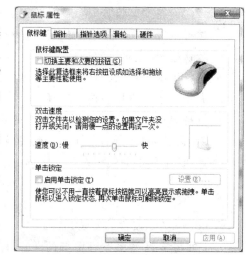

图 1-35　"鼠标属性"对话框

进行调整。

（4）在"滑轮"选项卡中，用户可以设置鼠标滑轮垂直滚动的行数、水平滚动的字数。

（5）在"硬件"选项卡中，用户可看到鼠标的类型和名称，并可通过单击"属性"按钮快速切换到鼠标的硬件属性页中。

2. 自定义系统声音

用户只需单击 Windows 7 任务栏右下角的音量图标即可实现对音箱及麦克风的简单配置。使用这个快捷功能，可以非常容易地调整系统音量大小到最合适的程度。

（1）设置系统音量

在 Windows 7 任务栏的右侧，有一个扬声器图标，如果当前系统没有声卡或处于静音状态时，此图标会显示为一个红圈，用户可以直接单击此图标来快速调整音量大小。

注意：当在此界面中增大或减小音量时，调整的是整个系统音量的状态。如果想针对个别应用程序进行音量调整，可以单击"合成器"按钮。

音量合成器是 Windows Vista 和 Windows 7 中所特有的一个小功能，通过它，用户可以针对不同的应用程序来单独调整音量，以满足在各种情况下的用户需求。

（2）设置播放设备

设置播放设备操作步骤：右击任务栏音量图标，选择"播放设备"选项，双击要配置的播放设备，对"详细功能"和"属性"按需求进行调整。

（3）设置录音设备

设置录音设备操作步骤：右击任务栏音量图标，选择"录音设备"选项，双击要配置的录音设备，对"详细功能"和"属性"按需求进行调整。

1.6　Windows 7 附件及其他

1.6.1　Windows 7 附件的常用软件

Windows 7 系统提供了很多实用的软件，如文本处理软件、截图工具、计算器、画图软件等，这些工具软件都放在附件里，下面将对附件里的常用软件做简单的介绍。

1. 写字板

写字板是一个可用来创建和编辑文档的文本编辑程序。与记事本不同，写字板文档可以包括复杂的格式和图形，并且可以在写字板内链接或嵌入对象（如图片或其他文档）。

写字板可以用来打开和保存多格式文本文件（.rtf）、文本文档（.txt）和 OpenDocument Text（.odt）文档等。其他格式的文档会作为纯文本文档打开，但无法按预期效果显示。

选择"开始"→"附件"→"写字板"选项，打开"写字板"窗口，窗口左上角的 按钮是写字板主键，单击此处可以进行打开、保存或打印等操作，并可以查看对文档执行的其他操作，如图 1-36 所示。

下面是写字板上的主要功能。

• 新建文档：选择"写字板"→"新建"命令。

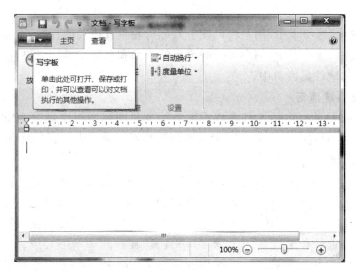

图 1-36　"写字板"窗口

- 打开文档：选择"写字板"→"打开"命令。
- 保存文档：选择"写字板"→"保存"命令。
- 用新名称或格式保存文档，选择"写字板"→"另存"命令。
- 插入当前日期，在"主页"选项卡的"插入"组中，单击"日期和时间"命令，单击所需的格式，然后单击"确定"按钮。
- 插入图片：在"主页"选项卡的"插入"组中，单击"图片"，找到要插入的图片，然后选择"打开"命令。
- 插入图画：在"主页"选项卡的"插入"组中，单击"绘图"，创建要插入的图画然后关闭"画图"。

2. 计算器

可以使用计算器进行加、减、乘、除这样简单的运算。计算器还提供了编程计算器、科学型计算器和统计信息计算器的高级功能。可以单击计算器按钮来执行计算，或者使用键盘输入进行计算。通过按 Num Lock 键，还可以使用数字键盘键入数字和运算符。

选择"开始"→"附件"→"计算器"命令，即打开"计算器"窗口。单击"查看"选项，展开一个选项的菜单，如图 1-37 所示。

在科学型模式下，计算器会精确到 32 位数。以科学型模式进行计算时，计算器采用运算符优先级。

在程序员模式下，计算器最多可精确到 64 位数，这取决于您所选的字大小。以程序员模式进行计算时，计算器采用运算符优先级。程序员模式只是整数模式。小数部分将被舍弃。

使用统计信息模式时，可以输入要进行统计计算的数据，然后进行计算。输入数据时，数据将显示在历史记录区域中，所输入数据的值将显示在计算区域中，计算历史记录，跟踪计算器在一个会话中执行的所有计算，并可用于标准模式和科学型模式。可以更改历史记录中的计算值。编辑计算历史记录时，所选的计算结果会显示在结果区域中。

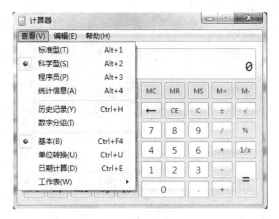

图 1-37　"计算器"选项的菜单

标准模式和科学型模式中的计算历史记录会分别进行保存。显示的历史记录取决于所使用的模式。

单位转换可以使用计算器中的各种度量单位转换功能。例如,将 12345 秒转换分钟,单击"查看",再单击"单位转换",在"选择要转换的单位类型"下分别选择转换单位类型为"时间"、"秒"、"分钟",然后在"从"下的框中输入"12345",即在"到"下的框中显示转换分钟的值。操作如图 1-38 所示。

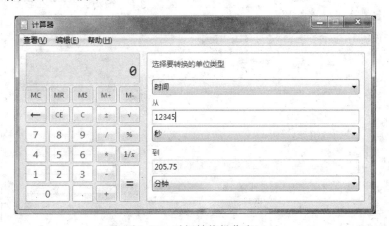

图 1-38　时间转换操作窗口

计算日期,可以使用计算器计算两个日期之差,或计算自某个特定日期开始增加或减少天数。单击"查看"菜单,然后单击"日期计算"。在"选择所需的日期计算"下,单击列表,并选择要进行计算的类型。输入信息,然后单击"计算"。

计算燃料经济性、租金或抵押额,可以在计算器中使用燃料经济性、车辆租用以及抵押模板来计算。单击"查看"菜单,指向"工作表",如图 1-39 所示,单击要进行计算的项目,在"选择要计算的值"下,单击要计算的变量。在文本框中输入已知的值,然后单击"计算"按钮。

图 1-39　计算器中"工作表"项

3. 画图

Windows 视窗操作系统提供了"画图"程序来进行图像的处理。选择"开始"→"画图"命令,显示的窗口就是一张画布,如所图 1-40 所示,可以在这张画布上画图。

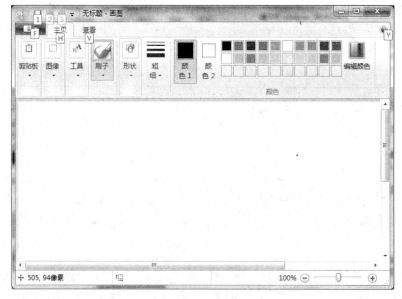

图 1-40　画图窗口

在"画图"中绘画,通过单击小颜料盒中不同的色彩来选择线条的颜色,在窗口的左边挑选一件绘图工具,右击颜料盒的某一种颜色来选择一种填充色,以便用来填充绘制的封闭图形。

使用"画图"也可以打开并编辑已经存在的、以位图文件格式保存的图形图像,包括扩展名为 bmp、gif、jpg 和 jpeg 等的图像文件。

打开画图左上角的"最常用命令",如图 1-41 所示。

图 1-41 "画图"标签

- 要开始绘制一幅新的图片,可选择"画图"标签中的"新建"命令。
- 要打印当前图片,可选择"画图"标签中的"打印"命令。
- 要保存当前画图,可选择"画图"标签中的"保存"命令。
- 要关闭"画图",可选择"画图"标签中的"退出"命令。

1.6.2 Windows 附件其他工具

1. 便签

Windows 7 提供了一个提醒的工具——便签,可以记录简短的提示语便签放在桌面上。

选择"开始"→"便签"命令,可以看到一个小尺寸,黄色的小标签纸,在上面输入提示的内容即可,如果需要再建一个便签,就单击便签上的十字图标,输入便签内容即可。用过的便签单击 ✖ 即可删除,如图 1-42 所示。

2. 截图工具

使用截图工具可以捕获屏幕上任何对象的屏幕快照或截图,然后对其添加注释、保存或共享该图像。可以捕获以下任何类型的截图。

- "任意格式截图"。围绕对象绘制任意格式的形状。
- "矩形截图"。在对象的周围拖动光标构成一个矩形。
- "窗口截图"。选择一个窗口,例如希望捕获的浏览器窗口或对话框。
- "全屏幕截图"。捕获整个屏幕。

捕获截图后,会自动将其复制到剪贴板和标记窗口。可在标记窗口中添加注释、保存或共享该截图。以下步骤介绍了截图工具的使用方法。

(1) 捕获截图的步骤

① 单击打开"截图工具"对话框，如图 1-43 所示。

图 1-42　便签示例

图 1-43　"截图工具"对话框

② 单击"新建"按钮旁边的箭头，从列表中选择"任意格式截图"、"矩形截图"、"窗口截图"或"全屏幕截图"，然后选择要捕获的屏幕区域。

(2) 捕获菜单截图的步骤

以截图(开始菜单)为例，步骤如下：

① 单击打开"截图工具"对话框。

② 打开截图工具后，单击 Esc 键，打开要捕获的开始菜单，按 Alt＋PrtScn 键。

③ 打开"画图"，将其粘贴，修改后保存。

(3) 捕获截图添加注解的步骤

① 捕获截图后，可以在标记窗口中执行以下操作：在截图上或围绕截图书写或绘图。

② 捕获截图后，会自动将其复制到剪贴板和标记窗口。可在标记窗口中添加注释、保存或共享该截图。在标记窗口中单击"保存截图"按钮。

③ 在"另存为"对话框中，输入截图的名称，选择保存截图的位置，然后单击"保存"按钮。

3. Tablet PC

Tablet PC 就是大家常听到的平板计算机。具有集成的手写笔、触摸屏、数字墨水输入、笔迹识别及新硬件的支持。使用 Tablet PC 输入面板中的书写板和触摸键盘是很有意思的。

Tablet PC 的其中一项强大功能是能够在计算机上直接写入内容。通过 Tablet PC 输入面板，可使用书写板将手写内容转换为键入的文本，或者使用触摸键盘输入字符。

例如，如果要在文档中通过 Tablet PC 输入面板输入一段文字："认识 Windows 7"，其操作步骤为：打开"附件"的 Tablet PC 输入面板窗口，如图 1-44 所示。

在 Tablet PC 输入面板上用鼠标或打开触摸键盘输入字符"认识 Windows 7"，如图 1-45 所示。然后单击右下的"插入"即可。

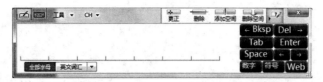

图 1-44　Tablet PC 输入面板窗口

图 1-45　Tablet PC 输入面板示例

第2章

Office 2007 中文版概述

2.1　Office 2007 中文版简介

2007 年 8 月微软推出了 Office 2007，这是 Office 产品史上最具创新与革命性的一个版本。它刚一问世，就以全新设计的用户界面、稳定安全的文件格式、无缝高效的沟通协作受到用户的青睐。在 Office 2007 版本中，重新设计了 Office Word、PowerPoint、Excel、Access 和 Outlook 的界面，用户不再通过复杂的对话框，只需"浏览、感觉并点击"就能简单地做出选择，更轻松地发现并使用这些功能。Microsoft Office 2007 窗口界面比以前的版本界面更美观大方、更完善、更能提高工作效率，并给人以赏心悦目的感觉。

Office 2007 几乎包括了 Word、Excel、PowerPoint、Outlook、Publisher、OneNote、Groove、Access、InfoPath 等所有的 Office 组件。其中 FrontPage 被取消，取而代之的是作为网站编辑系统的 Microsoft SharePoint Web Designer。Office 2007 简体中文版还集成有 Outlook 手机短信/彩信服务、最新中文拼音输入法 MSPY 2007 以及特别为本地用户开发的 Office 功能。

按照微软面向不同市场推出的套件，Office 2007 可分为：
- Office 标准版 2007；
- Office 家庭和学生版 2007；
- Office 中小企业版 2007；
- Office 专业版 2007；
- Office 专业增强版 2007；
- Office 企业版 2007。

2.1.1　Office 2007 各软件的简介

微软公司目前开发的完整的 Office 家族系列软件中最常见的三组件是：Word、Excel、PowerPoint。其次是 FrontPage、Access、Outlook、InfoPath、OneNote，另外两个组件 Microsoft Office Visio、Microsoft Office Publisher 一般只有专业人士才会使用。各个

组件的主要功能如下：

（1）Microsoft Office Word 2007 是文档创作程序，集一组全面的写入工具和易用界面于一体，可以帮助用户创建和共享美观的文档。

（2）Microsoft Office Excel 2007 是功能强大的电子表格程序，可以用来分析、交流和管理信息，帮助用户做出更加有根据的决策。

（3）Microsoft Office PowerPoint 2007 是功能强大的演示文稿程序，使用面向结果的新界面、SmartArt 图形功能和格式设置工具，可以快速创建美观的动态演示文稿。

（4）FrontPage 2003 提供的特性、灵活性和功能可更好地构建网站。它包括创建动态的高级网站时所需的专业的设计、创作、数据和发布工具。

（5）Microsoft Office Access 2007 是桌面数据库程序，可以帮助用户迅速跟踪信息，轻松创建有意义的报告，更安全地使用 Web 共享信息。

（6）Microsoft Office Communicator 2007 是统一的通信客户端，支持大量的通信方法，它使得信息工作人员可以随处查找和连接到他们的同事及一同工作的人。

（7）Microsoft Office InfoPath 2007 是基于 Windows 的应用程序，用于创建丰富的动态表单，用户可以用来收集、共享、再利用和管理信息。

（8）Microsoft Office Outlook 2007 是消息传递客户端，它带来一个全面的时间与信息管理器，实现对评价、组织和搜索信息所需工具的控制。

（9）Microsoft Office OneNote 2007 是数字笔记本，提供收集与组织信息的灵活方式、快速查找所需内容的强大搜索功能，使用户能够更加有效地工作、共享信息。

（10）Microsoft Office Visio 2007 是图表制作和数据可视化的解决方案，使用户能够可视化地分析和交流复杂信息、系统和过程。

（11）Publisher 2007 是打印桌面及 Web 发布的应用程序，其中包括用户创建和分发高效而有力的打印、Web 和电子邮件出版物所需的所有工具。

（12）Microsoft Office SharePoint Designer 2007 是 Web 站点开发与管理程序，它提供的工具可以让用户使用最新 Web 设计技术，以及在 IT 控制的环境中的确立标准，构建、自定义和参与 SharePoint 站点。

（13）Microsoft Office Project 2007 是项目规划产品系列，用于团队的组织工作和人员管理需求。

2.1.2 Office 2007 软件的新增功能

Office 2007 各个组件的新增功能比较多，下面对本书所涉及的新增功能做介绍。

1. Office Word 2007

Word 2007 将一系列功能完善的写作工具与易用的用户界面融合在一起，以帮助用户创建和共享具有专业视觉效果的文档。Word 2007 的新增功能如表 2-1 所示。

表 2-1　Word 2007 的新增功能

新功能	说　明
设置格式更加快捷	将工具置于上下文中,以确保在用户需要时及时显示适当的工具供选用
更有效地操纵新的格式化工具和高视觉效果的图形	图表和图形功能包括 3D 形状、透明度、投影和其他特效,不仅可以帮助用户创建具有专业视觉效果的图形,还可以在整个文档范围内快速修改文本、表格和图形的外观,以匹配理想的风格或颜色方案
文档转换成 PDF 或 XPS 格式	Word 2007 提供了多种与他人共享文档的方法。可以在没有第三方工具的情况下将 Word 文档转换成 PDF 或 XPS 格式的文件,从而与使用任何平台的用户进行广泛的沟通
快速对比一个文档的两个版本	用 Word 2007 很容易找出已经对文档做了哪些更改。新的 Tri-pane Review 面板将帮助用户查看一个带有删除、插入和移动文本标记的文档的两个版本
增强对文档中私有信息的保护	用 Document Inspector 检测并移除多余的注释信息、隐含文本或个人身份信息,能够确保在文档被发布时敏感信息不会丢失
使文档更安全、更结构化	可以为 Word 文档添加数字签名以确保文档在离开用户之后其内容的完整性。也可以将文档标记为"最终"以防止无意中的改动。文档拥有者通过使用内容控制可以创建和部署结构化 Word 模板,帮助后续用户输入正确的信息,从而更好地保护文档中的信息不被修改
缩小文件尺寸,改进受损文件恢复	新的 Word XML 格式将缩减文件尺寸,同时也在受损文件的恢复上做出改进。这种新的格式将在很大程度上节省存储和带宽需求,并减少 IT 人员的工作负担

2. Office Excel 2007

Excel 2007 是一款功能强大、被广泛使用的工具,它能帮助用户分析信息,以便制定更为切实可行的决策。通过使用 Excel 2007 和 Excel Services,用户将对高效地共享和管理业务信息更具信心。Excel 2007 的新增功能如表 2-2 所示。

表 2-2　Excel 2007 的新增功能

新功能	说　明
寻找所需工具更加简便	新的界面能够显示所有需要使用的工具。无论创建表还是编写公式,新的界面会将与完成任务密切相关的命令显示在任务栏上
在超大容量电子表格中导入、组织和浏览海量数据	最多能够支持拥有 1048576 行、16384 列数据的表格。在需要分析大批量信息时,不必再同时处理多个电子表格或使用其他应用程序
更快速地构建具有专业外观的图表	新用户界面中的图表制作工具能够以更少的鼠标操作次数,更快速地构建具有专业外观的图表。将 3D 效果、柔和阴影以及可视化增效特性应用于图表
创建和操作数据透视表视图更简单	针对不同问题快速重新组织数据,更加简便地创建和使用数据透视表视图,可以更快捷地得到结果
与其他人更加安全地共享电子表格	可以将电子表格保存为 HTML 格式,可以通过任何 Web 浏览器访问存储电子表格。可以在 Web 浏览器中对时间透视表进行导航、排序、过滤、输入参数以及与之交互
既能减少电子表格的大小,又能改进受损文件的恢复	Excel XML 作为一种新的压缩文件格式,大大缩减了文件尺寸。同时它的构架在受损文件的数据恢复方面做出了改进。这种新的格式将在很大程度上增加存储能力、节省带宽以及减少 IT 人员的工作量

3. Office PowerPoint 2007

PowerPoint 2007 使用户能够快速创建具有高视觉冲击力的动态幻灯展示,同时也将高安全性的工作流技术和简便共享信息的方法融入其中。PowerPoint 2007 的新增功能如表 2-3 所示。

表 2-3 PowerPoint 2007 的新增功能

新功能	说　明
用户界面使操作更加容易	新的用户界面使创建、展示和共享幻灯片的操作更加容易、更加直觉化
创建功能强大、具有动态效果的图表	可以轻松创建具有优秀视觉效果的动态工作流图表、关系图表或层级图表。可以将已发布列表转换成图表,或者修改并更新现有图表
充分利用幻灯片库中的资源	使用幻灯片库,可以将幻灯片存储在由 SharePoint Server 2007 支持的站点上,这样做不仅可以减少花费在创建幻灯片上的时间,而且插入的任何幻灯片都将与服务器上的版本保持同步,从而确保内容永远是最新的
在任何平台上实现共享	可以将幻灯片文件转换成 XPS 和 PDF 文件格式,能够有效扩大幻灯片展示的受众范围,在任何平台上实现共享
用自定义布局更快速封装幻灯片	可以定义和保存自定义幻灯片布局,从而避免了在新幻灯片剪切和粘贴布局或删除多余内容上浪费时间。PowerPoint 幻灯片库为简化与他人共享自定义幻灯片提供了简便的手段,从而保证了幻灯片的一致性并具有专业视觉效果
统一主题格式化幻灯片	主题能够仅用一次鼠标单击操作就可以修改整个幻灯片的效果。对幻灯片主题的修改会同时作用于幻灯片中的背景、图表、表格、字体以及任何文本。通过应用主题来确保整个幻灯片拥有专业和一致的效果
用新工具和特效修改形状、文本和图形	使用比以往更丰富的方法来操纵并处理文本、表格、图表和其他幻灯片元素。改进的界面和上下文相关菜单,只需执行几次鼠标操作就可以将丰富的视觉效果添加到幻灯片中
幻灯片增加更多安全性	可以将数字签名添加到幻灯片中,以确保内容自离开用户之后再没有被修改过,或者将幻灯片标记为最终版本以防止无意中的修改。通过内容控制功能,可以创建和部署结构化的 PowerPoint 2007 模板,用以指引用户输入正确信息,同时更好地保护和保存幻灯片中的信息

4. Office Access 2007

Office Access 2007 提供了一组功能强大的工具,可帮助用户快速跟踪、报告和共享信息。用户可以通过使用自定义或预定义模板,转换现有数据库或创建新的数据库,快速创建富有吸引力和功能性的跟踪应用程序,而且用户不必掌握很深厚的数据库知识即可执行此操作。通过使用 Office Access 2007,可以使数据库应用程序和报告适应不断变化的业务需求。Office Access 2007 通过增强的 Microsoft Windows SharePoint Services 3.0 支持,可帮助用户共享、管理、审核和备份数据。Access 2007 新增功能如表 2-4 所示。

表 2-4　Access 2007 新增功能

新功能	说　　明
专业化设计的数据库模板	新增专业化设计的数据库模板,可用来跟踪联系人、任务、事件和资产,以及其他数据类型,用户可以对其进行增强和调整。每次启动 Office Access 2007 时都会出现并打开某一模板,这样就可以快速创建数据库了
面向结果的用户界面	新的用户界面可以在面向任务的选项卡上很容易地找到完成操作的命令和功能。无论执行什么任务,新的用户界面都会呈现对完成该任务最有用的工具
更强大的对象创建工具	新增了创建窗体和报表的直观环境,允许用户快速创建并显示经排序的、筛选的和分组的信息窗体和报表
新的数据类型和控件	新增了增强的数据类型和控件,可以存储和输入更多种类型数据
增强的设计和分析工具	新增的工具可帮助用户更快地创建数据库对象,然后分析数据
增强的安全性	新增的和改进的安全功能,使 Office Access 2007 更加安全可靠。加载一个带有被禁用代码或宏的 Office Access 2007 应用程序来提供更加安全的沙盒(即,不安全的命令不得运行)体验。受信任的宏以沙盒模式运行
与他人共享数据和展开协作的方式	通过使用 Office Access 2007 新的协作功能,可以更有效地收集来自他人的信息,并在 Web 上的经过安全增强的环境下共享信息

5．Office Outlook 2007

Outlook 2007 能够帮助用户更好地管理时间和信息、跨越组织边界进行连接以及确保信息处于掌握之中并且更加安全。Outlook 2007 的新增功能如表 2-5 所示。

表 2-5　Outlook 2007 的新增功能

新功能	说　　明
快速搜索信息	可以快速搜索关键字或其他条件,在电子邮件、日历、联系人或任务中定位项目,而且 Instant Search 功能被完全集成到界面中,用户不必再离开 Outlook 去查询所需信息
简便管理日常待办事务和信息	可以通过查看 To-Do Bar 来检查当天的待办事务,被标记的邮件和任务清晰地呈现在 To-Do Bar 中。To-Do Bar 也将自动导入用户已经存储在 Project 2007、Access 2007、OneNote 2007 和 Windows SharePoint Services 中的所有任务。日历中的 To-Do Bar 将帮助用户合理安排时间,来完成预定计划
新的用户界面能更快地取得理想的工作效果	新的用户界面使撰写、格式化、查找、导航等功能操作更加容易、直观、高效
人与人之间有效地互联	新的日历功能为用户提供了与单位内部或外部的其他人员之间共享日历的捷径。可以创建 Internet 日历并将其发布到 Office Online,将日历快照以电子邮件方式发送给他人或者向客户发送一个自定义的电子商务卡片
新的安全标准将有助于防御垃圾邮件和恶意 Web 站点	Outlook 2007 中采用了新的安全标准,用以阻止垃圾邮件和恶意 Web 站点,使用户获得更高的安全性。为了防止将个人信息泄露给具有潜在危险的 Web 站点,Microsoft 已经改进了电子邮件过滤技术,并添加了新的功能用以禁用链接,以及在电子邮件中发现具有威胁性的内容时向用户发出警报

新功能	说　明
颜色分类功能使组织数据和搜索信息更加容易	Outlook 2007 中使用新的颜色分类功能,用户可以对任何类型的信息进行个性化设置和分类,使组织数据和搜索信息更加容易
在一个用户界面中管理所有通信	通过使用内置的订阅主页、在程序窗口中读取和管理 RSS 文件与 Blog(博客),轻松添加 RSS 订阅等
访问信息操作简单	使用 Outlook 2007 提供的附件预览器,用户只需一次单击操作就可以预览附件中的内容,节省了时间和人力

2.2　Office 2007 应用程序窗口组成和操作基础

Office 2007 与 Office 2000、Office 2003 相比,最大的区别就是窗口风格的改变。即从用户的使用方便考虑,在 Office 2007 应用程序中窗口的风格基本保持一致,用户可以在所有的 Office 2007 应用程序中,使用相同的操作方法实现一些常用的功能,如新建、打开、保存、另存为、打印、发送、发布等操作。本节以 Word 为例,介绍 Office 2007 应用程序窗口组成以及操作基础。

2.2.1　Word 2007 中文版窗口组成

打开 Word 2007 窗口的操作步骤:选择"开始"→"所有程序"→Microsoft Office→Microsoft Office Word 2007 命令,即启动 Word 2007,进入 Word 2007 的工作界面,如图 2-1 所示,从左开始包括 Office 按钮、快速访问工具栏、标题栏、功能区、状态栏以及水平标尺、垂直标尺、滚动条,另外在操作时针对对象会显示动态选项卡。

图 2-1　Word 2007 的工作界面

1. 标题栏

标题栏位于 Word 2007 窗口的最顶端，用来显示当前编辑的文档名称、文件格式、兼容模式和 Microsoft Word 字样。最右侧是 Word 2007 程序的"最小化"、"最大化"和"关闭"按钮。

2. Office 按钮

在 Office 2007 的组件界面中都有 Office 按钮，主要功能有新建、打开、转换、保存、另存为等一些常用命令，也可以称作常用命令菜单。

3. 快速访问工具栏

快速访问工具栏的默认位置在 Office 按钮右边，可以设置在功能区下边。快速访问工具栏体现一个"快"字，栏中放置一些最常用的命令，例如新建文件、保存、撤销、打印等。可以增加、删除快速访问工具栏中的命令项。

4. 功能区

Office 2007 的全新用户界面就是把下拉式菜单命令更新为功能区命令工具栏，在功能区中，将原来超过上千项的下拉菜单命令，重新组织在"开始"、"插入"、"页面布局"、"引用"、"邮件"、"审阅"、"视图"7 个选项卡中。

5. 文档编辑区

文档编辑区占据了 Word 整个窗口最主要的区域，也是用户在 Word 操作时最主要的工作区域。这与 Office 2003 是一样的。在文档编辑区中，用户可以输入文字，插入图形、图片，设置和编辑格式等。

6. 标尺

标尺包括水平标尺和垂直标尺。在 Word 2007 中，默认情况下标尺是隐藏状态，可以通过单击文档编辑区右上角的"标尺"按钮命令来显示或隐藏标尺。

7. 状态窗口栏

在 Word 窗口底部有如图 2-2 所示的状态栏，其中包括以下内容：

（1）页面信息：当前页数和文档总页数。

（2）文档包含的文字数：每个汉字、标点符号、英语单词、连续的字母或者数字序列被 Word 统计为一个字。

（3）拼写检查：可以选择默认拼写检查的语言，如英语或者法语。

（4）编辑模式：插入还是覆盖。默认是插入模式，如果设置覆盖模式，当前输入点之后的文字会被当前输入的信息所覆盖。

（5）视图模式：Word 2007 提供了五种视图模式，包括打印布局、全屏阅读、Web 布局、大纲布局和草稿布局，默认模式是打印视图模式。如果用户希望浏览文档或者审阅文档内容，可以选择"全屏阅读"视图模式。

图 2-2　状态窗口栏

2.2.2　工具栏的使用和操作基础

1. 快速访问工具栏的使用

单击快速访问工具栏右边的向下箭头按钮,可以打开快速访问工具栏菜单,如图 2-3 所示。在左栏中有一些常用命令,单击就可以使用。右栏显示的是最近使用的文档,单击某一文档就可以打开该文档。下拉菜单的底部有个"Word 选项"按钮,单击这个按钮,会打开一个包括常用、显示、校对等 Word 常用选项的更改对话框,如图 2-4 所示。

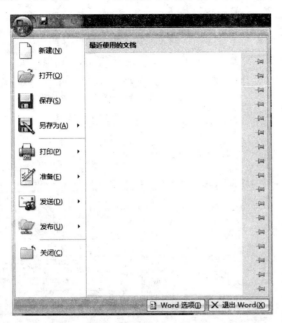

图 2-3　快速访问工具栏下拉菜单

图 2-4　更改 Word 选项对话框

2. 功能区的使用

在"开始"、"插入"、"页面布局"、"引用"、"邮件"、"审阅"、"视图"7个选项卡中,所有的命令都是以面向操作对象的思想进行设计的,把命令分组进行显示。例如在"页面布局"选项卡中,将整个文档页面相关命令分为"主题"组、"页面设置"组、页面"分隔符"组、页面内部"段落"组等,并且单击每组右下边箭头(对话框启动器),会显示更详细的命令对话框,可以在这些对话框中进行更详细的设置,如图2-5所示的"页面布局"及"段落"对话框。

图 2-5 "页面布局"及"段落"对话框

3. 动态选项卡的使用

在 Word 2007 中,根据用户当前操作的对象会自动显示一个动态选项卡,该标签中的所有命令都和当前用户操作的对象相关。例如,当用户选择了文档中的一些文字时,在选择的文字中,会自动显示一个透明的"字体"动态选项卡,如图2-6所示,可以在此动态选项卡中根据需要选择使用。

图 2-6 动态选项卡

在了解了 Word 2007 界面和功能布局之后,就可以对文档进行新建、保存、打开、打印等一系列操作了。

4. Office 2007 帮助功能的使用

与 Office 以往的版本相比,Office 2007 的各个组件的帮助功能增强了许多,这对学习各组件有很大的帮助。Microsoft Office 中的每个程序都有一个单独的"帮助"窗口。从某个组件（如 Microsoft Office Word）打开"帮助"窗口，然后转到另一个程序（如 Microsoft Office Excel），再打开"帮助"时，将看到两个单独的"帮助"窗口。Microsoft Office 可保持每个"帮助"窗口的独特设置，如图 2-7 所示。打开"帮助"窗口可以单击该组件窗口右上角的 ⑩ 按钮，或按 F1 键，通过浏览或搜索来寻求帮助。

图 2-7 两个单独的"帮助"窗口

第3章

使用 Word 制作简单文档和表格

3.1 使用 Word 制作简单文档

3.1.1 制作文档的基本知识

1. 输入文本

制作文档的第一步就是向文档中输入文本。当打开新文档或在文档编辑时,会有一条闪烁的短竖线,这是插入点标记,表示可以在此位置输入文本。切换到所需的输入法状态,输入的文本内容将出现在光标的位置处,同时光标会自动向右移动。

2. 输入符号

单击"插入"选项卡中符号组的"符号"按钮,打开符号列表,还可以单击列表中的"其他符号",如图 3-1 所示,选择并输入所需的符号。

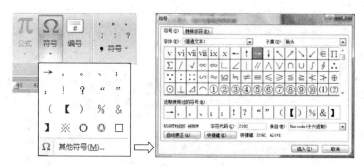

图 3-1 "符号"列表及"其他符号"对话框

3. 插入编号

单击"插入"选项卡中符号组的"编号"按钮,打开如图 3-2 所示的"编号"对话框,浏览并选择所需的数字类型。

4. 插入日期和时间

单击"插入"选项卡中文本组的"日期和时间"按钮,打开"编号"对话框,如图 3-3 所示,浏览并选择所需的日期格式。

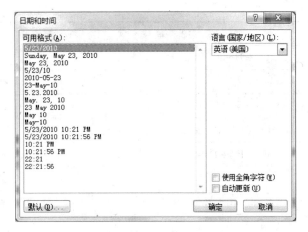

图 3-2 "编号"对话框　　　　　　图 3-3 "日期和时间"对话框

5．选择文本

对文本进行操作之前，必须先选择文本。

（1）使用鼠标选择文本

① 将光标放在需要选取文本的起始位置，按下鼠标左键不放开并拖动，到需要选择文本的结束处释放鼠标，就可以选中相应的文本，选择后的文本以反白形式显示。使用鼠标可以选择一个字、一行字、一段文本或者整篇文档。

② 选择一行文本。将鼠标移动到该行左边的文本选定区上，当鼠标形状变为指向右上方的箭头时，单击鼠标，即可选中该行。如果在文本选定区上按住鼠标左键不放并垂直向下或向上进行拖动，可以选中连续的多行。如果在文本选定区上单击选定一行，再按住Ctrl 键，单击其他行，可以选中不连续的多行。

③ 选择一段文本。将鼠标移动到段落左边的文本选定区上，当鼠标箭头变为指向右上方的箭头时，双击即可选中当前段落。

④ 选择整篇文档。要选择整篇文档可以使用以下三种方法。

- 按 Ctrl 键，将鼠标移动到文本选定区上单击；
- 单击"开始"选项卡中"编辑"组的"选择"下拉菜单的"全选"命令；
- 将鼠标指针移动到文档左边的文本选定区，连续三次单击。

（2）使用键盘选择文本

通过键盘来选择文本，主要是使用快捷键，如表 3-1 所示。

表 3-1　常用文本操作快捷键

快　捷　键	文本选择结果
Shift＋→	选择右边的一个字符
Shift＋←	选择左边的一个字符
Ctrl＋Shift＋→	选择单词到结尾
Ctrl＋Shift＋←	选择单词到开头

快 捷 键	文本选择结果
Shift+Home	选择到行首
Shift+↑	选择上一行
Shift+↓	选择下一行
Alt+Ctrl+Shift+Page Down	选择到当前窗口
Shift+Page Down	选择下一页
Shift+Page Up	选择上一页
Ctrl+Shift+Home	选择到文本开头
Ctrl+Shift+End	选择到文本结尾
Ctrl+A	选择整篇文档

3.1.2 制作一个简单文档

制作一个如图 3-4 所示的简单通知,分为文本制作和表格制作两个部分。

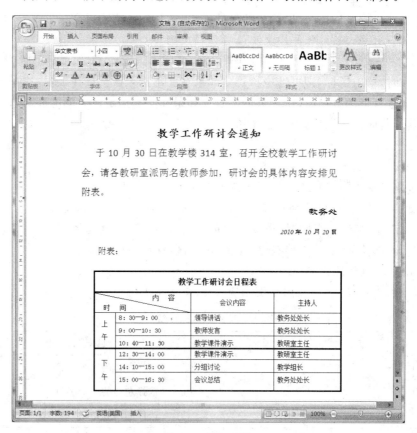

图 3-4 通知文档

1. 制作文本的操作步骤

（1）启动 Word 2007，即打开如图 3-5 所示的 Word 2007 输入文本窗口。

插入点标记在
此输入文本

图 3-5　Word 2007 输入文本窗口

（2）单击任务栏上的输入法图标，或按 Ctrl＋空格键切换到一种习惯的中文输入法状态。

（3）按下面所示内容输入文本：

教学工作研讨会通知（按 Enter 键）

于 10 月 30 日在教学楼 314 室，召开全校教学工作研讨会，请各教研室派两名教师参加，研讨会的具体内容安排见附表。（按两次 Enter 键）

教务处（按 Enter 键）

2010 年 10 月 20 日（按 Enter 键）

输入结束，效果如图 3-6 所示。

（4）选中第一行，单击"开始"选项卡中字体组的"字体（华文楷体）"、"字号（小二）"、段落组的文本居中 按钮，效果如图 3-7 所示。

（5）选中第二行和第三行，单击"开始"选项卡中"字体"组的"字号（三号）"，单击"段落"组的打开对话框按钮 ，如图 3-8 所示，将"特殊格式"中的首行缩进设置为 2 字符，段前段后各 0.5 行，行距设置为 1.5 倍行距。效果如图 3-9 所示。

（6）选中最后两行，单击"开始"选项卡中字体组的"字体（华文隶书）"、"字号（四号）"、段落组的文本右对齐 按钮，效果如图 3-10 所示。

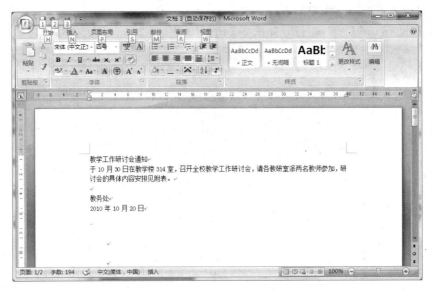

图 3-6　在 Word 2007 窗口输入的文本

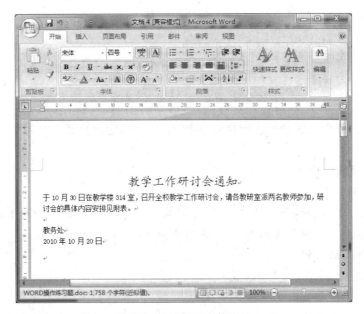

图 3-7　设置标题字体窗口

2. 制作表格的操作步骤

文本内容制作好后,在文本下面开始制作表格。

(1)按两次 Enter 键将光标下移两行,输入"附表:"(按 Enter 键)。

(2)单击"插入"选项卡中表格组的"表格"按钮,打开插入表格小窗口,用鼠标拖动为 4×8 表格,单击鼠标左键,其效果如图 3-11 所示。

(3)选中第一行,右击打开快捷菜单,选择"合并单元格"命令。

(4)在第一行输入"教学工作研讨会日程表"。

图 3-8　段落设置对话框

图 3-9　文本设置后的效果窗口

（5）选中"教学工作研讨会日程表"文本，单击"开始"选项卡中字体组的"字号（小四）"、段落组的文本居中按钮，效果如图 3-12 所示。

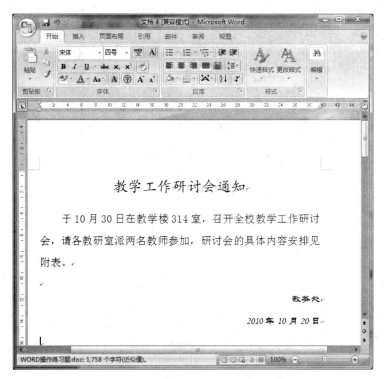

图 3-10 文本最后两行设置后效果窗口

图 3-11 插入表格窗口

图 3-12 设置标题后的效果

（6）选定第二行前两个单元格,右击,打开快捷菜单,选择"合并单元格"命令,单击"插入"选项卡中表格组的"表格"按钮,打开插入表格小窗口,选择"绘制表格"命令,此时鼠标光标变为鼠标笔,用鼠标笔在这两个单元格上画一条斜线,再使用空格和回车键调整位置,在表格中输入相应的内容,效果如图 3-13 所示。

图 3-13　设置表头后的效果

（7）选表中第三行、第四行、第五行的第一列,右击打开快捷菜单,选择"合并单元格"命令,输入"上午"。选中"上午"文本,右击打开快捷菜单,选择"文字方向"命令,打开文字方向对话框,选其中一种样式,如图 3-14 所示。选中"上午",单击"开始"选项卡中段落组的文本居中ⅢⅢ按钮,在文本"上午"之间加一个空格。"下午"的操作方法与"上午"相同,效果如图 3-15 所示。

（8）将表中的文本输入到相应的单元格中,如图 3-16 所示。

图 3-14　"文字方向"对话框

（9）选中"会议内容"和"主持人"文本,右击,选择快捷菜单中单元格对齐方式"水平居中"命令。选中下面的时间和内容,右击,选择快捷菜单中单元格对齐方式"中部两端对齐"命令,如图 3-17 所示。

（10）为边框和中线加粗,选择"设计"选项卡中绘制边框组"笔画粗细设置为 2.25 磅",用绘制表格的笔将边框和中线画出。

图 3-15　合并后的效果窗口

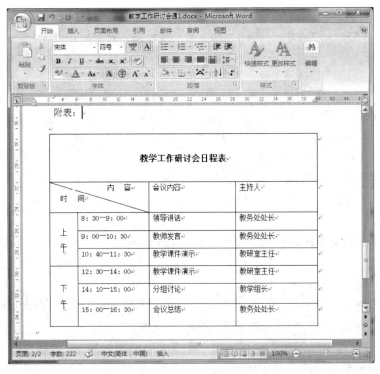

图 3-16　表格文本输入后的效果

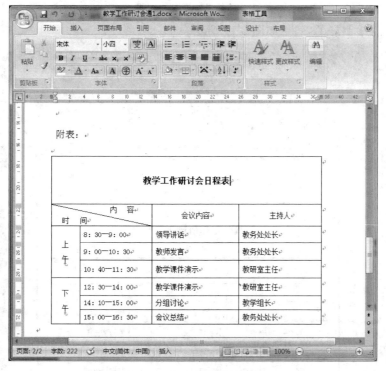

图 3-17　文本对齐后的效果

（11）去掉表格中的编辑标记（按 Enter 键），单击 Office 按钮中的"Word 选项"按钮，打开 Word 选项显示的项，去掉段落标记的勾，如图 3-18 所示。

图 3-18　去段落标记选项框

（12）单击"确定"按钮，再单击"开始"选项卡中段落组的 隐藏编辑标记按钮，这样完整的表格就绘制好了，效果如图 3-19 所示。

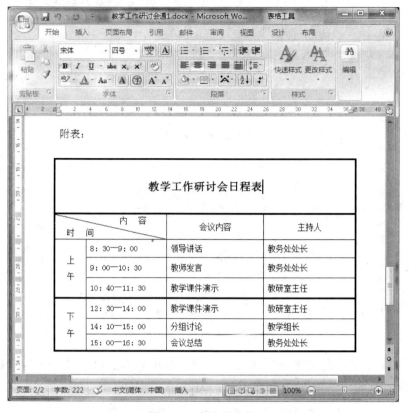

图 3-19　完整的表格

（13）将做好的通知文档保存，单击 Office 按钮下拉菜单中的"另存为"命令，在打开的"另存为"窗口中选择"文档"为保存位置，在文件名框中输入"教学工作研讨会通知"，如图 3-20 所示，单击"保存"按钮，将文档保存。

3.1.3　保存文档

在编辑完成 Word 文档之后，通过文档保存功能将该文档进行保存。上面在举例中介绍了保存的操作，因为 Office 2007 的保存有一些新增加的项目，而且保存是比较重要的功能，所以这里要专门进行说明，针对不同的文档有不同的保存方式。

1. 新建文件的保存

有两种保存新建文件的方法，一种是单击快速工具栏中的 按钮，另一种是单击 Office 按钮，然后单击"保存"命令。

2. 另存为文档

当希望保留一份文档修改前的副本时，可以选择"另存为"命令。单击 Office 按钮，选择"另存为"命令。

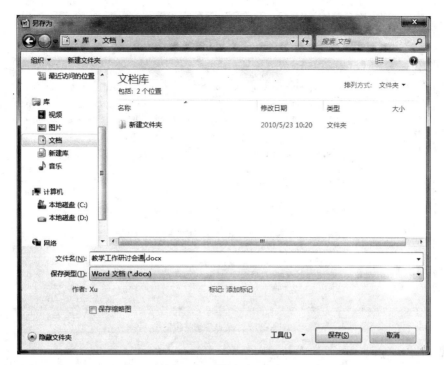

图 3-20　"另存为"窗口

在另存文件时，可以将当前文档保存为以下几种格式。

（1）保存为 Word 2007 文档格式。可以修改文档名称或者保存路径，其默认文档扩展名是 docx。

（2）另存为文档模板。可以修改文档名称或者保存路径，Word 2007 文档模板扩展名为 dotx。

（3）如果希望将文档能够在 Word 2003、Word XP、Word 2000、Word 97 程序中打开，可以另存为 Word 97～2003 兼容格式，这时文档的扩展名称为 doc，文档模板的扩展名为 dot。

（4）保存为 PDF 或者 XPS 文档格式。在很多情况下，需要以容易共享和打印但不易修改的固定版式格式保存文件。例如，简历、法律文档、新闻稿、主要用于阅读和打印的任何其他文件。2007 Microsoft Office System 提供了一个免费加载项来保存或导出这种类型的文件，但必须首先安装该加载项才能使用它。

3. 设置文档自动保存

通过单击 Office 按钮，在打开的下拉菜单中单击"Word 选项"按钮，然后在弹出的"Word 选项"对话框中设置自动保存的间隔时间，如图 3-21 所示，默认自动保存间隔是 10 分钟。用户可以根据需要调整自动保存间隔，通常可以保持默认值。

图 3-21 "保存"选项窗口

3.2 建立文档

3.2.1 新建文档

在 Word 中新建文档就是建立一个新的空白文档窗口,供用户书写文件。新建空白文档的方法简单灵活多样,可以任意选择。下面介绍新建空白文档的两种方法。

(1) 启动 Word 2007 的同时会自动创建一个名为"文档1"的空白文档。

(2) 在 Word 2007 的窗口上,单击 Office 按钮,选择"新建"命令,在"新建文档"对话框中,双击"空白文档",可建一个空白文档。

在 Word 中可以新建和打开多个文档,Word 将按打开的顺序,给每一个新建文档一个默认的文件名"文档1、文档2……文档 n"(n 为创建的序号),当然这些默认的文件名在保存时可以按照需要更改。

3.2.2 使用模板建立文档

Word 2007 提供了很多精美的模板,模板是有样式和内容的文件,用户可以根据需要,找到一款适合的模板,然后在此基础上快速新建一个文档。

打开模板可以单击 Word 2007 窗口左上角的 Office 按钮,在打开的下拉菜单中选择"新建"命令,打开"新建文件"对话框,如图 3-22 所示。该对话框从左到右分为三栏,左栏为模板库的名称、中间空白文档和最近使用的文档的列表,右栏为当前选中范本的预览效果。

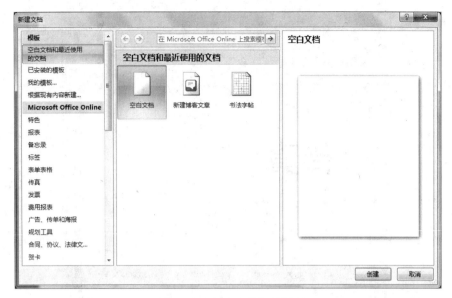

图 3-22 "新建文档"对话框

在最左侧的"模板"列表中,单击"已安装的模板"选项,然后在中间的模板列表中选择一个模板,这里选择"平衡传真",如图 3-23 所示。在对话框右下角处选中"文档"单选按钮,然后单击"创建"按钮,这时打开"原创信函"的范本,如图 3-24 所示。在占位符上输入内容后保存,即可建立一个"原创信函"文档。

图 3-23 "新建文档"窗口

3.2.3 使用 Word 模板建立简历

使用模板建立简历,可以在上面"已安装的模板"中选择"简历"项中的简历模板,快速

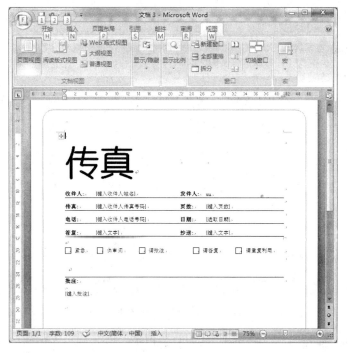

图 3-24 "平衡传真"模板文件

建立简历文档。还可以使用在线的模板,建立简历文档。下面举例说明如何利用在线模板快速建立简历文档。

  首先,启动 Word 2007,在 Word 2007 的窗口上单击 Office 按钮,在打开的下拉菜单中选择"新建"命令,打开"新建文档"对话框,在模板库中选中 Microsoft Office Online 下的范本分类"简历",如图 3-25 所示。在简历类型中选择"基本"中的"实用简历(简洁型)"如图 3-26 所示。

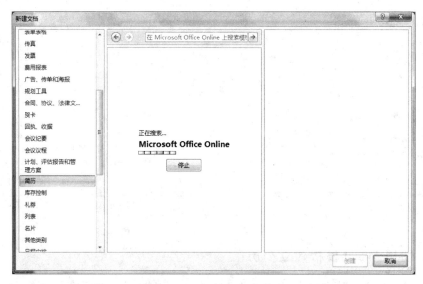

图 3-25 在线模板搜索窗口

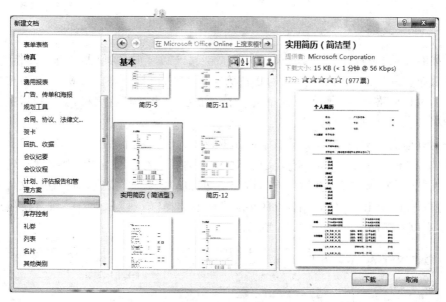

图 3-26　实用简历(简洁型)预览窗口

单击"下载"按钮即可打开实用简历(简洁型)模板的新文件,如图 3-27 所示。

图 3-27　实用简历(简洁型)文档

在文档中输入个人简历的有关内容后,保存即可。

另外,也可以直接访问微软官方模板中文网站 http://office. microsoft. com/zh-cn/ templates/default. aspx,下载新的文件范本。其中有上百种精美的专业 Word 文件模板 可供选择。

3.2.4　制作模板

如果有一项文档要经常使用，每一次都要重复去制作很麻烦，可以将其制作成模板，每次需要时将其打开，修改一下，就可以成为文档，既可以提高制作的效率，同时也能够统一文档的风格和格式。我们在第 3 章制作了一个通知，其中还有表格，就可以根据现有内容新建模板，其操作步骤为：

先打开建立的文档，这里以第 3 章制作的通知为例。单击 Office 按钮，在打开的下拉菜单中选择"新建"命令，打开"新建文档"对话框，再在模板库里选中"根据现有内容新建范本"，在"文件名"处输入"教学工作研讨会通知"，单击"新建"按钮，即将这个文件新建了模板，可以单击 Office 按钮，在打开的下拉菜单中选择"新建"命令，在"最近使用过的模板"中就有刚新建的范本，如图 3-28 所示。

图 3-28　新建模板窗口

第4章

Word 文档的编辑和格式化

4.1 编辑文档

4.1.1 复制文本、格式

复制文本的目的是将已有的文本变为多个相同内容的文本。复制文本首先需要选中要复制的文本,然后将内容复制到目标位置。

1. 利用快捷键复制

选中文本后,按 Ctrl+C 键复制,光标移到目标位置,再按 Ctrl+V 键粘贴。

2. 利用命令操作

选中文本,单击"开始"选项卡上的"复制"按钮,光标移到目标位置,再单击"开始"选项卡上"粘贴"按钮的"粘贴"命令。

3. 利用剪贴板复制

剪贴板可以最多将 24 个内容放在剪贴板上,可以选择一个内容"粘贴",也可以一次将 24 个"全部粘贴"。利用剪贴板复制,首先要打开"剪贴板",单击"开始"选项卡中"剪贴板"按钮,在窗口的左边显示"剪贴板"小窗口。所复制的内容就放在"剪贴板"的小窗口中,需要时单击其中一个或全部粘贴,就可把复制的内容"粘贴"到目标位置。

4. 利用格式刷复制格式

格式刷的功能是将设置了字体、字号、段落等的格式重新应用到目标文本中。首先选中已经设置好格式的文本,然后单击"开始"选项卡中"剪贴板"组的"格式刷"按钮,这时鼠标成为了一个小刷子,用小刷子去刷没有格式的文本,该文本立刻变为刚才选中的格式样式。

5. 使用选择性粘贴

选择性粘贴是 Word 2007 新增的一个粘贴功能,主要作用是为粘贴提供更多的选项。当选中文本后,单击"开始"选项卡中"剪贴板"组"粘贴"按钮下的"选择性粘贴"命令,这时会打开一个窗口,如图 4-1 所示。在"形式"栏中,列出了若干供选择的粘贴形式,可根据需要选择其中一种。

图 4-1　选择性粘贴窗口

6. 撤销/重复操作

对 Word 的操作是会自动记录下来的,可以通过"撤销"功能将操作撤销,也可以通过"重复"功能对之前的操作进行重复。

"撤销"操作可以按 Ctrl＋Z 键或快速工具栏上的 按钮,撤销上一个操作,单击 按钮旁边的下拉箭头,可以选择撤销之前更多步骤的操作。

"重复"操作可以按 Ctrl＋Y 键或快速工具栏上的 按钮,重复上一个操作,单击 按钮旁边的下拉箭头,可以选择重复之前更多步骤的操作。此外,还可以按 F4 键进行重复操作。

4.1.2　设置字体格式

设置字体格式包括字体、字号、字形、字体颜色、字符底纹等,可以通过浮动菜单和功能区选项来更改样式设置。

1. 使用浮动菜单设置字体

浮动菜单是 Office 2007 的一大亮点,利用浮动菜单设置字体是比较快捷的方法。首先选中需要设置字体的文字,当鼠标移开被选中文字时,立即就会有一个字体设置浮动菜单以半透明方式显示出来,如图 4-2 所示。如果将光标移动到半透明的菜单上,菜单项会以不透明方式显示。

图 4-2　浮动菜单

浮动菜单中包含了最常用的字体、字号、颜色、对齐方式等设置按钮,单击这些按钮即可完成字体设置。

2. 使用功能区设置字体

选中需要设置字体的文本，单击"开始"选项卡中"字体"组的"字体"按钮，打开"字体"下拉对话框，如图 4-3 所示，从中选择所需命令设置字体。

3. 使用更改样式设置字体

通过"更改样式"命令，可以快速地设置选中文本的字体、字号、间距、颜色、背景等。具体步骤如下：

（1）先要选中希望设置样式的文本，包括段落或者整篇文档。

（2）单击"开始"选项卡中"样式"组的"更改样式"按钮，打开"样式集"下拉列表框，如图 4-4 所示。可以根据个人的喜好选择样式，当鼠标移到各样式名称时，被选中的文本就变成为该样式。

图 4-3　字体对话框

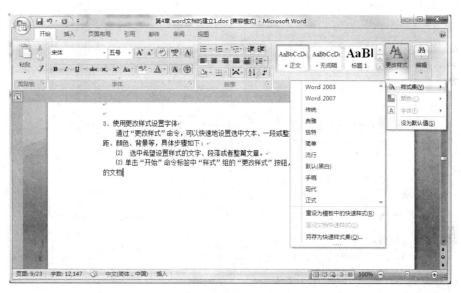

图 4-4　更改样式菜单

4.1.3　设置段落格式

设置段落格式的目的是让文档段落分明、版面整洁、视觉清晰。段落格式主要有段落对齐方式、段落的缩进、行间距、段前后间距等。

1. 段落对齐方式

段落对齐方式是指段落中每一行文本的横向对齐方式。主要有以下几种方式。

（1）左对齐。段落全部内容左边对齐，右边不限。

（2）右对齐。段落全部内容右边对齐，左边不限。

（3）居中。段落全部内容居中，距页面的左、右边距相等。

（4）两端对齐。段落全部内容首尾对齐，但未输满的行保持左对齐。

（5）分散对齐。段落全部内容首尾对齐，但未输满的行调整字间距，保持首尾对齐。

图 4-5 显示的是段落对齐的各种方式。

在设置段落对齐格式时，首先要将光标移到该段落中的任意位置，单击"开始"选项卡中"段落"组的按钮 ▤ ▤ ▤ ▤ ▤，依次为左对齐、居中、右对齐、两端对齐、分散对齐。还可以单击"开始"选项卡中"段落"按钮，打开"段落"对话框，可以设置段前、段后的间距。

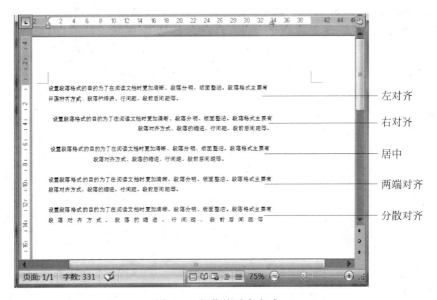

图 4-5　段落的对齐方式

2. 段落缩进

缩进是指文档的边界向内缩进所需距离，段落缩进是指某段的首行缩进、左右缩进等。常用的段落缩进有以下几种方式。

（1）首行缩进。只将段落的第 1 行缩进。

（2）左缩进。只将段落的左端缩进。

（3）右缩进。只将段落的右端缩进。

（4）悬挂缩进。除段落的第 1 行不缩进，缩进其余的行。

段落缩进有两种操作方法，一是用标尺设置段落缩进，二是使用"段落"对话框选择命令进行操作。用标尺进行设置的特点是直观、方便，但缩进的位置不很精确。如果需要十分精确的缩进，应使用"段落"对话框来完成，两种操作方法可以穿插使用。水平标尺上的缩进标记如图 4-6 所示。

图 4-6　标尺功能示意图

"段落"对话框是让用户使用以前熟悉的对话框形式来设置段落的格式。单击"开始"选项卡中"段落"组右下角的按钮，或单击"页面布局"选项卡中"段落"组右下角的按钮，均可打开"段落"对话框，如图 4-7 所示。

图 4-7　"段落"对话框

　　无论使用"标尺"还是使用"段落"对话框设置缩进，只要把光标放在段的相应位置就可以，然后使用"标尺"上的缩进按钮，或选择"段落"对话框命令。缩进方式如图 4-8 所示。

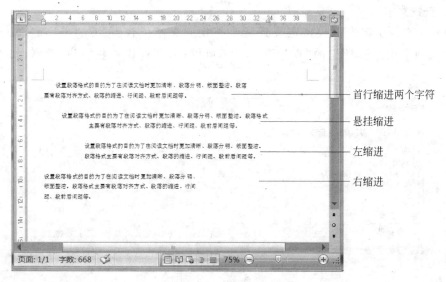

图 4-8　缩进方式

3. 段间距和行间距

段间距是指本段第一行与上一段最后一行之间的距离,段间距默认值为 0 行。

行间距是指本段或全文行与行之间的距离,行间距默认距离是单倍行距。段间距和行间距可以同时设置。关于行距名称的解释如下:

- 单倍行距:此选项将行距设置为该行最大字体,字体通常具有不同的大小的高度和间距。这个高度和间距的大小取决于所用的字体。
- 1.5 倍行距:此选项为单倍行距的 1.5 倍。
- 双倍行距:此选项为单倍行距的两倍。
- 最小值:此选项设置适应行上最大字体或图形所需的最小行距。
- 固定值:此选项设置固定行距且 Microsoft Office Word 不能调整行距。
- 多倍行距:此选项设置按指定的百分比增大或减小行距。例如,将行距设置为 1.2 就会在单倍行距的基础上增加 20%。

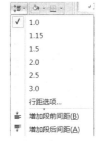

设置段间距,先将光标移到该段,可以单击"页面布局"选项卡中"段落"组"间距"下的段前、段后微调按钮,选择段前间距和段后间距;也可以单击"页面布局"选项卡中"段落"组的下拉按钮,打开"段落"对话框,利用"间距"下的段前、段后微调按钮,选择段前间距和段后间距。

设置行间距,先选中要改变行距的文本,然后单击"开始"选项卡中"段落"组的行距按钮,打开行距下拉列表框,如图 4-9 所示,选择需要的行距,或单击"开始"选项卡中"段落"组的按钮,打开"段落"对话框,利用"行距"的下拉菜单,选择行距,进行行距设置。

图 4-9　行距菜单

4.1.4　查找替换文本

1. 查找文本

查找文本就是将光标快速定位到所要查找的文本位置,按 Ctrl＋F 键,或者单击"开始"选项卡中"编辑"组的"查找"按钮,都可以打开"查找和替换"对话框,如图 4-10 所示。

图 4-10　"查找和替换"对话框

在"查找内容"框中，输入要查找的文本，然后单击"阅读突出显示"按钮的"全部突出显示"命令，这时所查找的文本均以黄底纹显示，同时"查找和替换"对话框中显示查找了多少处。图4-11所示的是以查找"小"字为例的结果。

图4-11　突出显示操作后对话框

若要去除突出的黄底纹显示，则单击"阅读突出显示"按钮的"清除突出显示"命令或"查找下一处"等按钮。

如果选择单击"查找下一处"按钮，这时光标定位在文件中第一个所查找到的文本，有蓝色底纹显示，再单击"查找下一处"按钮，光标定位在文件中第二个所查找的文本，依次操作，依次显示，直至文件尾。

单击左侧的"更多＞＞"按钮，打开如图4-12所示的对话框（此时"更多＞＞"按钮变为"＜＜更少"按钮），在此可以进行高级搜索选项设置。查找内容包括"格式"和"特殊格式"。例如，如果查找分段标记，可以打开"特殊格式"，选择"段落标记"，如图4-13所示。这时在查找内容中就显示^P，单击"查找下一处"，段落标记就依次显示，不需要查找就单击"取消"按钮。

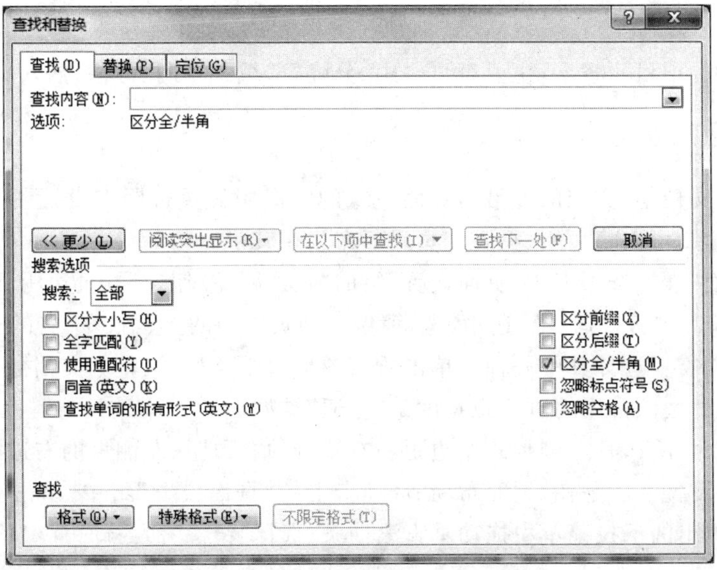

图4-12　单击"更多＞＞"按钮后

2. 替换文本

替换文本的作用是在文档中查找到一个或多个文字、符号、控制标记等,替换为另外的文字、符号、控制标记,一个可以替换多个,多个可以替换一个,可以任意替换。其操作步骤如下:

(1) 按 Ctrl＋H 键,或者单击"开始"选项卡中"编辑"组的"替换"按钮,打开"查找和替换"对话框,

(2) 分别输入需要查找的内容和替换的内容,然后单击"替换"按钮,光标在第一个查找内容处,等待是否替换,要替换就单击"替换"按钮,只替这一个,光标就到第二个查找内容处,如果不替换,就单击"查找下一处",以此类推。

(3) 如果想一次性全部替换,就在输入需要查找的内容和替换的内容后,单击"全部替换"按钮,这时会按照输入的内容将文件中需要替换的内容全部替换。

也可以通过单击"更多＞＞"按钮,分别选择"搜索选项"、替换中"格式"、"特殊格式"的各选项进行高级查找和替换,操作方法与查找一致。

图 4-13　单击"特殊格式"按钮

4.2　页面设置

页面设置的项目比较多,主要有页边距、分隔符、纸张方向、分栏、插入页眉和页脚等。

4.2.1　设置页边距

在每一页文档中,文档的外沿与页面边缘的距离叫做页边距。设置了页边距的页面四周是空白区域,可以将页眉、页脚和页码等布放在其中。

单击"页面布局"选项卡中"页面设置"组的"页边距"按钮,打开页边距下拉列表框,如图 4-14 所示。其中将普通、窄、适中、宽、镜像五种页边距的上、下、左、右的边距值清楚地标示,可以根据需要选择其中一种。单击所需的页边距类型时,整个文档会自动更改为已选择的页边距类型。常用的页边距宽度是"普通"类型。

镜像是指对开页,其左侧页的左边距和右侧页的右边距、左侧页的右边距和右侧页的左边距等宽。设置方法是在"页面布局"选项卡上的"页面设置"组中,单击"页边距"下拉按钮,然后在弹出的下拉菜单中拖动垂直滚动条,选择"镜像"命令即可。

4.2.2 自定义边距

在上面的"页边距"选项中,所选的项是规定边距值,如果不符合用户的需求,用户可以自定义边距。在"页边距"下拉菜单中选择"自定义边距"命令,打开"页面设置"对话框,如图 4-15 所示。

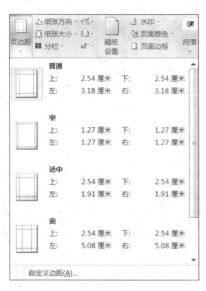

图 4-14 "页边距"样式

图 4-15 "页面设置"对话框

1. 更改页边距

需要更改文档中某一部分的边距,先选中相应的文本,然后在"页面设置"对话框中输入"上"、"下"、"左"、"右"新的页边距值;在"应用于"框中,单击"所选文字",再单击"确定"按钮,所选中文本的页边距就显示新的页边距样式。

更改"整篇文档"的页边距,可以不用选中全篇文档,直接在页边距的"上"、"下"、"左"、"右"框中,输入新的页边距值,在"应用于"框中选择"整篇文档",再单击"确定"按钮,整篇文档就会显示新的页边距样式。

要更改默认页边距,可在选择新页边距后,打开"页面设置"对话框,单击"默认"按钮,新的默认设置将保存在该文件使用的模板中。每个基于该模板的新文件都将自动使用新的页边距设置。

在设置页边距时,需要注意以下两个问题。

(1)由于大多数打印机无法将内容打印到纸张边缘,因此需要设置适宜的页边距宽度。如果页边距设置得太窄,打印时会显示"有一处或多处页边距设在了页面的可打印区域之外",这时要增大页边距的宽度。

(2)最小页边距设置取决于用户的打印机、打印机驱动程序和页面大小。若要确定最小的页边距设置,请参考打印机使用手册。

2. 设置装订线边距

设置装订线边距是在要装订的文档一侧或顶部添加边距值,为的是不要因装订而遮住文字。下面分别选四个不同装订线值、装订线位置、页码范围、纸张方向的实例来预览结果。

设置装订线距实例 1 如图 4-16 所示,装订线值:2 厘米,装订线位置:左,纸张方向:纵向,页码范围:普通。

设置装订线距实例 2 如图 4-17 所示,装订线值:2 厘米,纸张方向:纵向,页码范围:对称页边距。使用对称页边距设置双面文档(如书籍或杂志)的对开页,左侧页的页边距是右侧页的页边距的镜像(即内侧页边距等宽,外侧页边距等宽)。

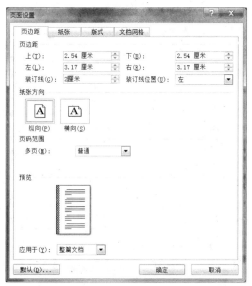

图 4-16　设置装订线距实例 1

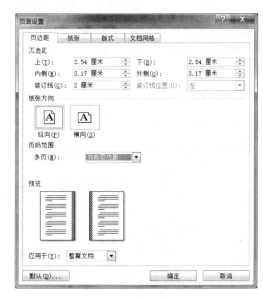

图 4-17　设置装订线距实例 2

设置装订线距实例 3 如图 4-18 所示,装订线值:2 厘米,纸张方向:横向,页码范围:拼页。

设置装订线距实例 4 如图 4-19 所示,装订线值:2 厘米,纸张方向:横向,页码范围:书籍折页。使用"书籍折页"选项,可以创建小册子、请柬、活动计划或任何其他类型的使用单独居中折页的文档。

注意:使用"对称页边距"、"拼页"或"折页"时,"装订线位置"框不可用。对于这些选项,装订线位置是自动确定的。

3. 选择纸张方向

可以为部分或全部文档选择纵向(垂直)或横向(水平)方向。

如果要更改整个文档的纸张方向,则在"页面版式"选项卡上的"页面设置"组中,单击"纸张方向",然后单击"纵向"或"横向"即可。

在同一文档中同时使用纵向和横向的纸张方向,其操作步骤如下:

(1)首先选定要更改为纵向或横向的页或段落。

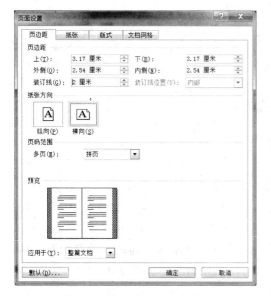

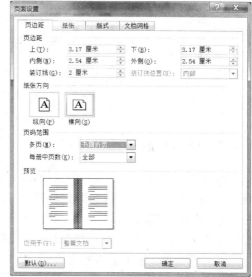

图 4-18　设置装订线距实例 3　　　　图 4-19　设置装订线距实例 4

（2）单击"页面布局"选项卡中"页面设置"组的"页边距"按钮，在打开的下拉列表框中选择"自定义边距"命令，打开"页面设置"对话框。

（3）单击"页边距"选项卡，然后单击"纵向"或"横向"选项，在"应用于"下拉列表框中，单击"所选文字"即可。

注意：如果选择将某页中的部分文本而非全部更改为纵向或横向，Word 将所选文本放在文本所在页上，而将周围的文本放在其他页上。

4. 隐藏上下页边距

为了方便在页面视图中阅读文档，可以将页边距暂时隐藏。

将鼠标移到两页之间时，鼠标指针变为双箭头，显示"双击可隐藏空白"提示语，如图 4-20 所示。双击后上边距和下边距成为一条线，将鼠标指向这一条线，即显示"双击可显示空白"的提示语，如图 4-21 所示，双击后即恢复上下边距。

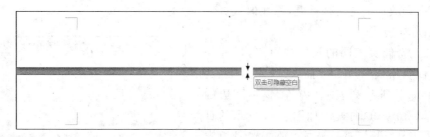

图 4-20　双击可隐藏空白

使用"视图"选项设置来显示页面间空白，可以使用以下操作：单击 Office 按钮，在弹出的下拉菜单底部，单击"Word 选项"，打开"Word 选项"对话框，单击"显示"选项，在"页面显示选项"下，选中"在打印视图中显示页面间空白"复选框，然后单击"确定"按钮即可。

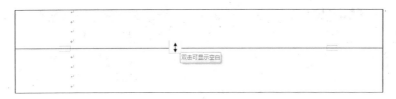

图 4-21　双击可显示空白

4.2.3　添加页眉和页脚

页眉和页脚是文档中每页的顶部、底部或页面两侧(即页面上打印区域之外的空白空间)的描述性内容,通常页眉和页脚的内容是一些标题、日期、页码、公司徽标、图片,或简单的文字介绍,文件名或作者姓名等。这些内容及其格式都是专门添加到页眉和页脚上,而不是随文档输入的。只有在页面视图方式或打印预览中才能看到添加的页眉和页脚,在其他视图方式上添加页眉和页脚时,Word 会自动切换到页面视图方式。

1. 在整个文档中插入相同的页眉和页脚

单击"插入"选项卡中"页眉和页脚"组的"页眉"或"页脚"按钮,打开一个"内置"二十多种页眉或页脚格式的菜单,如图 4-22 所示。

以页眉和页脚样式相同为例,先单击"插入"选项卡中的"页眉"按钮,在打开的"内置"菜单中选择空白(三栏)样式,这时页面中在页眉处显示所选的样式。将光标移到页脚处,单击"插入"选项卡中的"页脚"按钮,选择"内置"菜单空白(三栏)样式,其结果如图 4-23 所示。在"输入文字"处输入相应文字,这样页眉或页脚即被插入到文档的每一页中。

2. 插入奇偶页不同的页眉或页脚

奇偶页上可以使用不同的页眉或页脚,例如,插入在奇数页上是文档标题,而在偶数页上插入章节标题。

要插入奇偶页不同的页眉或页脚,最好先设置"奇偶页不同"。单击"插入"选项卡中"页眉"按钮,选择下拉列表框"内置"菜单下边的"编辑页眉"命令,这时显示如图 4-24 所示的页眉和页脚工具"设计"选项样式。在"选项"组中选择"奇偶页不同"复选框,再到"页眉和页脚"组中分别选择样式,奇偶页的样式可以不同,如图 4-25 所示。

图 4-22　"内置"页眉菜单

3. 将页眉或页脚的样式保存到样式库中

创建好的页眉或页脚要保存到页眉或页脚样式库中,再用时,就可以直接调用。要先

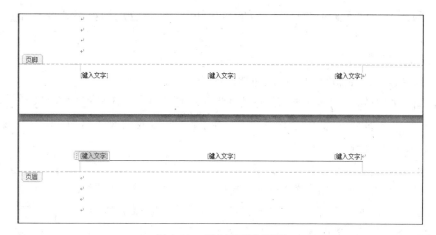

图 4-23　插入页眉和页脚

图 4-24　页眉和页脚工具

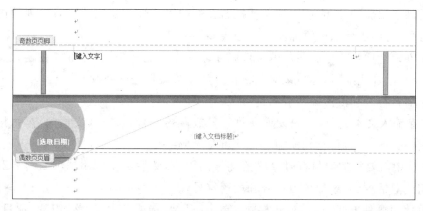

图 4-25　奇偶页不同样式

选中页眉或页脚中的文本或图形，单击"页眉"或"页脚"按钮，然后在弹出的下拉菜单中单击"将选择的内容另存为页眉库"或"将选择的内容另存为页脚库"命令，按照提示填写即可。

4. 更改页眉或页脚样式和内容

更改样式：在"插入"选项卡上的"页眉和页脚"组中，单击"页眉"或"页脚"按钮，在弹出的下拉菜单中单击内置的页眉或页脚样式，整个文件的页眉或页脚都会改变。

更改内容：在"插入"选项卡上的"页眉和页脚"组中，单击"页眉"或"页脚"按钮，在弹出的下拉菜单中单击"编辑页眉"或"编辑页脚"命令，选中文本然后进行修改，或使用浮动工具栏上的选项来设置文本的格式,例如,可以更改字体、应用加粗格式或应用不同的字体颜色。

5．删除页眉或页脚

（1）删除首页或奇偶页的页眉或页脚

双击首页或奇偶页的页眉或页脚,在"页眉和页脚工具"任务栏中,去掉"选项"组中"首页不同"或"奇偶页不同"复选框的选项,再单击"页眉或页脚工具"任务栏中最右边的"关闭页眉或页脚"按钮。

（2）删除整个文档中的页眉或页脚

单击文件中的任何位置。在"插入"选项卡上的"页眉和页脚"组中,单击"页眉"或"页脚",在弹出的下拉菜单中单击"删除页眉"或"删除页脚"命令,页眉或页脚即被从整个文档中删除。

6．设置页码

在"插入"选项卡上的"页眉和页脚"组中,单击"页码"按钮,显示如图4-26所示的下拉菜单,可以分别选择页码的位置、格式等。如果需要删除设置好的页码,也是使用此菜单,操作比较简单,这里不再赘述。

图4-26　"页码"菜单

4.2.4　设置项目符号和段落编号

在文件中添加符号和编号,是为了提高文件的可读性和层次感。对并列的内容可使用项目符号,对各级标题可添加段落编号或多级编号。

对文件设置项目符号和段落编号可以在输入文档之前添加,也可以在输入文档之后添加,并且在添加完成后,还可以对项目符号和段落编号进行修改。

设置项目符号和段落编号有两种方式。

（1）在输入文本之前,首先设置项目符号或段落编号,再输入文档内容,每按一次回车键,就会在下一行行首自动添加一个项目符号或编号。

（2）选中需要添加项目符号或段落编号的内容,然后再使用添加项目符号和段落编号的按钮或对话框,来添加项目符号和段落符号。

无论使用哪种方式,操作步骤相同:单击"开始"选项卡中"段落"组的"项目符号"或"编号"下拉菜单,打开"项目符号库"或"编号库"对话框,如图4-27和图4-28所示,选择其中的项目符号或段落编号即可。

在"项目符号库"或"编号库"对话框中,分别有"定义新项目符号"和"定义新编号格式",打开"定义新项目符号"的对话框,可以添加更多样式的项目符号。单击"图片"按钮,会打开一个图片符号对话框,如图4-29所示,可以选择图片作项目符号;打开"定义新编号格式"对话框,也可以选择更多的编号样式,或改变编号的格式,如图4-30所示。

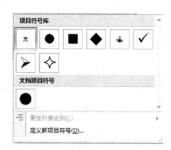

图 4-27 "项目符号库"对话框

图 4-28 "编号库"对话框

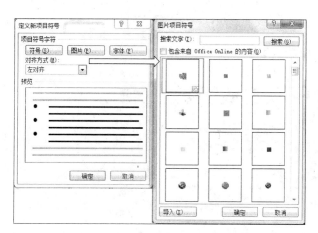

图 4-29 "定义新项目符号"对话框

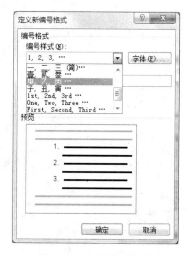

图 4-30 新的编号格式

4.2.5 设置多级编号

设置多级编号要借助于"减少缩进量 ≣"、"增加缩进量 ≣"按钮或 Tab 键。例如设置如图 4-31 所示的多级编号,其操作步骤如下:

(1) 首先全选,单击"开始"选项卡中"段落"组的"多级列表"按钮,打开"多级清单"的下拉菜单,选择第一个多级列表样式。这时显示为单级编号。

(2) 将光标移到第二行,单击"增加缩进量 ≣"按钮,这时在第二行显示 1.1。

(3) 将光标移到第三行,单击"增加缩进量 ≣"按钮,这时在第三行显示 1.2。按此操作可将第四行设置为 1.3,如图 4-32 所示。

(4) 将光标移到第五行,单击两次"增加缩进量 ≣"按钮,这时在第五行显示 1.3.1。按此操作可将第六行、第七行设置为 1.3.2、1.3.3,如图 4-33 所示。

（5）将光标移到第八行，单击"增加缩进量 ▤"按钮，这时在第九行显示 2.1。按此操作可将第十行、第十一行设置为 2.2、2.3。最后结果如图 4-31 所示。

图 4-31　多级编号实例

图 4-32　多级编号操作步骤 1

要修改文档中的多级编号，可以选择"开始"选项卡"段落"组的"列表"按钮，在打开的下拉列表框中单击"定义新的多级列表"命令，打开"定义新多级列表"对话框，单击"＞＞更多"按钮，用户可以选择更多的多级编号选项。

图 4-33　多级编号操作步骤 2

4.3　其他排版方式

Word 2007 的排版方式包括分栏排版、首字下沉等,这些排版方式能使用户创建专业、美观的文档。

4.3.1　分栏排版

利用分栏排版,可以创建不同风格的文档,同时也能够充分利用版面。分栏排版被广泛应用于报刊、杂志等媒体中。其操作步骤如下:

(1) 选中要进行分栏排版的文本。

(2) 单击"页面布局"选贡卡中"页面设置"组的"分栏"按钮,显示下拉列表框,可以预览并且设定文字分为几栏。

(3) 单击"更多分栏"命令,打开"分栏"对话框,如图 4-34 所示,用户可以设置分栏的列数、宽度、分隔线和应用范围。

4.3.2　首字下沉

首字下沉就是通过对行首的文字进行设置,达到一种特殊的排版效果。首字下沉分为首字下沉和首字悬挂,设置首字下沉和首字悬挂的方法如下:

(1) 将鼠标定位到需要设置首字下沉的段落中。

(2) 单击"插入"选项卡中"文本"组的"首字下沉"按钮,在下拉列表框中显示"首字下沉选项",打开首字下沉对话框,如图 4-35 所示。设置首字悬挂方法类同。

(3) 在此可以设置下沉行数、距正文距离、字体设置等,首字下沉和悬挂效果如

图 4-36 所示。

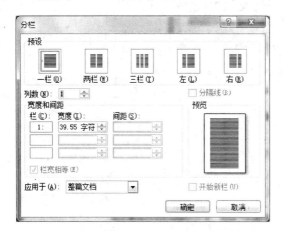

图 4-34　"分栏"对话框

图 4-35　"首字下沉"对话框

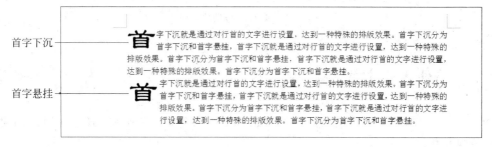

图 4-36　首字下沉和悬挂效果

4.3.3　中文版式

1. 中文简繁体转换

利用 Word 2007 可以快速实现中文简繁体转换。例如将一份文档由简体中文转换为繁体中文,可以全篇转换,也可以部分转换。全篇转换不用选中文字,部分转换先要选中需要转换的简体文字,然后单击"审阅"选项卡中"中文简繁转换"组的"简转繁"按钮,就可实现转换。

由繁体中文转换为简体中文的操作方法相同,单击"繁转简"即可。

由于简体中文与繁体中文对于某些表达方式存在着不同,所以在中文简繁体转换过程中,不仅要将文字转换为相应的字体,而且要转换为对应的表达用语。例如,将简体中文的"软件"转换为繁体之后,就自动变为"軟體"了。

2. 带圈字符

带圈文字也是一种汉字字符的表现形式,为了强调某些文字的作用,可以为这些文字设置带圈的字符效果。

设置带圈字符的方法是:选中需要设置为带圈字符的一个字,单击"开始"选项卡中"字体"组的 ⓒ 按钮,显示"带圈字符"对话框,如图 4-37 所示,可以选择"缩小文字"或"增大圈号"等选项,然后单击"确定"按钮。

4.3.4 文字方向

图 4-37 "带圈字符"对话框

一般文档的排版是横排,但在特殊情况下要使用竖排或横竖混排,如古文、为图形和表格添加竖排的标注等。具体的操作步骤如下:

(1) 选中要改变文字方向的文本。

(2) 单击"页面布局"选项卡中"页面设置"组的"文字方向"按钮,打开下拉对话框,可以从下拉对话框中选择所需的选项。

(3) 如果下拉对话框中的选项不能满足要求,还可以单击下拉菜单中的"文字方向选项"命令,进一步扩大选择的范围,如图 4-38 所示。

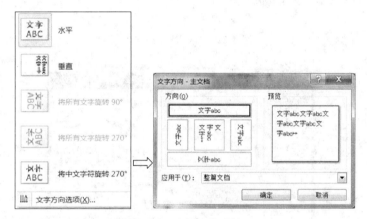

图 4-38 选择文字方向

4.3.5 设置水印、颜色和边框

1. 设置水印

(1) 单击"页面布局"选项卡中"页面背景"组的"水印"按钮,在打开如图 4-39 所示的下拉列表框中可以看到两种水印,一种是文字,另一种是图片。

(2) 选择"自定义水印"命令,打开如图 4-40 所示的对话框,在这个对话框中可以选择图片或文字水印,同时对其参数进行设置。

(3) 删除水印的命令也在"水印"的下拉列表框中。

2. 设置页面颜色

Word 2007 提供了强大的颜色配置功能,可以针对不同需求,通过页面颜色设置,制作有色彩背景的文档。设置页面颜色操作如下:

(1) 单击"页面布局"选项卡中"页面背景"组的"页面颜色"按钮,打开"页面颜色"下拉列表框,选择"无颜色"、"其他颜色"或者"填充效果"命令进行文档背景颜色的填充。

(2) 如果选择"填充效果"命令,则打开"填充效果"对话框,可以从中选择"渐变"、"纹

图 4-39 "水印"下拉列表框

图 4-40 "水印"对话框

理"、"图案"、"图片"等多种方式进行页面背景的填充,如图 4-41 所示。

3. 页面边框设置

单击"页面布局"选项卡中"页面背景"组的"页面边框"按钮,打开"页面边框"选项卡,如图 4-42 所示,在此对话框中可以设置以下内容。

- 边框:设置一行或者一段文本的边框,包括线条样式、线条宽度及颜色。
- 页面边框:设置整篇文档(默认)的页面边框。

默认情况下,一个文档没有分节,整个文档是一节。如果希望一个文件有多种不同的边框,要在不同边框的页面之间插入分节符,然后再设置页面边框。这时就要在"应用于"选项中,选择"本节",如图 4-43 所示,这样选中的页面边框将应用到该节中。

插入"分节符"的操作是,首先将光标移到要分节的地方,单击"页面布局"选项卡中"页面设置"组的"分节符"按钮,选择下拉对话框"下一页"命令。

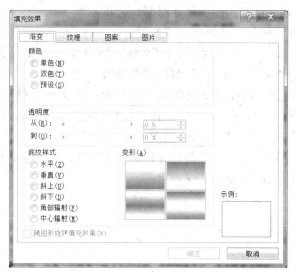

图 4-41 "填充效果"对话框

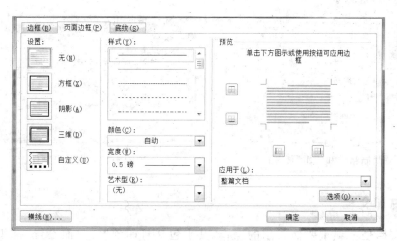

图 4-42 "页面边框"选项卡

图 4-43 "应用于"选项菜单

4.4 保护和打印文档

4.4.1 保护文档

"保护文档"是指对全文档或指定的部分"不允许任何更改(只读)"或"批注"进行保

护,或者为特定用户授予修改文档中放开限制部分的权限。保护文档还可以用来限制审阅者对他人的文档进行修订。其操作步骤如下:

(1)单击"审阅"选项卡中的"保护文档"按钮,在打开的下拉对话框中选择"限制格式和编辑"命令,这时窗口右边会出现"限制格式和编辑"任务窗格,如图 4-44 所示。

(2)选中"限制对选定的样式设置格式"和"仅允许在文档中进行此类编辑"复选框,在下拉列表框中选择"不允许任何更改(只读)",然后单击"是,启动强制保护"按钮,打开"启动强制保护"对话框,设置保护密码,如图 4-45 所示。

一旦密码启动,受限制的用户仅能打开该文档而不能进行编辑。如果用户要编辑,必须取消强制保护。取消前,需要确认保护密码。

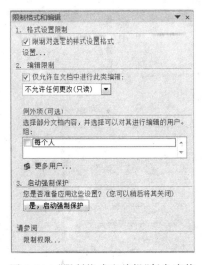

图 4-44　"限制格式和编辑"任务窗格

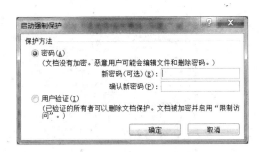

图 4-45　启动强制保护

4.4.2　打印文档

打印文档是一项重要而常用的操作,其中包括打印预览、页面设置、打印机设置等操作。

1.打印预览

在打印文件之前,最好预览其打印效果。进行打印预览的操作有以下两种。

(1)单击快速访问工具栏中"打印预览"命令,浏览文件打印效果。

(2)单击 Office 按钮中的"打印预览"命令,浏览文件打印效果。

进入预览状态的文档窗口如图 4-46 所示,可以使用功能区上的按钮查看文件的打印设置,并在打印前进行相应的调整。单击"页边距"、"纸张方向"、"纸张大小"按钮,都会打开一个下拉列表框,根据自己的喜好和需要更改其中样式,可以打印出预览的效果。按"关闭打印预览"按钮,文档回到编辑状态。

2.打印机设置

在"打印"对话框中(如图 4-47 所示),可以进行相关的打印设置。根据打印的不同要求,可以进行如下的选择。

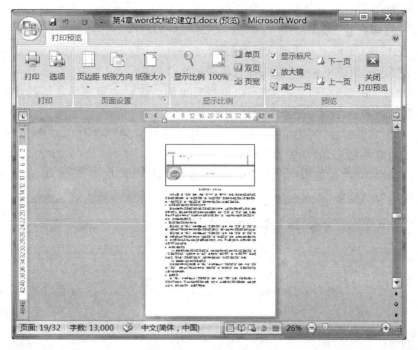

图 4-46 "打印预览"窗口

图 4-47 打印机设置窗口

（1）在"打印"对话框"页面范围"下的单选项中：

- 如果选中"全部"，则打印文档的全部内容，无论插入点在什么位置。
- 如果选中"当前页"，则打印插入点所在页的全部内容。
- 如果选中"页码范围"，则打印输入指定页码的内容。例如输入"1,3,5,7-10"，则打印 1、3、5、7、8、9、10 页的内容。
- 如果选中"所选内容"，则打印所选定的内容。但必须先选定内容后，"所选内容"的单选项按钮才能使用。

（2）在"副本"区中，可选择打印文档的份数。

（3）在"打印内容"列表框中，可以选择文档内容以外的内容，如文档属性、显示标记的文档、标记列表、样式、"自动图文集"词条。

（4）在"打印"列表框中，可以选择打印奇数页或偶数页的内容。

（5）在"每页的版数"列表框中，可以选择每页的版数。如果选择每页的版数为 2 版，就是将两页的内容缩小到一页纸上打印。

（6）在"按纸型缩放"列表框中，可以选择打印文档要采用的打印纸张大小。该功能类似复印机的缩小/放大的功能。

单击对话框中的"选项"按钮，打开"Word 选项"对话框，如图 4-48 所示，可以根据需要进行打印选项的设置。

图 4-48　打印选项窗口

第5章

Word 2007 修饰文档

5.1 设置文档样式

5.1.1 样式的概念

简单地说,样式是一组已命名的字符和段落格式的组合。一般在录入文字后,用"字体"、"字号"等命令设置文字的格式,用"两端对齐"、"居中"等命令设置段落的对齐,但这样的操作要重复很多次,而且一旦设置的不合理,还要一一重新修改。虽然可以用"格式刷"将修改后的格式依次刷到其他需要改变格式的地方,然而,如果有几十个、上百个这样的修改,也得花费很多工夫。使用样式就可以解决这类问题。

通常所说的"格式"往往指单一的格式,例如,"字体"、"字号"格式等。每次设置格式,都需要进行一次选择,如果文字的格式比较复杂,就需要多次进行不同的格式选择。而样式作为格式的集合,它可以包含几乎所有的格式,设置格式时只需选择某个样式,就能把其中包含的各种格式一次性设置到文字和段落上。

样式有两种:字符样式和段落样式。字符样式是对文本的字体和大小、粗体和斜体、大小写以及其他修饰的效果。段落样式是对所选段落的字体、段落格式、制表符、边框等的修饰效果。

使用样式不仅给设置格式带来了方便,而且有利于设置目录和建立大纲等。

5.1.2 应用样式

Word 2007 提供了大量的标准样式和用户定义的样式,单击"开始"选项卡中的"样式"组下拉按钮,会列出当前文档所使用的样式,单击"其他"下拉按钮,打开全部样式,如图 5-1 所示。

"正文"样式是文档中的默认样式,新建文档中的文字通常都默认"正文"样式。很多其他的样式都是在"正文"样式的基础上经过修改而设置出来的,因此"正文"样式是Word 中最基础的样式,不要轻易修改它,一旦它被改变,将会影响所有基于"正文"样式的其他样式的格式。

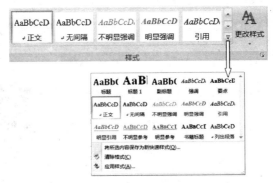

图 5-1 样式菜单

"标题 1"至"标题 5"为标题样式,它们通常用于各级标题段落,与其他样式最为不同的是标题样式具有 5 个级别,分别对应级别 1~5,这样就能够根据级别得到文档结构图、大纲和目录。

5.1.3 设置标题样式

标题设置样式,要将光标移到当前标题所在的段落中,单击"开始"选项卡中"样式"组的标题样式,就显示出所选择的标题样式。例如,将光标移到"5.1.2 设置标题样式"中,选择"标题 1"的样式,结果如图 5-2 所示。

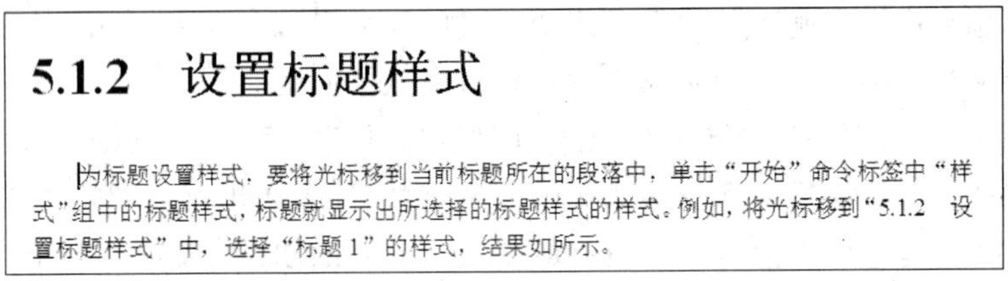

> # 5.1.2 设置标题样式
>
> 为标题设置样式,要将光标移到当前标题所在的段落中,单击"开始"命令标签中"样式"组中的标题样式,标题就显示出所选择的标题样式的样式。例如,将光标移到"5.1.2 设置标题样式"中,选择"标题 1"的样式,结果如所示。

图 5-2 "标题 1"样式

5.1.4 自定义样式

当"样式"组中所列出的样式不能满足需要时,可以建立自定义样式。操作步骤如下:

(1)选定已设置好格式的文字或段落。

(2)单击"样式"对话框的下拉按钮,打开"样式"下拉列表框,如图 5-3 所示。

(3)单击"新建样式" 按钮,打开"根据格式设置创建新样式"对话框(如图 5-4 所示),并进行填写或选择。

- "名称":填写样式名称。
- "样式类型":选择建立字符样式或段落样式。
- "格式"按钮:设置各种字符格式。

(4)添好相应的选项,然后单击"确定"按钮。

这个新样式一旦建立,在样式列表框中就显示其名称,例如创建的"建立样式 1"样式,如图 5-5 所示。其样式可以随时应用到文档的任何一个段落上。

图 5-3 "样式"下拉列表框

图 5-4 "根据格式设置创建新样式"对话框

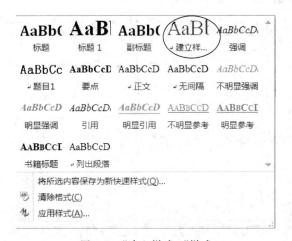

图 5-5 "建立样式 1"样式

5.1.5 修改和删除样式

若要改变文本的外观,只要修改应用于该文本的样式格式,即可使应用该样式的全部文本都随着样式的更新而更新。修改样式的步骤如下:

(1) 在"开始"选项卡的"样式"组中找到所需修改的样式,右击打开快捷菜单,如图 5-6 所示。

(2) 在快捷菜单中选择"修改"选项,打开"修改"对话框。

(3) 进行相应的设置后,单击"确定"按钮。

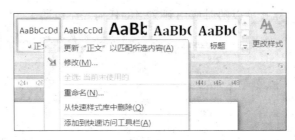

图 5-6　修改样式快捷菜单

另外，在 Word 2007 中，单击"样式"组中的"更改样式"按钮，然后单击"样式集"命令，可以显示十几种样式方案，而无须进行复杂的配置，就可以为自己的文档设置规范、美观的样式。

删除样式步骤同上，只是在第(2)步中选"从快速样式库中删除"即可。

5.1.6　设置样式快捷键

在"修改样式"对话框中，单击"格式"按钮，再单击"快捷键"命令，打开"自定义键盘"对话框，如图 5-7 所示。此时在键盘上按下希望设置的快捷键，例如 Ctrl＋1 键，在"请按新快捷键"文本框中就会显示所按下的快捷键。注意不要直接在文本框中输入快捷键，而应该按下快捷键。单击"指定"按钮，快捷键即可生效。

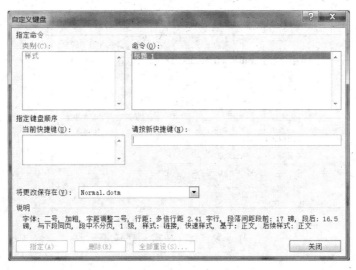

图 5-7　自定义键盘

5.2　添加艺术字和水印

艺术字是将文档中的文字设置为具有特殊效果的文字。在文档中适当插入一些艺术字不仅可以美化文档，还能够突出文档所要表达的内容。

5.2.1　插入艺术字

单击"插入"选项卡中"文本"组的"艺术字"按钮，打开多种艺术字样式栏，如图 5-8 所示。

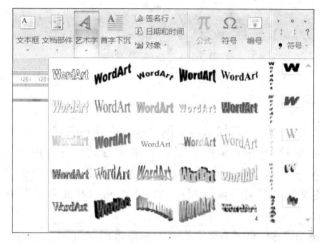

图 5-8　艺术字样式栏

选定一种样式之后，即打开"编辑艺术字文字"对话框，如图 5-9 所示。将"请在此键入您自己的内容"删除，输入要显示为艺术字的文字，并且设置字体和字号，然后单击"确定"按钮。此时在文档中你输入的文字将显示为艺术字。

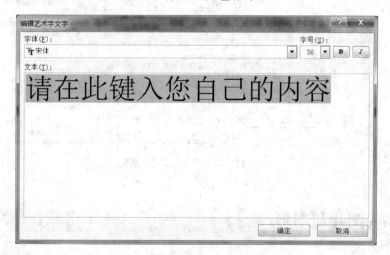

图 5-9　"编辑艺术字文字"对话框

5.2.2　编辑艺术字

如果要对插入的艺术字进行修改，则先选定要修改的艺术字，这时在功能区单击"格式"标签，打开"格式"选项卡，如图 5-10 所示。在该标签中显示各组的功能，例如在文字组中,可以编辑艺术字文字内容、文字间距、艺术字的横竖排格式,还有更改艺术字的样式、调整艺术字阴影设置等。利用这些功能可以快捷、方便地编辑艺术字,而且编辑的效果可以立即显示。

图 5-10 "格式"选项卡

5.2.3 添加水印

水印有图片和文字两种。添加水印的图片或文字颜色变浅。添加水印的操作比较简单,单击"页面布局"选项卡中"页面背景"组的"水印"按钮,打开由 Word 2007 提供的文字水印的样式菜单,可以从中直接选择所需要的水印样式。如果单击菜单中的"自定义水印"命令,打开自定义"水印"对话框,如图 5-11 所示,可以在此对话框中根据需要设置"图片"或"文字"水印。

如果要删除"水印",选择"水印"菜单中的删除水印即可。

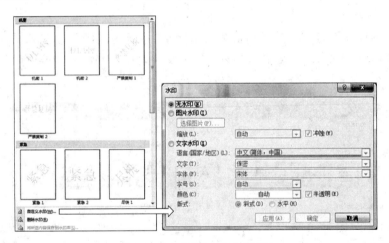

图 5-11 自定义"水印"对话框

5.3 插入图片和图形

图片编辑功能的加强是 Word 2007 改进常规操作的最大亮点之一,几乎可以与一般的图片处理软件媲美,再加上与文档处理功能的结合,图文并茂,可以说是更完美了。

Word 2007 支持 23 种图片文件格式,包括 EMF、WMF、JPG、JPEG、JFIF、JPE、PNG、BMP、DIB、RLE、BMZ、GIF、GFA、WMZ、PCZ、TIF、TIFF、CDR、CGM、EPS、PCT、PICT、UPG。

5.3.1 插入图片

在文档中插入一张新的图片，可以单击"插入"选项卡中"插图"组的"图片"下拉按钮，打开系统提供的图片窗口，如图 5-12 所示。

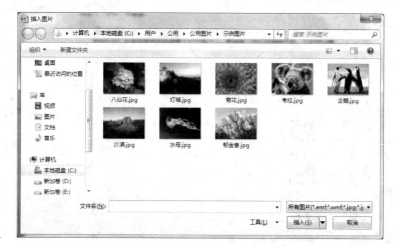

图 5-12 插入图片窗口

插入并选定图片后，在功能区会自动出现"图片工具-格式"的动态选项卡，如图 5-13 所示，集中呈现了有关编辑图片的工具。

图 5-13 "图片工具-格式"标签

该动态标签上分为"调整"、"图片格式"、"排列"、"大小"4 个功能区，包含了对图片的所有操作命令。

- 图片参数调整：亮度、对比度、图片重设。
- 图片样式：可以实时预览 Word 2007 提供的 28 种图片样式。
- 排列：包括图片在页面中的位置，图片和文字的排版方式。
- 大小：实际图片的尺寸。

5.3.2 插入剪贴画

在 Word 2007 中，依然保留了 Office 老版本中的剪贴画（WMF），可以把剪贴画插入到文档中，并且对剪贴画进行图片效果处理。

单击"插入"选项卡中"插图"组的"剪贴画"按钮，在窗口右边出现"剪贴画"任务窗格，在"搜索文字"选项中输入要查询的剪贴画的关键字，如"风景"，然后单击"搜索"按钮，这时 Word 会搜索到与用户输入的关键字相匹配的所有剪贴画，如图 5-14 所示。单击需要插入的剪贴画，即可将其插入到文档中。

对该剪贴画的效果可以进一步处理,操作方法与图片效果处理相同。

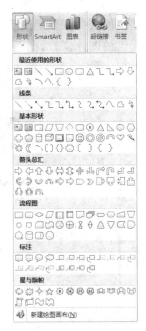

图 5-14 "剪贴画"任务窗格　　　　　　　　图 5-15 图形形状菜单

5.3.3 插入图形

在 Word 2007 中,可以利用增强的图形处理功能在文档中插入图形,并制作具有专业效果的图形。在文档中插入图形,单击"插入"选项卡中"插图"组的"形状"下拉按钮,打开"形状"下拉列表框,如图 5-15 所示。

选择一个图形,此时鼠标指针变成十形,将鼠标指针移到要插入图形的位置,按住鼠标左键,拖曳鼠标来调整图形的大小。如果要保持图形高度和宽度的原有比例,在拖曳时要按住 Shift 键。

图形绘制完成后,选定该图形,此时会自动出现"绘图工具-格式"动态选项卡,可以选择"形状库"中各种预设好的效果,对形状进行处理。也可以选择"形状样式"组的其他命令,对形状进行更多的效果设置。

5.3.4 使用图片工具

Word 2007 图片工具大部分与 Word 2003 相同,增加了"重新着色"、"压缩图片"功能,当选定图片对象后,单击"格式"选项卡中"调整"组各按钮,均采用下拉按钮,打开下拉列表框后选择的操作方式。只要将鼠标移至相应的工具,马上就可以看到效果。

亮度、对比度都预设了分级选项,如图 5-16 和图 5-17 所示,操作起来一目了然,在"图片修正"中可以对这两项指标做更详细的设置。

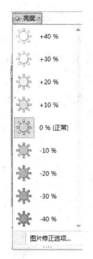

图 5-16　"亮度"菜单

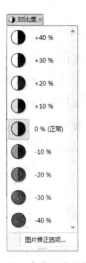

图 5-17　"对比度"菜单

　　Word 2007 预先设置了具有不同风格的颜色样式,可以满足对图片效果有特殊要求的用户。单击"格式"选项卡中"调整"组的"重新着色"按钮,选择"其他变体"命令,打开如图 5-18 所示的下拉菜单,可以选择菜单中的各项功能,美化图片。

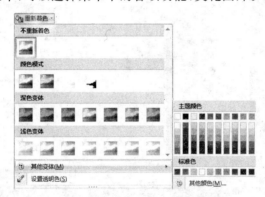

图 5-18　"重新着色"菜单

　　"压缩图片"也是 Word 2007 新增的实用功能,主要是为一些不熟悉如何处理原始大容积图片的用户设计的。单击"压缩图片"下拉按钮,打开"压缩图片"对话框,如图 5-19 所示,再单击其中的"选项"下拉按钮,打开"压缩设置"对话框,如图 5-20 所示,其中列出了"打印"、"屏幕"、"电子邮件"3 个输出目标和其他压缩选项,可以根据需要设置压缩选项。

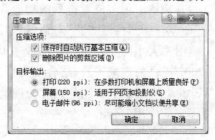

图 5-19　"压缩图片"对话框 1　　　　　　图 5-20　"压缩设置"对话框 2

5.3.5 设置图片风格

设置图片风格是 Word 2007 图片处理新增的功能，它用文字样式功能，预设了 20 多种图片样式和图片处理效果，增强了图片的表现力。

设置图片风格的操作与前述工具类似，选定图片后直接单击目标样式，移动鼠标即可预览不同样式的效果。

单击"图片边框"按钮，可以对图片边框进行设置。

单击"图片效果"按钮，可以选择多达几十种的图片样式。"图片效果"分为"预设"、"阴影"（如图 5-21 所示）、"反射"、"发光"、"柔滑边缘"、"三维旋转"等多种十分精彩的预设样式，每一项都有更加详细的个性设置。有了这些工具，基本可以满足各种日常工作的需要。

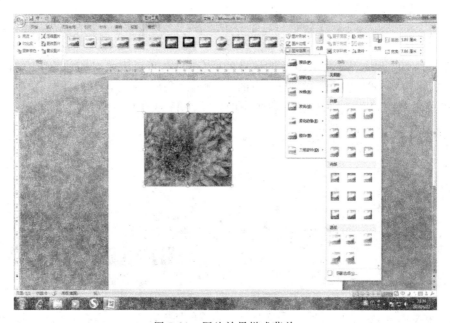

图 5-21　图片效果样式菜单

5.3.6 排列图片和调整图片大小

Word 2007 的图片排列功能基本保留了旧版本的内容，将几个常用的功能显示在"排列"组中，并新增了很多位置排列的功能。单击"位置"下拉按钮，单击下拉菜单中"其他布局选项"命令，打开"高级版式"对话框，如图 5-22 所示，可以进行高级版式的设置。

调整图片大小的功能与以往的版本基本没有变化，如图 5-23 所示，"大小"组集中了 Word 2007 提供的裁减工具，结合位置排列功能，用户的图片处理操作会更加方便。

Word 2007 的图形和图片处理功能具有很大的扩展空间，需要用户灵活运用，最大限度地发挥它的作用。

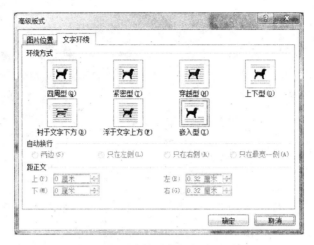

图 5-22   图片排列高级版式对话框

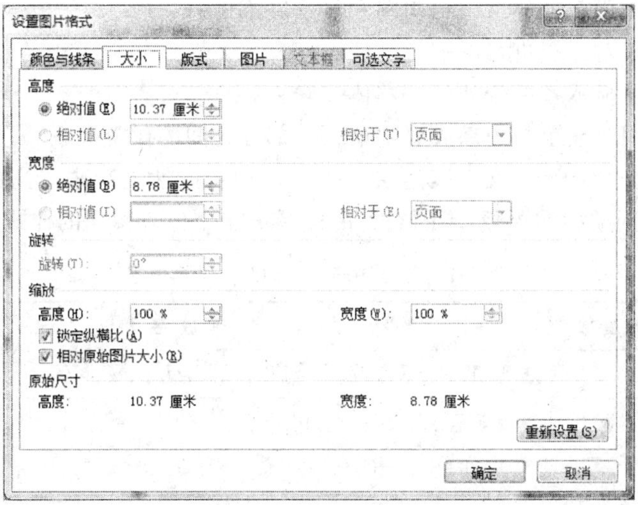

图 5-23   图片大小对话框

5.3.7   使用 SmartArt 图形

SmartArt 图形是信息和图形视觉表示形式。Word 2007 一个突出的亮点就是增加了 SmartArt 图形,它使制作精美的图形变得简单易行。

1. 插入 SmartArt 图形

单击"插入"选项卡中"插图"组的 SmartArt 按钮,打开"选择 SmartArt 图形"对话框,如图 5-24 所示。

可以看到,SmartArt 图形包括列表、流程、循环、层次结构、关系、矩阵和棱锥图 7 种类型。其中:

(1) 列表用于显示无序信息。

(2) 流程用于在流程或时间线中显示步骤。

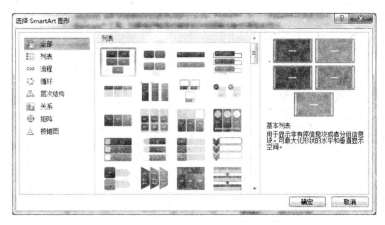

图 5-24 "选择 SmartArt 图形"对话框

（3）循环用于显示连续的流程。

（4）层次结构用于创建组织结构图和显示决策树。

（5）关系用于对连接进行图解。

（6）矩阵用于显示各部分如何与整体关联。

（7）棱锥图用于显示与顶部或底部最大一部分之间的比例关系。

为了满足用户对 Word 文件表达层次丰富性和功能性上越来越高的需求，每个类型都提供了多套不同类型的模板，不同类型的模板可能会包含相同的样式，见表 5-1。

表 5-1　智能图表（SmartArt）图形信息

图形分类	模板套数	模板名称
列表	23 套	蛇形、图片、垂直、水平、流程、层次、目标、棱锥等
流程	31 套	水平流程、列表、垂直、蛇形、箭头、公式、漏斗、齿轮等
循环	14 套	图表、齿轮、射线等
层次结构	7 套	组织结构等类型
关系	30 套	漏斗、齿轮、箭头、棱锥、层次、目标、列表流程、公式、射线、循环、目标、维恩图等
矩阵	2 套	以象限的方式显示整体与局部的关系
棱锥图	4 套	用于显示包含、互连或层级等关系

2. 编辑 SmartArt 图形

单击"插入"选项卡中的 SmartArt 按钮，Word 标题栏上会出现"SmartArt 工具"动态选项卡，其中又分为"设计"和"格式"两大动态选项卡。

以制作的"层次结构"的"组织结构图"模板为例，当选定了"层次结构"的"组织结构图"模板后，在 Word 2007 文档中会自动插入该模板，如图 5-25 所示。

这时可以看到 Word 2007 提供了良好的输入界面，只需在左侧的提示窗口中输入具体层级所对应的文字说明，就可以完成相应的层级项目，输入的内容立刻显示在组织结构图中。

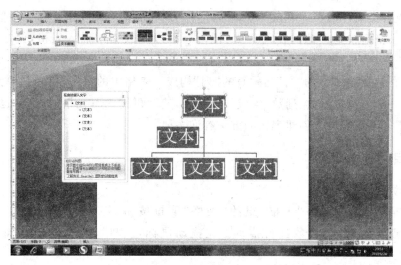

图 5-25 "组织结构图"模板

如果对组织结构图有更多的设置要求,如具有三维效果、标题颜色的背景和醒目的文字效果等,还可以在 Word 2007 中进一步调整。在"设计"选项卡中,可以对图表的层次关系、布局、主题颜色等进行设置。在"格式"选项卡中,可以对图表的形状、样式、排列、填充轮廓和效果等进行设置。

可以根据用户的需要来选择图形样式、色彩,并调整图形大小,以使 SmartArt 图形更具个性化。例如,在 Word 2007 中可以很容易地完成如图 5-26 所示的组织结构图。

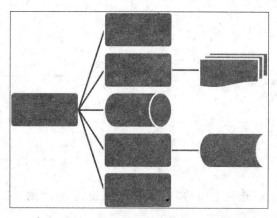

图 5-26 组织结构图

5.4 在文档中使用表格

表格是一般文档常用的编辑功能,目的是简明、直观地表达内容,例如课程表、会议安排、作息时间表等。Word 提供了丰富的表格功能,如建立、编辑、格式化、排序、计算和将表格转换成各类统计图表等。在 Word 2007 中，用户不仅可以利用拖动方式直接调整表格大小，把表格拖放到文档的任何一处，同时还可以在表格中插入表格，使之成为嵌套表格。

Word 的表格由水平的"行"与垂直的"列"构成。表格中的每一格称为"单元格"。建立表格时，一般先指定行数、列数，生成一个空表，然后再输入单元格的内容；也可以把已键入的文本转变成表格。创建表格的方法有许多种。

5.4.1　自动插入表格

1. 拖动鼠标插入表格

单击"插入"选项卡中"表格"组的"表格"下拉按钮，打开下拉列表框，按住鼠标左键，根据所需的行数、列数进行拖动。在拖动鼠标过程中，可自动预览插入表格的效果。

2. 利用"表格"对话框插入表格

单击"插入"选项卡中"表格"组"表格"下拉按钮，选择下拉对话框的"插入表格"命令，打开"插入表格"对话框，如图 5-27 所示。用户可以通过设置列数、行数和自动调整操作来快速生成表格。

3. 文本转换表格

经常有文本需要转换为表格，这样会节约时间，提高效率，文本转换表格操作步骤：

（1）先选定"文本转换表格一"的三行文本（见图 5-28）。

图 5-27　"插入表格"对话框

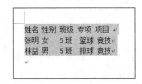

图 5-28　文本转换表格一

（2）然后单击"插入"选项卡中的"表格"下拉按钮，在显示的下拉列表框中选择"文本转换成表格"命令，如图 5-29 所示。

（3）"将文本转换成表格"对话框显示表格尺寸（基本上是默认），如图 5-30 所示。

（4）单击"确定"按钮，就可以立即转换成如图 5-31 所示的表格。

4. 快速表格

快速表格是将现有的表格快速转换另一种表格样式。例如，选定如图 5-32 所示的表格，单击"插入"选项卡中"表格"按钮，选择下拉列表框"快速表格"的"内置"菜单中"表格式列表"选项，会立即生成如图 5-33 所示的表格。

或者选定如图 5-33 所示的表格,单击"插入"选项卡中"表格"按钮,选择下拉列表框"快速表格"的"将所选表格保存到快速表格库"命令,将当前表格命名并保存到表格库,以后可以再用。

图 5-29　文本转换表格二

图 5-30　文本转换表格三

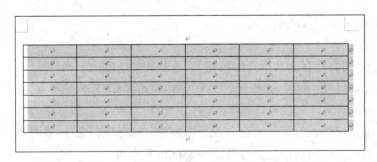

图 5-31　文本转换表格四

图 5-32　快速建立表格图一　　　　图 5-33　快速建立表格图二

重新使用保存在表格库中的该表格时,直接选择"插入"选项卡中"表格下拉按钮"的"快速表格"命令,然后单击表格模板库中命名的该表格即可打开该表格。

5. 手工绘制表格

除了自动生成表格外,用户还可以手工绘制表格。

单击"插入"选项卡中的"表格"下拉按钮,在显示的选项卡中选择"绘制表格"命令,这时鼠标指针成为一支笔,用这支"笔"可直接绘制表格。当绘制一个矩形框后,系统会自动显示"表格工具"动态选项卡,用户可以利用"表格工具"下的"设计"和"布局"选项卡中的命令绘制表格线条、设置线宽、填充颜色、添加底纹等。利用"绘制表格"功能,可以绘制不规则表格形状。如果用户画错了线条,可以使用"擦除"按钮,擦除不需要的线条。这里不一一操作。

5.4.2 插入表格内容

插入空表格之后,就可以向表中输入内容。首先将光标移到到表格中要输入信息的单元格中,然后即可输入文本。当输入完一个单元格之后,用户可以按 Tab 键或者将光标移到下一个单元格。在使用 Tab 键时,如果当前单元格已经是最后一行的最后一列,那么线条会自动产生新的一行。

5.4.3 表格的编辑

对表格内容进行编辑前,需要先选定表格内容,具体操作方法为:将鼠标指针移动到表格的边框上,可以利用 Shift 或 Ctrl 键进行多行或者多列的选择。

- 按下 Shift 键:将鼠标指针指向行或列,按住鼠标左键上下或左右拖动,可选择连续的多行和多列。
- 按下 Ctrl 键:将鼠标指针指向行或列,单击鼠标左键,可选择不连续的多行和多列。

1. 添加和删除单元格

当表格中需要添加另一类数据时,可以在表格中添加单元格,方法是:右击目标单元格,在显示的快捷菜单中选择"插入"命令,然后再选择适当的子命令。

对于表格中多余的单元格,可以将其删除,方法是:选择目标单元格,右击,选择"删除单元格(/列/行,视用户当前选择对象决定)"命令。

2. 合并和拆分单元格

在中文表格编辑时常常遇到表格合并和拆分的操作,来绘制比较丰富的表格样式。

如果要合并单元格,则选定目标的两个或多个连续单元格,单击鼠标右键,选择"合并单元格"命令。

如果要拆分单元格,则将光标移入目标单元格,右击,选择"拆分单元格"命令,在打开的"拆分单元格"对话框中,确认要将当前单元格拆分为多少行和多少列。

3. 设置行高和列宽

创建表格时,表格的行高和列宽都是默认的,实际工作中往往需要调整,具体的调整方法如下:

(1) 将光标定位到需要设置的行/列中,或者拖动鼠标选定多行或多列。

(2) 在"布局"选项卡中,可以直接设置行高和列宽。也可以右击,选择"表格属性"命令,打开"表格属性"对话框,设置行高和列宽,如图 5-34 所示。

图 5-34 "表格属性"对话框

5.5 长文档的处理技巧

一般情况下,文档超过 8 页为中长篇文档,如毕业论文、实习报告等。掌握对中长文档的处理技巧,不仅能提高工作效率,还会对文档增色不少。

5.5.1 插入文档封面

利用 Word 2007 提供的封面功能能够快速地为 Word 文档制作封面。可以使用 Word 2007 提供的丰富的封面模板库,也可以设计自己的封面模板并保存到文档库,以备使用。

单击"插入"选项卡"页"组的"封面"下拉按钮,在显示的下拉菜单中可以实时预览系统已经安装的封面模板,如图 5-35 所示。单击其中的任意模板,该模板将自动添加到当前编辑文档的首页封面。

如果要更换封面模板,则只需单击"插入"选项卡中"页"组的"封面"按钮,然后单击所选择的封面,系统会自动为文档更换新的封面模板,而且原来封面上所输入的所有文字,都将保留下来,并自动填充到对应的字段位置上。这样更换模板后,用户无须再做任何调整。

如果要删除"封面",则只需单击"插入"选项卡中"页"组的"封面"下拉按钮,选择打开下拉菜单中"删除当前封面"命令即可。

5.5.2 创建目录

用户使用目录可以比较方便地查找内容,有利于文档的修改。

创建目录最重要的是在创建目录之前,将要制作目录的文档设置为标题样式,也称标

图 5-35　"封面"菜单

记目录项,就是说文档被设置了标题样式才能制作目录,否则无法创建。

创建目录要选择包括在目录中的标题样式(如标题1、标题2和标题3)。Word搜索出与所选样式匹配的标题,根据标题样式设置目录项文本的格式和缩进,然后将目录插入文档前。

1. 标记目录项

创建目录最简单的方法是使用内置的标题样式(Word 2007有9个不同的内置样式:标题1~标题9)。还可以创建基于已应用的自定义样式的目录,或者将目录级别指定给各个文本项。

例如,若将主标题的文本标记为"标题1"的样式,就将光标移到主标题的文本任意处,单击"开始"选项卡中"样式"组的"标题1"的样式,这时主标题的样式就变为"标题1"的样式。依次类推,逐个完成各级标题样式标记,为创建目录做必要的准备。

2. 创建目录

(1) 使用内置标题样式创建目录

将光标移到需要插入目录的位置,通常是在文档的开始处,单击"引用"选项卡中"目录"组的"目录"按钮,打开"内置"目录菜单,选择所需的目录样式。

(2) 使用自定义样式创建目录

如果仅使用自定义样式,则要删除内置样式的目录级别数字,如"标题1"。

将光标移到需要插入目录的位置,通常是在文档的开始处,单击"引用"选项卡中"目录"组的"目录"按钮,选择"内置"目录菜单中的"插入目录"命令,打开"目录"对话框,如图5-36所示。

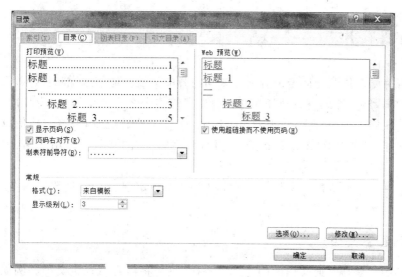

图 5-36 "目录"对话框

单击"目录"对话框的"选项"按钮,打开"目录选项"对话框,如图 5-37 所示。在"目录选项"对话框的"有效样式"中,查找应用于文档的标题的样式。在样式名旁边的"目录级别"下,输入 1～9 中的一个数字,选择标题样式代表的级别。对每个要包括在目录中的标题样式重复操作,最后单击"确定"按钮。

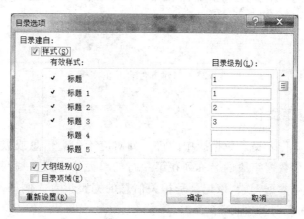

图 5-37 "目录选项"对话框

3. 更新或删除目录

更新目录项,需单击"引用"选项卡中"目录"组的"更新目录"按钮,选择"只更新页码"或"更新整个目录"。

如果要删除文档中的目录项,则需单击"引用"选项卡中"目录"组的"目录"按钮,选择目录菜单中的"删除目录"命令。

5.6 邮件合并

邮件合并是制作既有固定内容又有变动内容的文档。通俗地说邮件合并可以制作出多个内容相同，但地址、名称不同的文档，例如寄给多个客户的信函，内容相同，但地址和姓名不同。先做一个内容文档，再做一个地址、名称文档（数据源），将文档信息与某一数据源产生链接，即科制作出给多个客户的信函。"邮件合并"包括套用信函、邮件标签和信封。

邮件合并必须包含两个文件：一是主文档（即固定部分），二是数据源文件（即更改部分）。

5.6.1 创建主文档

主文档的创建与普通文档的创建方法一样，只需将内容写入主文档。例如，创建"邀请函"主文档，如图 5-38 所示。

图 5-38 创建邮件合并主文档

5.6.2 创建数据源文件

可以将数据源看作表格。数据源中的每一列对应于一类信息或数据字段，例如邮政编码、地址、姓名等。数据字段的名称列在第一行的单元格中，这一行称为标题记录。每一后续的行包含一条数据记录，该记录是相关信息的完整集合。例如，创建联系学校、联系人的表格文档，如图 5-39 所示。

邮编	学校名称	学校地址	联系人
730022	西北师范大学	甘肃兰州安宁区 17 号	蔺玉
041000	山西师范大学	山西临汾市解放东路 129 号	赵昆
200062	华东师范大学	上海市中山北路 3663 号	张举
266071	青岛大学	山东青岛市宁夏路 303 号	赵长春
310028	杭州大学	浙江省杭州市天目山路 34 号	李和平
100081	中央民族大学	北京海淀区白石桥路 27 号	郜望

图 5-39 数据源文档

5.6.3 邮件合并

利用邮件合并向导可轻松实现主文档与数据文档之间的链接（邮件合并），将上例中数据源表格中的学校、联系人自动添加到主文档（邀请函）中。

操作步骤为：打开主文档（邀请函.doc），单击"邮件"标签中"开始邮件合并"组的"开始邮件合并"命令，选择"邮件合并分步向导"，这时在窗口右侧会出现一个"邮件合并"任务窗格，如图 5-40 所示，按照窗格下面的提示有 6 个操作步骤。

① 在窗格中选择信函，然后单击"下一步：正在启动文档"。

② 选择使用当前文档，单击"下一步：选取收件人"。

③ 选择使用现有列表，单击"浏览"按钮，然后在显示"选取数据源"窗口中选择创建数据源文档"邮编.doc"；单击"确定"按钮，出现"邮件合并收件人"对话框，如图 5-41 所示；再单击"确定"按钮，单击"下一步：撰写信函"。

图 5-40 "邮件合并"任务窗格

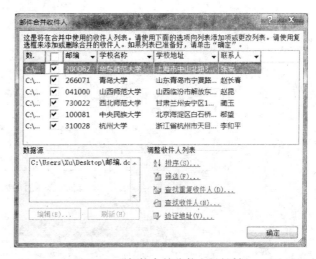

图 5-41 "邮件合并收件人"对话框

④ 选择撰写信函中的其他项目（地址块、问候语、电子邮政、其他项目），单击"其他项目"，打开"插入合并域"对话框，将光标移到主文档"学校名称"处，单击"插入合并域"对话框中的"学校名称"，再将光标移到主文档"联系人处"，单击"插入合并域"对话框中的"联系人"，结果如图 5-42 所示。

⑤ 把需要的项目插入到对应的位置，如图 5-43 所示。单击"下一步：预览信函"；单击"邮件合并"任务窗格中左右查找按钮，如图 5-44 所示，可以预览到合并后的收件信函。预览结果如图 5-45 所示。

⑥ 单击"下一步"按钮完成合并。

如果效果正确，可以单击"邮件"选项卡中"完成"组"完成并合并"按钮，选择"发送电子邮件"命

图 5-42 "插入合并域"对话框

令,打开如图 5-46 所示的"合并到电子邮件"对话框,可以选择收件人和对应的电子邮件信息。在"主题行"文本框中输入信函的名字,然后单击"确定"按钮,这时系统会启动Outlook,并通过 Outlook 将邮件发送出去。

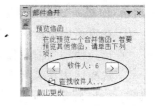

图 5-43 "插入合并域"后主文档　　　　　　　　　图 5-44 预览信函任务窗格

图 5-45 邮件合并后的效果

图 5-46 "合并到电子邮件"对话框

第6章

使用 Excel 制作简单的表格和图表

6.1 制作一份简单的表格

为了能尽快地了解 Excel 2007，先来制作一张如图 6-1 所示的简单表格。

图 6-1　制作的表格样式

6.1.1 启动 Excel 2007

要使用 Excel 2007 制作表格，首先要启动这个应用程序。通常，启动 Excel 2007 的步骤如下：

(1) 在 Windows 桌面的任务栏左端，单击"开始"按钮，打开开始菜单，如图 6-2 所示。

(2) 选择"开始"→"所有程序"命令，打开所有程序菜单，如图 6-3 所示。

图 6-2　开始菜单

图 6-3　所有程序菜单

（3）单击所有程序菜单的 Microsoft Office 文件夹中 Microsoft Office Excel 2007 应用程序，即可启动 Excel 2007，如图 6-4 所示。

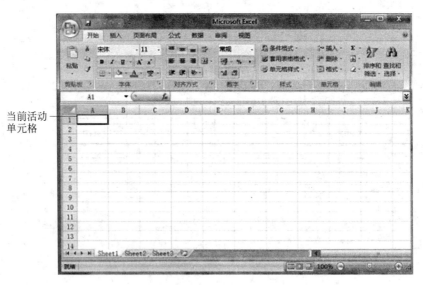

图 6-4　Excel 2007 工作界面

6.1.2　输入数据

1. 输入表格标题

（1）选择习惯的汉字输入法。

（2）单击 A1 单元格，使其成为当前单元格。在 A1 单元格内输入"09 级新闻学成绩汇总"，此时在编辑栏里会显示输入的内容，如图 6-5 所示。

（3）输入完内容之后，按 Enter 键，才能将输入的内容保存在单元格内。

（4）将鼠标指针指向 A1 单元格，按住鼠标左键，将鼠标指针（空心十字）拖到选定的 A1～J1 单元格，单击"开始"选项卡中"对齐方式"组的"合并居中" 按钮，使 A1～J1 的单元格合并居中成为一个单元格，如图 6-6 所示。

图 6-5　输入标题

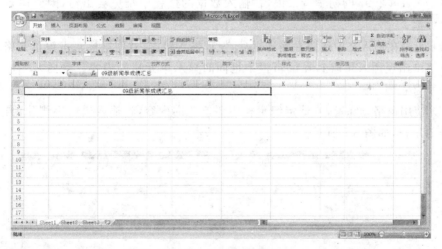

图 6-6　标题合并居中

2. 输入表格信息

（1）先输入表格项目栏，单击 A2 单元格，依次将项目名称输入。因为项目名称是文本，所以文本的默认格式是自动靠左，再将其他数据一一输入，数字的默认格式是自动靠右。

（2）为了能够有一个最适合的列宽（最适合的列宽就是数据有多宽列宽就多宽），将鼠标移到列的 A 字母处(列标按钮),当鼠标指针变为向下的小黑箭头时,向右拖动小黑箭头到 J 字母列标处,即将 A~J 列选定,然后将鼠标指针移到 A~J 任意一个两列之间处,当指针变为十字形并且带有左右箭头时,双击。这时各列就会变成最适合的列宽。所有数据输入表格并调整列宽后,其效果如图 6-7 所示。

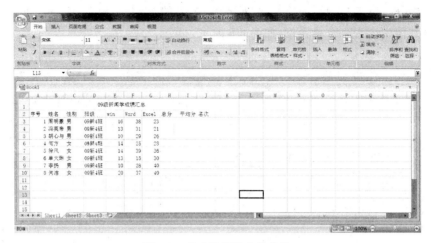

图 6-7　完成数据输入的表格

6.1.3　修改数据

对于 Excel 2007 的初学者来说,在输入数据的过程中难免会出错,因此还要学习如何修改数据。

(1)无论在输入之中还是在输入之后,发现输入错误,就用鼠标双击该单元格。这时在单元格中出现插入光标 I,在编辑栏中也同时显示单元格的内容。将插入光标移到要修改的字符右侧。

(2)使用退格删除键,或选定编辑栏中要修改的内容,将输入错的字删除,再重新输入正确的字符,如图 6-8 所示。

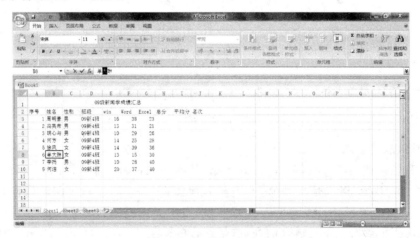

图 6-8　修改单元格内容

（3）如果整个单元格的内容都要删除，就选定这个单元格，然后输入新的内容，新内容会自动取代原来的内容。

还可以使用 Excel 的撤销功能，直接将错误操作撤销，这也是一种修改数据的好方法。

6.1.4　使用计算功能

在上面的表格中有三处需要计算，即总分、平均分、名次。下面就以上表为例学习如何使用 Excel 2007 的计算功能。

1. 求和

（1）选定 H3 单元格，单击"公式"选项卡中"数据库"组的"自动求和"按钮，在 H3 单元格和编辑栏显示＝SUM(E3:G3)。单击编辑栏中的√，即在 H3 单元格中显示结果，如图 6-9 所示。

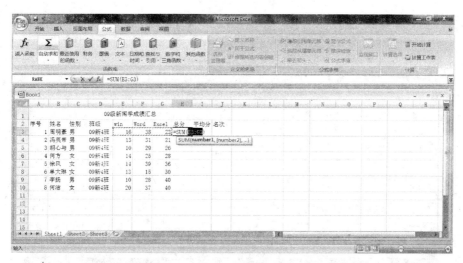

图 6-9　自动求和

（2）上面只计算了一个学生的总分，要将所有学生的总分计算出来，就要单击这个计算了的总分单元格(H3)，将鼠标指针移到粗线框的右下角，鼠标指针出现十字形（填充柄）时，按住鼠标左键，向下拖动鼠标，直到 H10 单元格松开鼠标。这样就可以把所有学生的总分计算出来，如图 6-10 所示。

2. 计算平均分

（1）选定 I3 单元格，单击"公式"选项卡中"函数库"组的"最近使用的函数"按钮，打开最近使用的函数下拉列表框，如图 6-11 所示。

（2）单击最近使用的函数下拉列表框中 AVERAGE 求平均值函数，打开 AVERAGE 函数参数对话框，在 Number1 参数框中输入"E3:G3"，如图 6-12 所示。

（3）单击 AVERAGE 函数参数对话框的确定按钮，第一个学生的平均分计算出来了。要计算所有学生的平均分，就要单击这个已经计算了平均分的单元格(I3)，将鼠标指针移到粗线框的右下角，鼠标指针出现十字形时，按住鼠标左键，向下拖动鼠标，直到 I10

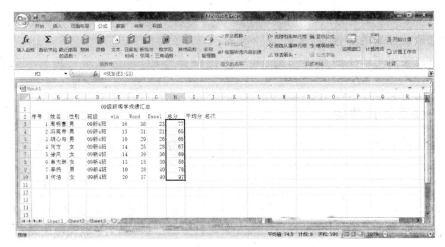

图 6-10　计算总分

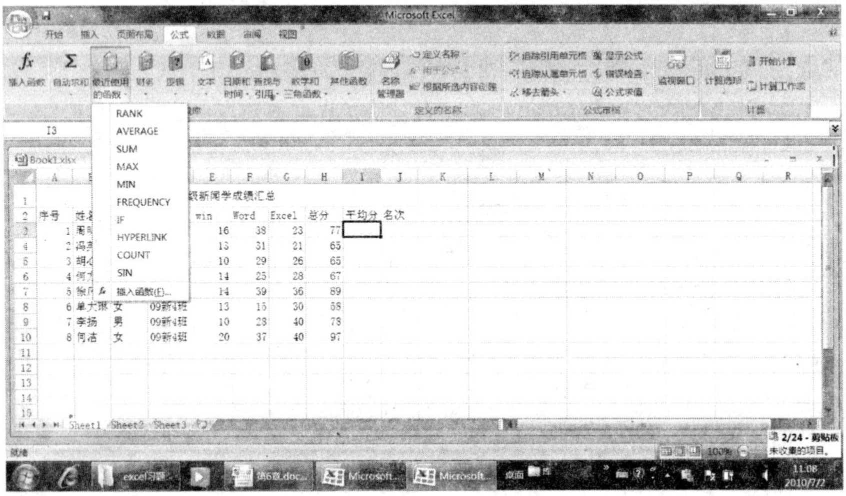

图 6-11　最近使用函数菜单

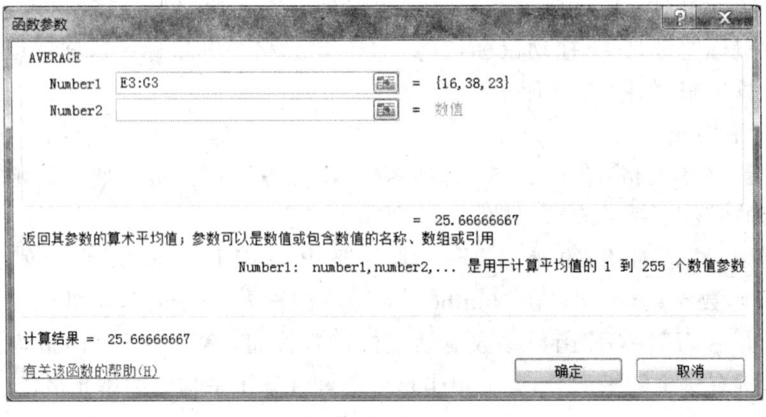

图 6-12　求算术平均值对话框

单元格松开鼠标,这样就可以把所有学生的平均分计算出来,如图 6-13 所示。

图 6-13　填充平均分

（4）要减少平均分的小数点位数,需选中"I3:I10",单击"开始"选项卡中"数字"组的减少小数位数按钮 ,单击两下,使平均分的小数保留一位,自动四舍五入,如图 6-14 所示。

图 6-14　减少小数点位数

3. 大小排名

大小排名函数的步骤操作如下：

（1）选定 J3 单元格，单击"公式"选项卡中"函数库"组的左边第一个"插入函数"按钮，打开的插入函数对话框，在"或选择类别"中选择"全部"，单击 RNAK 大小排名函数，打开 RNAK 函数参数对话框。

（2）在 RNAK 函数参数对话框中输入如图 6-15 所示的参数。

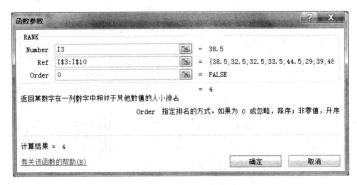

图 6-15　RNAK 函数参数对话框

（3）单击 RNAK 函数参数对话框中的"确定"按钮，这样第一个学生的排名就计算出来了。要计算所有学生的排名大小，就要选定 J3，将鼠标指针移到粗线框的右下角，在鼠标指针出现十字形时，按住鼠标左键，向下拖动鼠标，直到 J10 单元格松开鼠标，这样就可以把所有学生的排名都计算出来，如图 6-16 所示。

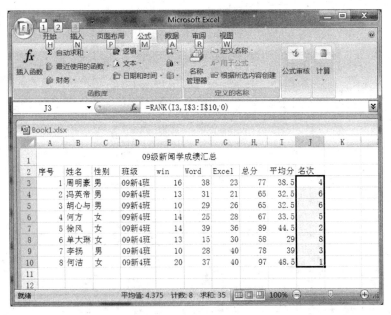

图 6-16　计算大小排位

6.2 修饰表格

输入到表格的内容,可能有不尽如人意的地方,可以对表格进行修饰。

6.2.1 设置字体和对齐格式

设置字体比较灵活,可以根据表格的内容、个人的喜好设置不同的字体、字号和字的颜色。其方法可以选择如下操作:

（1）设置表标题字体:选定表标题,单击"开始"选项卡中的"字体"组,设置的选项如图 6-17 所示。

（2）设置项目标题字体:选定项目标题,单击"开始"选项卡中的"字体"组,设置的选项如图 6-18 所示。

（3）设置其他内容的字体:选定其他内容,单击"开始"选项卡中"字体"组,设置的选项如图 6-19 所示。

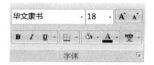 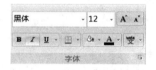 

图 6-17　表标题字体设置　　图 6-18　项目标题字体设置　　图 6-19　其他内容字体设置

（4）设置对齐格式:在输入表格信息时 Excel 有默认的对齐格式,例如文本在左、数字在右。改变对齐方式很简单,例如,将除标题外所有的内容居中,其操作方法是:选定除标题外表格的所有内容,单击"开始"选项卡中"对齐方式"组的居中按钮 ▤即可。

6.2.2 设置表格线

如果和图 6-1 比较,会发现当前的表格缺少表格线。这里要提示:当前的表格线是灰色的,打印时不显示。要让打印时显示表格线,就要在表格上添加表格线的操作,具体操作步骤如下:

（1）选定 A2:J10。

（2）单击"开始"选项卡中"字体"组的边框按钮 ▦,打开设置单元格格式对话框,如图 6-20 所示。

（3）先选样式,再选择"内部"或"外边框"。

（4）再细一点可以选择"边框"下每一条边线,设置好后再单击"确定"按钮,即可完成表格线的设置。

图 6-20　单元格格式对话框

6.3　制作图表

到现在为止,一张简单的表格已基本制作完成。在这个表格的数据基础上,还可以快速地制作一张图表。制作图表也是 Excel 一个很神奇的功能,在第 8 章中还要作详细介绍。

6.3.1　创建图表

图表是以图形表示 Excel 数据的直观形式。创建图表看起来很复杂,实际上操作起来很简单,尤其是 Excel 2007 的创建图表,就更简单了。

创建图表最重要的是:选定数据,也就是说以什么数据创建图表。一般不把所有的数据作为创建图表的数据,只选几列能够说明情况的数据,例如以上面表格中的姓名和三门课程做图表。其操作步骤为:

(1)先选定“B2:B10”,按下 Ctrl 键,再选中“E2:G10”。

(2)单击“插入”选项卡中“图表”组的“柱形图”按钮,打开“柱形图”的下拉菜单,如图 6-21 所示。

(3)单击“二维柱形图”中的“簇状柱形图”,一个图表就创建好了,如图 6-22 所示。

6.3.2　美化图表

创建图表很简单,美化图表也很方便。

当图表创建后,选择图表后,图表工具会自动呈现出所有

图 6-21　柱形图样式菜单

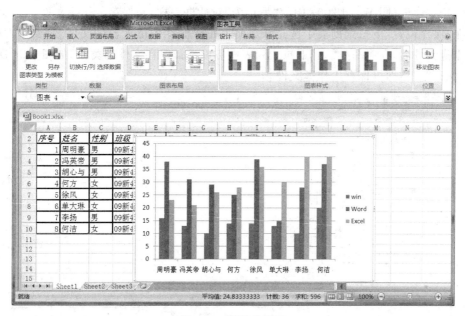

图 6-22　创建的图表

对表格的设计功能,如图 6-23 所示。

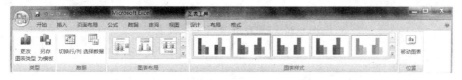

图 6-23　图表工具

　　这个图表工具包括图表的类型、数据、图表布局、图表的样式和位置,可以说应有尽有。用户可以根据自己的喜好和需要,来选择这些功能美化图表。例如,要改变图表的类型,就先选定图表,单击图表工具中的"更改图表类型",选择需要和喜欢的图表类型。又如,要改变图表样式,就直接单击图表工具中"图表样式"中的样式,图表马上就变为所选的样式。操作错了,可以使用撤销键。

6.3.3　保存工作簿

　　到目前为止,一张表格就全部制作好了。但不要忘记,把它保存起来也很重要。

　　Excel 中的文件通常称为工作簿,一个工作簿中有若干个工作表。保存工作簿一般有以下 4 种方法:

　　(1) 单击 Office 按钮,在打开的下拉菜单中选择"保存"命令。

　　(2) 单击 Office 按钮,在打开的下拉菜单中选择"另存为"命令。

　　(3) 单击快速访问工具栏中的"保存"按钮。

　　(4) 按键盘 Ctrl+S 键。

　　使用上面任意一种方法保存工作簿操作时,如果工作簿没有进行过保存操作,会打开

"另存为"对话框（同 Word 2007 中的"另存为"对话框一样）来保存工作簿文件。

在"保存位置"下拉式列表中选择好当前工作簿保存的位置，在"文件名"文本框中输入工作簿文件名，在"保存类型"下拉式列表中可以选择保存文件的类型，如图 6-24 所示。单击"保存"按钮即可保存工作簿文件。

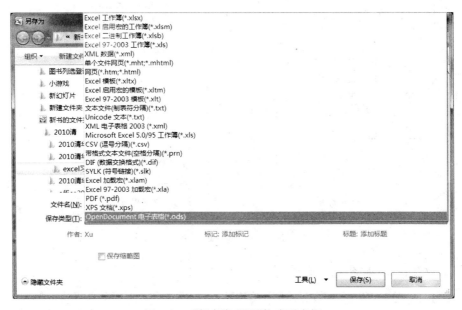

图 6-24　"保存类型"下拉式列表框

第7章

Excel 文件的编辑和格式化

7.1 Excel 2007 的基本知识

Excel 2007 是 Microsoft 公司 Office 2007 系列办公软件中的一个组件，是一个功能强大的电子表格软件。与 Office 2007 其他组件一样，Excel 2007 采用了与以往 Excel 版本完全不同的界面风格，使得用户可以更快捷地完成其操作。因为 Excel 2007 的工作界面与 Word 2007 的工作界面很相像，例如，Microsoft Office 按钮、快速访问工具栏、标题栏等都是一样的，所以本章对 Excel 2007 窗口只作简单介绍。

7.1.1 Excel 2007 窗口介绍

Excel 2007 新的用户界面，用简单明了的功能区取代了 Excel 早期版本中的菜单、工具栏和大部分任务窗格，功能更加强大，操作起来更加方便。Excel 2007 的工作界面主要包括：Microsoft Office 按钮、快速访问工具栏、标题栏、功能区、编辑栏、工作表区以及状态栏等，如图 7-1 所示。

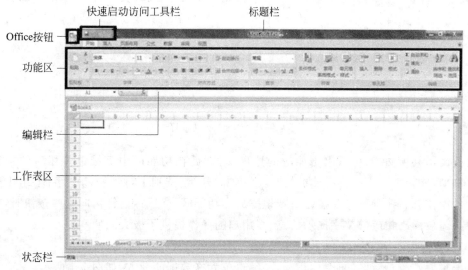

图 7-1　Excel 2007 工作界面

1. Office 按钮

位于 Excel 2007 窗口左上角的 按钮，为 Office 按钮。单击此按钮会显示一个下拉列表框，使用此下拉列表框可以进行新建、打开、保存、打印、共享文件等操作。在"最近使用的文档"列表中可以看到最近使用的文件列表，通过"Excel 选项"按钮，可以设置 Excel 的各个选项，还可以单击"退出 Excel"按钮，退出 Excel 2007 应用程序。

2. 快速访问工具栏

默认情况下，快速访问工具栏位于标题栏的左侧，用于保存、撤销、恢复等操作，其功能与 Word 2007 中的功能一样，这里不再赘述。

"自定义快速访问工具栏"按钮用于自定义"快速访问工具栏"，单击此按钮会弹出一个快捷菜单，如图 7-2 所示。

如果选择快捷菜单中"在功能区下方显示"命令，会将"快速访问工具栏"移动到功能区的下方显示。

"快速访问工具栏"中的按钮是不固定的，可以根据需要，通过"自定义快速访问工具栏"的快捷菜单，向工具栏内添加工具按钮。

3. 标题栏

标题栏左侧为快速访问工具栏。标题栏显示的内容是当前正在编辑的工作簿名称以及程序名称。标题栏的右侧是 3 个按钮，分别为最小化按钮、最大化按钮和关闭按钮。

图 7-2 "自定义快速访问工具栏"快捷菜单

4. 功能区

在 Excel 2007 中，标题栏的下面是功能区（如图 7-3 所示）。功能区是 Excel 2007 新增的区域，也是变化最大的区域。它由 8 个选项卡组成，每个选项卡代表其功能的核心部分，其中包含一些功能类似的组，并将组中相关项显示在一起。Excel 2007 的大部分操作可在功能区中完成。

字体组　　　　　　数字组　　　　　　单元格组

图 7-3　Excel 2007 功能区

要使用某项功能，可以单击相应的选项卡，然后在功能区中直接单击相应的按钮即可。例如，要在工作表中作字体编辑，可以单击"开始"选项卡，然后在其"字体"组中选择相应的操作。这些操作命令按钮直观地摆放在功能区，当鼠标指针指向这些按钮时，在鼠标下方还会弹出相应的文字提示信息，为用户的操作提供了极大的便利。

5. 编辑栏

编辑栏位于功能区的下方，是输入、编辑单元格数据的地方，如图 7-4 所示。

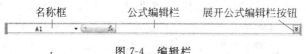

名称框　　　　　　　公式编辑栏　　　展开公式编辑栏按钮

图 7-4　编辑栏

公式编辑栏的左侧是名称框，显示的是当前活动单元格的地址。可以通过名称框为单元格或单元格区域命名。

公式栏是显示和编辑单元格数据和公式的地方，当单元格处于编辑状态时，在公式栏左侧还会出现三个按钮，分别是取消按钮 ⊠、输入按钮 ✓ 和函数向导按钮 ƒx。这些按钮分别用于取消对单元格的编辑、确认单元格内容的输入和打开"插入函数"对话框，在编辑栏中编辑函数。

在编辑栏的最右侧，还有一个按钮，用于展开公式栏，使公式栏双行显示。展开公式栏后，可以单击"折叠公式栏"按钮 ⊼ 将其折叠起来，回到默认状态。

6. 工作表区

工作表区位于编辑栏的下方，在 Excel 工作界面中占绝大部分区域，如图 7-5 所示。在默认情况下，启动 Excel 后，应用程序会自动建立一个名为 Book1 的工作簿文件，并且在其中包含三个工作表 Sheet1、Sheet2 和 Sheet3。用户可以通过工作表区下方的"插入工作表"按钮插入新工作表。按钮的左侧是工作表标签区，工作表右下方和右侧分别是水平滚动条和垂直滚动条，用于滚动显示工作表的其他区域。水平滚动条的右端和垂直滚动条的下端各有一个"拆分框"，用来拆分窗格。工作表区是编辑和制作表格的重要场所。

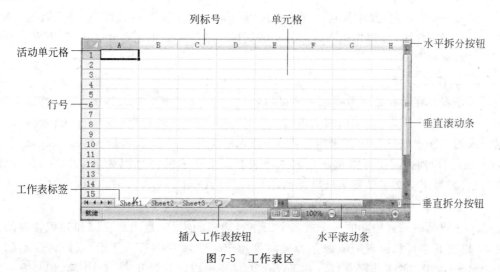

图 7-5　工作表区

7. 状态栏

状态栏位于 Excel 2007 工作界面的最下方，用于显示当前工作区的工作状态。

默认情况下，状态栏显示"就绪"，表明工作表正在准备接收新的信息。如在向单元格中输入数据时，状态栏会显示"输入"字样；在对单元格的内容进行编辑和修改时，状态栏会显示"编辑"字样。

Excel 2007 状态栏中放置了视图模式按钮,默认情况下是普通视图,如果要切换到其他视图,单击相应的按钮即可。状态栏的右端还设置了工作表区的显示比例,用鼠标拖动"显示比例"滑块或单击"缩小"、"放大"按钮,可改变工作表区的显示比例。

7.1.2 Excel 信息元素

1. 单元格

在工作表中,行与列交叉处的长方形小格称为单元格。单元格是工作表的基本元素,主要用来输入和存放文字、数字、日期值、逻辑值以及公式等数据。

在 Excel 2007 中,一个工作表最多可有 1 048 576×16 384 个单元格,每个单元格中最多可以输入 32 767 个字符。

单元格默认的名字(也称地址)是由列标和行号组成的,例如 A8,A 代表列,8 代表行。也可以根据需要通过"名称框"对单元格进行重命名。

工作表中被粗黑框线围起来的单元格称为当前单元格或活动单元格。用户对工作表中单元格的操作,只能在当前单元格中进行。在 Excel 操作窗口中,至少一个单元格是活动单元格。

2. 单元格区域

单元格区域是指由工作表中一个或多个单元格组成的矩形区域。区域的地址由矩形对角的两个单元格的地址组成,中间用冒号(:)相连。例如 A1:C3(也可以写成 A3:C1)表示从左上角 A1 单元格到右下角 C3 单元格的一个连续区域。区域地址前也可以加上工作表名和工作簿名。

在 Excel 中,许多操作都是与区域直接相关的。一般来说,在操作(如输入数据、设置格式、复制等)之前,要预先选择好单元格或区域。被选定的单元格或区域,称为当前单元格或当前区域。

3. 工作表

工作表是存储和处理数据的主要区域,它是工作簿的重要组成部分。默认情况下,一个工作簿有 3 个工作表(默认的工作表名是 Sheet1,Sheet2,Sheet3)。一个工作簿最多可以插入的工作表数量与计算机内存有关,插入的工作表的默认名是 Sheet4,Sheet5,…,Sheet n,用户根据需要可以重新命名工作表名。工作表的行号用数字 1,2,…,1048576 来表示,列号用英文字母及字母组合 A,B,…,Z,AA,AB,…,AZ,…,XFD 来表示。

4. 工作簿

工作簿是由各自独立的一个或多个工作表构成的集合,是用来存储和处理数据的文件,可以对其进行新建、打开、保存和关闭等操作。进入 Excel 2007 后,系统将自动创建一个名为 Book1 的工作簿文件。在 Excel 2007 中可以同时打开多个工作簿,但只有一个工作簿处于工作状态。

一个工作簿由若干个工作表组成,数据和图表都是以工作表的形式存储在工作簿文件中的,工作簿文件默认保存文件类型的扩展名为 xlsx。

7.2　输入表格信息

往单元格输入数据,首先要选定输入数据的单元格,然后输入具体内容,输入结束,按回车键或按键盘上的→、←、↑、↓键。如果在输入过程中发现有错误,可用 Backspace 键消除。如果要取消,可直接按 Esc 键。

用户可以在一个单元格或多个单元格中输入文本、数字、日期或时间。

7.2.1　输入文本或数字

1. 输入文本

输入单元格中的文本内容包括英文字母、数字、汉字、空格及其他键盘能键入的符号。在向单元格输入文本时,首先双击需要输入文本的单元格,使其处于编辑状态,然后使用输入方式输入需要的文本信息。输入完毕,按 Enter 键或 Tab 键,也可用鼠标单击其他单元格。

输入的文本内容会自动向左对齐。在实际应用中,用户可能需要将一个数字编码作为文本输入,如学生学号、电话号码、邮政编码等。此时只需在输入数字前加上一个撇号('),Excel 就把它当作字符在单元格内左对齐,如'0911123,'62981234,'100084 等。

如果单元格的宽度容纳不下文本,可占相邻单元格的位置(如果相邻单元格是空的话),如果相邻单元格已经有数据,就截断显示。

用户还可以通过自动换行在一个单元格中显示多行文本,具体操作步骤如下:

(1)单击要自动换行的单元格。

(2)在"开始"选项卡上的"单元格"组中,单击"格式"按钮,然后单击"设置单元格格式"命令。

(3)打开"设置单元格格式"对话框,在"对齐"选项卡上,选定"自动换行"复选框,然后单击"确定"按钮,如图 7-6 所示。

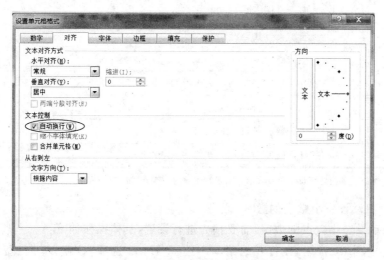

图 7-6　"设置单元格格式"对话框

注意：如果文本是一个长单词，则这些字符不会换行；此时可以加大列宽或缩小字号来显示所有文本。如果在自动换行后并未显示所有文本，则需要调整行高。在"开始"选项卡上的"单元格"组中，指向"行"，然后单击"自动调整"。

若要在单元格中另起一行输入数据，需按 Alt＋Enter 键输入一个换行符。

2. 输入数字

单元格中的数字可包括阿拉伯数字 0～9、正号（＋）、负号（一）、小数点（.）、百分号（％）、千分位号（,）等字符，它表示一个数字的有序组合，这些字符的功能见表 7-1。向单元格中输入数值和输入文本的操作步骤相同，双击需要输入数值的单元格，根据需要输入相应的数值即可。

Excel 数值的最大正数为 $9.9 \times 10^{+307}$，最小正数为 1×10^{-307}，最小负数为 -1×10^{-307}，最大负数为 $-9.9 \times 10^{+307}$。单元格内默认显示 11 个字符，也就是说，值显示 11 位数值，如果输入的数值多于 11 位，就用科学计数法来表示，例如 123456789012345，用科学计数法表示为 1.23457E＋14。当单元格中放不下这个数字时，就用若干个"＃"号代替（如，＃＃＃＃＃＃＃）。

表 7-1　数字输入时允许的字符及功能

字　符	功　能
0～9	阿拉伯数字的任意组合
＋	当与 E 在一起时表示指数，如 2.1412E＋3
一	表示负数，如 一465.87
（ ）	表示负数，如（213）表示 一213
,	千位分隔符，如 421,357,000
/	表示代分数，分数前面加一整数和空格，如 3 1/2 表示三又二分之一
//	表示日期分隔符，如 2010/8/16 表示二〇一〇年八月十六日
$	表示金额，如 $2000 表示 2000 元
％	表示百分比
.	小数点
E 和 e	科学记数法中指数表示符号，如 2.1314E－2 表示 0.021314
:	时间分隔符，如 12:30 表示 12 点 30 分钟
（一个空格）	代分数分隔符，如 4 1/2
	日期时间项，如 2010-9-19 8:30

注：连线符号"一"和有些字母也可以表示日期或时间项的一部分，如 2010-9-19、8:45 AM 等。

3. 输入自动设置小数点的数字

输入自动设置小数点的数字，需要预先进行设置，具体操作如下：

（1）单击 Office 按钮，在打开的菜单中选择"Excel 选项"按钮，单击"高级"选项，如图 7-7 所示。

(2) 在"编辑选项"中,选定"自动插入小数点"复选框。

(3) 在"位数"框中,输入一个正数表示小数点右边的位数,或输入一个负数表示小数点左边的位数。例如,如果在"位数"框中输入 3,然后在单元格中输入 2834,则值为 2.834。如果在"位数"框中输入-3,然后在单元格中输入 283,则值为 283000。

(4) 在工作表中,单击一个单元格,然后输入所需的数字。在选择"自动设置小数点"选项之前键入的数据不受影响。若要暂时取消"自动设置小数点"选项,可在输入数字时输入小数点。

图 7-7 "Excel 选项"菜单

4. 输入日期或时间

在输入日期时,可在年、月、日之间用"/"连接。例如,要输入 2010 年 8 月 12 日,可输入 10/8/12。要输入当前日期,则按 Ctrl+;(分号)快捷键。

时间数据由小时、分钟、秒组成。输入时间时,小时、分钟、秒之间用冒号分隔,比如 8:45:30 表示 8 点 45 分 30 秒,23:15 表示 23 点 15 分,12:表示 12 点钟等等。

如果用户要以 12 小时制输入时间,需在时间后加一个空格并输入"AM"(上午)或"PM"(下午)。例如,8:30 AM、11:55 PM 等。要输入当前时间,则按下 Ctrl+Shift +:键。

如果要在单元格中同时输入日期和时间,则先输入时间或先输入日期均可,中间要用空格隔开。

如果要使用默认的日期或时间格式,可单击包含日期或时间的单元格,然后按 Ctrl+ Shift+♯键或 Ctrl+Shift+@键。

在 Excel 2007 中,日期有很多种格式类型,用户可根据需要选择一种格式,设置日期格式的操作步骤如下:

(1) 选取需要的单元格或单元格区域。

(2) 单击"开始"选项卡中"单元格"组的"格式"按钮,单击下拉列表框中"设置单元格格式"命令,打开其对话框,在"数字"标签中选择"日期"类型,如图 7-8 所示。

(3) 在"类型"列表框中选择需要的日期格式类型。单击"确定"按钮。

如果需要设置时间格式类型,可打开图 7-8 所示的"分类"列表框,在所显示的所有时间格式类型中进行选择。

图 7-8　"设置单元格格式"对话框

5. 同时在多个单元格中输入相同数据

如果要在多个单元格中输入相同的数据,首先要选定输入相同数据的多个单元格。这些单元格不必相邻。在活动单元格中输入数据,然后按 Ctrl＋Enter 键即可。

例如,在 A1,B2,C3,D4,E5 单元格中输入"北京",其操作步骤如下:

(1) 先单击 A1 单元格,再按住 Ctrl 键,单击 B2,C3,D4,E5 单元格,将这些单元格都选定,如图 7-9 所示。

(2) 在 E5 单元格中输入"北京"后,按 Ctrl＋Enter 键,这时的效果如图 7-10 所示。

7.2.2　填充数据

在表格数据处理中,经常会有有序的重复数据需要输入,例如 1,2,3…,星期一、星期二……,一月、二月……,等等,如果一个一个输入是很繁琐的事。使用 Excel 2007 提供的数据"自动填充"功能,可以准确、快速地输入一个数据系列,由一个选定的单元格出发,按列或行的方向给其相邻的单元格填充数据。填充功能可以将繁琐的输入变得轻松愉快。

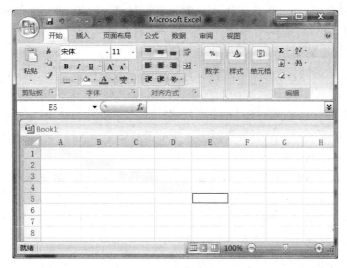

图 7-9　输入相同数据步骤 1

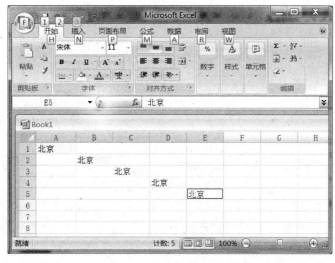

图 7-10　输入相同数据步骤 2

1．填充柄

　　"自动填充"功能是通过"填充柄"来实现的。所谓"填充柄"是指位于当前区域右下角的一个小黑方块，如图 7-11 所示。将鼠标指针移到填充柄时，指针的形状就变为黑十字。

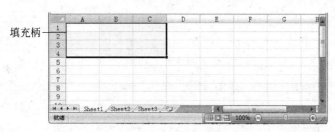

图 7-11　单元格区域的"填充柄"

通过拖动填充柄,可以将选定区域中内容进行复制。比如,在 A1 单元格中输入数 1,然后选定 A1 单元格,将鼠标指针指向右下角的"填充柄",指针变为黑十字,按住左键向右拖曳,就可以将 1 复制到所拖拉过的单元格中。

利用"填充柄"的功能,还可以进行多种自动填充的操作。

例 7-1 选定 A1 单元格的内容为"星期一",通过对"填充柄"的操作,可以快速生成"星期二"、"星期三"……"星期日"等系列数据。

例 7-2 在单元格 A3、A4 中分别输入 100、99,选定 A3:A4,然后用鼠标拖拉"填充柄"生成一个等差序列 100,99,98,…。

例 7-3 在单元格 C3 输入"甲",选定 C3,然后用鼠标拖拉"填充柄"向下填充,生成一个甲、乙、丙、丁序列。

例 7-4 在单元格 D3、D4 中分别输入 1.5、2.5,选定 D3:D4,然后用鼠标拖拉"填充柄"生成一个等差序列 1.5,2.5,3.5,…,如图 7-12 所示。

图 7-12 "自动填充"操作

2. 通过"序列"对话框实现"自动填充"

通过"序列"对话框可输入序列数据,操作步骤如下:

(1) 选定需要输入序列的第一个单元格并输入序列数据的第一个数据。

(2) 单击"开始"选项卡中"编辑"组的"填充"按钮,打开的"系列"对话框,如图 7-13 所示。

(3) 根据序列数据输入的需要,在"系列产生在"组中选定"行"或"列"单选按钮。

(4) 在"类型"组中根据需要选"等差序列"、"等比序列"、"日期"或"自动填充"单选按钮。

(5) 根据输入数据的类型设置相应的其他选项。设置完毕,单击"确定"按钮即可。

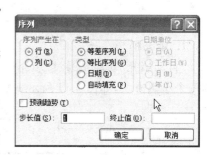

图 7-13 "序列"对话框

例如,利用"序列"对话框生成一个等比序列,可以这样来操作:在 A2 单元格中输入 1,选定 A2,单击"开始"选项卡中"编辑"组的"填充"按钮,单击"系列"命令,在打开的"序列"对话框中,分别选中"行"单选按钮、"等比序列"单选按钮,在"步长值"框中填入 5,在"终止值"框中输入 10000,再单击"确定"按钮。这样就可以生成了一个1∶5的等比序列,如图7-14所示。

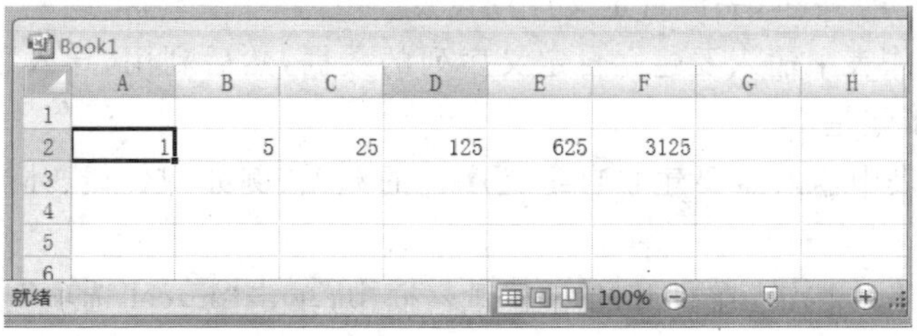

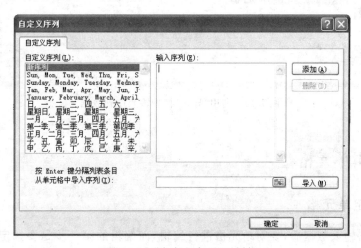

图 7-14　生成的"等比序列"

需要说明的是,填充柄功能一般是默认的。在 Excel 2007 操作中,如果没有"填充柄"功能,需进行设置。单击 Office 按钮,在下拉列表框中单击"Excel 选项"按钮,打开"Excel 选项"对话框,单击左侧的"高级"选项,然后选定"启用填充柄和单元格拖放功能"复选框即可。

3. 自定义序列

在单元格中做自动填充,除了等差、等比这些数据序列以外,对于经常使用的特殊数据系列,用户可以通过 Excel 的自定义序列功能,将其定义为一个序列,这样,当使用自动填充功能时,就可以将这些数据快速输入到工作表中。比如,将全班同学的姓名作为一数据序列,要实现自动填充,就要用到"自定义序列",具体操作步骤是:

(1) 单击 Microsoft Office 按钮,在打开的下拉列表框中单击"Excel 选项"按钮,打开"Excel 选项"对话框。

(2) 选择对话框左侧表框中的"常用"选项,单击右侧"编辑自定义列表"按钮,打开"自定义序列"对话框,如图7-15 所示。

图 7-15　"自定义序列"对话框

(3) 在"输入序列"表框中分别输入要自定义的序列,每输入完一项,按 Enter 键。如果一行输入多项,项与项间的分隔符要用英文状态下的逗号(,)隔开。

(4) 输入完成后,单击"添加"按钮,将其添加到左侧"自定义序列"列表框中。

（5）单击"确定"按钮，返回到"Excel 选项"对话框中。

（6）单击"确定"按钮，完成自定义序列设置。

也可以在工作表中输入要建立自定义序列的数据，然后利用"导入"功能建立自定义序列，具体操作步骤是：

（1）在工作表中输入需要建立自定义序列的数据，例如"赵、钱、孙、李、周、……"，选定这些数据。

（2）单击 Office 按钮，在打开的下拉列表框中，单击"Excel 选项"按钮，打开"Excel 选项"对话框。

（3）选择对话框左侧表框中的"常用"选项，单击右侧"编辑自定义列表"按钮，打开"自定义序列"对话框。

（4）在"自定义序列"对话框中，单击"从单元格中导入序列"组合框中的单元格地址，再单击右面的"导入"按钮，此时，刚才在工作表中输入的数据就添加到左侧"自定义序列"列表框中了，如图 7-16 所示。

（5）单击"确定"按钮，返回到"Excel 选项"对话框中。

（6）单击"确定"按钮，完成自定义序列设置。

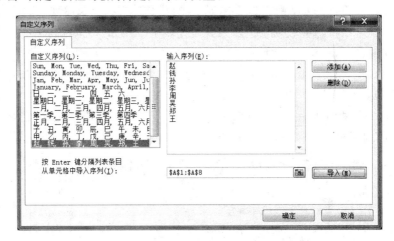

图 7-16　利用"导入"按钮输入序列数据

7.3　编辑单元格

7.3.1　选定单元格

往单元格输入数据后，要对单元格进行编辑，而编辑的第一步是要选定单元格，即所谓先选定后操作。选定单元格分为选定一个单元格、多个单元格、一行、一列、多行、多列、全选等。

1. 选定一个单元格

选定一个单元格的方法是：单击要选的单元格，单元格变为用粗线框起来的活动单元格,同时在"名称框"中显示出当前所应用的单元格地址,如图 7-17 所示。

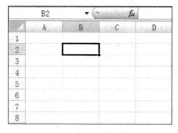

图 7-17 选中一个单元格

2. 选定行和列

(1) 选定一行或一列

将鼠标指针移到行标号或列标号处,然后单击鼠标左键,选定后的行或列底纹反显蓝色,如图 7-18 和图 7-19 所示。

(2) 选定多行或多列

① 选定相邻的多行或多列。将鼠标指针移到行号或列号处,按住鼠标左键不放,向右(列)或向下(行)拖动,如图 7-20 和图 7-21 所示。

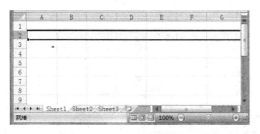

图 7-18 选中一行

图 7-19 选中一列

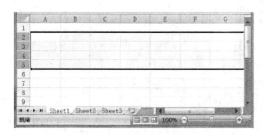

图 7-20 选中多行

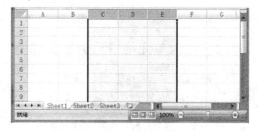

图 7-21 选中多列

② 选定不相邻的多行或多列。先选定一行或列,按住 Ctrl 键,再选定其他的行或列,如图 7-22 和图 7-23 所示。

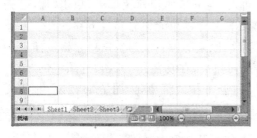

图 7-22 不相邻的多行

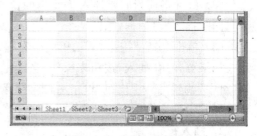

图 7-23 不相邻的多列

3. 选定单元格区域

(1) 选定一个单元格区域

例如,选定 A2:D6 区域,有三种方法:

① 先选定 A2 单元格,然后按住鼠标左键向右下拖动,当鼠标指针到 D6 单元格时,松开鼠标左键,A2:D6 区域被选定。

② 先选定 A2 单元格,然后按一下 F8 键,再单击 D6 单元格,A2:D6 区域被选定。

提示:按 F8 键,是打开扩展模式,再次按 F8 是关闭扩展模式。

③ 先选定 A2 单元格,然后按住 Shift 键,再单击 D6 单元格,A2:D6 区域被选定。

（2）选定不相邻的多个单元格区域

选定不相邻的多个单元格区域有下列两种方法:

① 先选定一个单元格区域,然后按住 Ctrl 键不放,再选定其他单元格区域,如图 7-24 所示。

② 先选定一个单元格区域,然后按住 Shift+F8 键,再选定其他单元格区域。再次按住 Shift+F8 键,可以取消这种添加状态。

图 7-24　选中多个单元格区域

7.3.2　插入单元格、行、列或工作表

一般情况下,很难做到一次性完成一张表格,总要进行添加数据或删除数据等操作。下面介绍如何插入一个空单元格、空行、空列或空工作表。

在 Excel 中插入单元格、行、列或工作表,有两种方法:使用"插入"按钮和使用"插入"快捷菜单。

1. 插入单元格

（1）用鼠标选定要插入单元格的位置,使之成为活动单元格。

（2）鼠标指针指向要插入单元格的位置,右击,在显示的快捷菜单中,单击"插入"命令,打开"插入"对话框,如图 7-25 所示,根据需要选择活动单元格右移或下移。

（3）单击"确定"按钮,活动单元格右移或下移,原来的位置成为空白单元格被插入。

如果要使用"插入"按钮来操作,当选定插入对象后,在功能区"开始"选项卡的"单元格"组中,找到"插入"按钮,单击右侧向下箭头,打开下拉式菜单,如图 7-26 所示,根据需要选择其中的选项即可。

2. 插入行

例如,要在 2 行和 3 行中间插入一个空行,可以按下面的操作步骤完成:

（1）将鼠标指针移至行号为 3 的按钮位置上,右击。

（2）在弹出的快捷菜单中,选择"插入"命令,这时在 2 行和 3 行之间插入一个空行,原来的第 3 行及后面行中的内容均依次下移一行。

图7-25 "插入"对话框

图7-26 "插入"按钮的下拉式菜单

3．插入列

例如,要在 C 列和 D 列中间插入一个空列,可以这样完成:右击列号为 D 的按钮,在显示的快捷菜单中,单击"插入"命令,这时在 C 列和 D 列之间插入一个空列,原来的 D 列及后面列中的内容均依次右移一列。

4．插入工作表

插入工作表有两种操作方法。

(1) 每单击一次如图 7-27 所示的按钮,即可插入一张工作表。

图7-27 插入工作表按钮

(2) 在"开始"选项卡中,单击"单元格"组"插入"按钮的向下箭头,打开如图 7-26 所示的下拉菜单,单击"插入工作表"命令,即可插入一张工作表。

7.3.3 删除行、列或单元格

当工作表中的某些行、列或单元格不需要时,可以将其删除。在 Excel 2007 中删除行、列或单元格,也有两种方法:使用快捷菜单"删除"命令和使用"删除"按钮。

1．删除行、列

使用"删除"按钮删除行、列的操作步骤如下:

(1) 选定要删除的行或列。

(2) 单击"开始"选项卡中"单元格"组的"删除"按钮,打开下拉列表框,如图 7-28 所示。

(3) 单击"删除工作表行"或"删除工作表列"选项,选定的行或列及其内容就被删除了。

2．删除单元格

删除单元格是指删除单元格和它的全部内容。使用"删除"按钮删除单元格的操作步骤是:

(1) 选定要删除的单元格或单元格区域。

(2) 单击"开始"选项卡中"单元格"组的"删除"按钮,打开下拉列表框,单击"删除单元格"选项,弹出"删除"对话框,如图 7-29 所示。

图7-28 "删除"按钮的下拉列表框　　　　图7-29 "删除"单元格对话框

（3）根据需要选择对话框中的选项：

若选"右侧单元格左移"，则在删除选定的单元格后，其右侧的所有单元格依次左移。

若选"下方单元格上移"，则在删除选定的单元格后，其下方的所有单元格依次上移。

若选"整行"，则删除选定单元格所在的整行。

若选"整列"，则删除选定单元格所在的整列。

（4）按下"确定"按钮，所选定的单元格或单元格区域就被删除了。

7.3.4　清除单元格数据

1. 清除单元格

清除单元格与删除单元格完全不同，清除单元格是指清除单元格中的数据，并不删除单元格本身。在工作表中清除单元格的操作步骤是：

（1）选定需要清除的单元格或单元格区域。

（2）单击"开始"选项卡中"编辑"组的"清除"按钮，打开下拉列表框，如图7-30所示。

（3）根据清除的需要，单击"全部清除"、"清除格式"、"清除内容"或"清除批注"命令。

另外，鼠标指针移到需要清除的单元格区域中，右击，弹出快捷菜单，选择其中的"清除内容"选项也可清除单元格中的内容。

图7-30 "清除"按钮的
下拉列表框

2. 修改单元格数据

修改单元格数据有两种情况，一是全部修改，二是部分修改。无论哪种，首先选定要修改数据的单元格或单元格区域，使之成为活动单元格。

（1）如果要对单元格中数据作全部修改，只需在编辑栏中重新输入新数据即可。

（2）如果只对单元格中的部分数据作改动，可将鼠标指针指向编辑栏进行修改，或双击单元格直接在单元格中进行修改。

7.3.5　移动或复制行、列和单元格

当移动或复制行和列时，Excel会移动或复制其中包含的所有数据，包括公式及其结果值、批注、单元格格式和隐藏的单元格。

移动或复制可以使用两种方法，即使用菜单命令或使用鼠标移动。本章只介绍其中一种，另一种可以使用F1键帮助自学。

1. 使用菜单命令移动或复制行和列

(1) 选定要移动或复制的行或列。

(2) 执行下列操作之一：

- 要移动行或列，在"开始"选项卡的"剪贴板"组中，单击"剪切"按钮，或按 Ctrl＋X 键。
- 要复制行或列，在"开始"选项卡的"剪贴板"组中，单击"复制"按钮，或按 Ctrl＋C 键。

(3) 右击目标位置下方或右侧的行或列，然后执行下列操作之一：

- 当移动行或列时，单击快捷菜单上的"插入剪切单元格"命令。
- 当复制行或列时，单击快捷菜单上的"插入复制单元格"命令。

注意：如果不是单击快捷菜单上的命令，而是单击"开始"选项卡中"剪贴板"组的"粘贴"按钮或按 Ctrl＋V 键，那么移动或复制后，目标单元格中的内容将全部被代替。

2. 移动或复制单元格区域

移动或复制单元格时，Excel 将同时移动或复制单元格中的数据，包括公式及其结果值、单元格格式和批注。

(1) 选定要移动或复制的单元格。

(2) 在"开始"选项卡的"剪贴板"组中，执行下列操作之一：

- 若要移动选定区域，单击"剪切"按钮，或者按 Ctrl＋X 键。
- 若要复制选定区域，单击"复制"按钮，或者按 Ctrl＋C 键。

(3) 选定粘贴区域左上角的单元格。

注意：要将选定区域移动或复制到不同的工作表或工作簿，需单击另一个工作表选项卡或切换到另一个工作簿，然后选定粘贴区域左上角的单元格。

(4) 单击"开始"选项卡中"剪贴板"组的"粘贴"按钮，或者按 Ctrl＋V 键。

注意：

(1) 在粘贴单元格时如要选择特定选项，可以单击"粘贴"下面的箭头，打开"粘贴"菜单选项，如图 7-31 所示。例如选择"选择性粘贴"或"粘贴为图片"命令。

图 7-31 "粘贴"菜单选项

（2）默认情况下，Excel会在工作表上显示"粘贴选项"按钮，以在粘贴单元格时提供特殊选项，如"保留源格式"和"匹配目标格式"。如果不想在每次粘贴单元格时显示此按钮，可以禁用此选项。在"文件"菜单上，单击"Excel选项"，在"高级"类别中，在"剪切、复制和粘贴"下面，清除"显示粘贴选项按钮"复选框。

（3）在剪切和粘贴单元格以移动单元格时，Excel将替换粘贴区域中的现有数据。

（4）如果选定的复制区域包括隐藏单元格，Excel也会复制隐藏单元格。

（5）如果粘贴区域中包含隐藏的行或列，则需要显示全部粘贴区域，才能见到所有的复制单元格。

7.4 单元格数据格式化

单元格数据格式化主要有数据格式设置、对齐格式的设置、字体设置、边框线设置、图案设置以及行高列宽设置等几方面的内容。其中对字体、字型、字号、前景背景颜色等的设置与 Word 中的操作基本上一样，在此就不再重复了。

7.4.1 设置数据格式

1. 设置数字格式

在工作表中有各种各样数据，它们大多以数字形式保存，如数字、日期、时间等，但由于所代表的意义不同，因而其显示格式也不同。默认情况下，在往单元格输入数字时，Excel 2007 首先查看该数值并将该单元格适当的格式化，这些数字可能不会以输入时的形式出现在工作表中。通常情况下，Excel 2007 的数字格式如表 7-2 所示。

表 7-2　数字格式示例

分　类	输入的数字	格式化示例
常规	1234.567	1234.567
数值	1234.567	1,234.5670
货币	1234.567	￥1,234.57
会计专用	1234.567	￥1,234.57
日期	2010-09-30	2010 年 9 月 30 日
时间	8:30	上午 8 时 30 分
百分比	0.567	56.70%
分数	1.25	1 1/4
科学计数	31415.96254	3.1416E+04
文本	1234.567	1234.567
特殊	123.4	一百二十三.四
自定义	1234.567	

在 Excel 2007 中，设置数字格式有两种方式：一是使用数字格式的各种按钮，二是使用"单元格格式"对话框的数字选项。

在设置数字格式时，先选定需要设置数字格式的单元格或单元格区域，然后单击"开始"选项卡中"数字"组"常规"按钮旁边的按钮，打开"常规"菜单，如图 7-32 所示，根据需要单击相应的按钮即可。也可以单击"数字格式"右侧的向下箭头，打开下拉列表框，如图 7-33 所示。在选项卡的"分类"列表框中选择一种数字格式，然后根据实际需要设置相应的选项。设置完毕，单击"确定"按钮就可以设置出自己需要的数字格式了。

图 7-32　常规"数字"选项卡

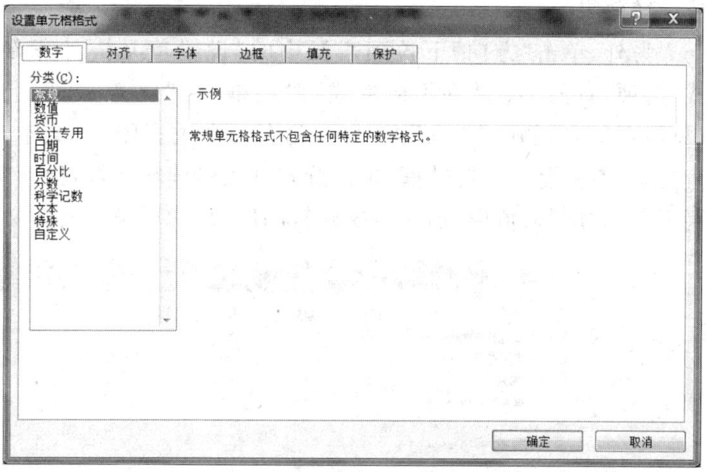

图 7-33　"设置单元格格式"对话框

2. 设置文本格式

在 Excel 2007 中，设置文本格式也有两种方式：一是使用文本格式的各种按钮，二是使用"设置单元格格式"对话框的"字体"选项卡。

在"开始"选项卡的"字体"组中，有设置文本格式的下拉列表框和按钮，如图 7-34 所示。

图 7-34　"字体"组

设置文本格式时，先选定需要设置文本格式的单元格或单元格区域，然后为工作表中的文字设置不同的字体、字形、字号，为这些文字设定各种颜色以及给文字增加下划线等等，所有这些操作与 Word 中的操作一样。

3. 设置对齐格式

在输入数据到工作表时，默认对齐是文本左对齐，数字右对齐，文本和数字都在单元格下边框水平对齐。

对单元格数据设置对齐格式，分别有单元格中水平方向左对齐、右对齐、居中对齐；垂直方向的靠上对齐、靠下对齐和居中对齐等。

（1）设置水平对齐方式

先选定需要改变对齐方式的单元格或单元格区域，再单击"开始"选面卡中"对齐"组相应的水平对齐方式按钮。

（2）设置垂直和旋转文本

利用 Excel 2007 提供的垂直文本或旋转文本两个功能，可以在单元格中垂直显示文本，也可以将文本旋转一定的角度。

设置垂直和旋转文本时，首先要选定需要设置的单元格或单元格区域，在功能区"开始"选项卡的"对齐方式"组中，单击"方向"下拉按钮 ，打开下拉列表框，如图 7-35 所示。在"方向"下拉列表框中单击某一选项，可将文本设置成垂直或旋转效果。

图 7-35 "方向"下拉列表框

另外，单击"方向"下拉列表框中的"设置单元格对齐方式"选项，打开"设置单元格格式"对话框，在"对齐"选项卡（见图 7-36）右侧的"方向"组中，左侧有一个垂直印有"文本"的框，单击此框可以设置垂直文本；右侧有一个旋转框，单击旋转框内的旋转指针，拖动旋转指针到适当位置，或者使用下面的"度"数值框，输入需要旋转的度数，均可设置旋转文本。

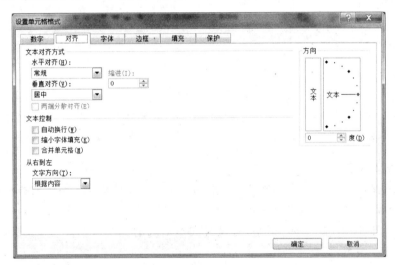

图 7-36 "对齐"选项卡

4. 调整列宽和行高

在默认状态下，单元格的列宽为 8.38（个字符），行高为 14.25（磅），可以根据需要自行设置列宽和行高。在 Excel 2007 中，调整行高和列宽有两种方法：一是使用鼠标拖动，二是使用"单元格"组中"格式"按钮的下拉列表框。

单元格中输入的文字长度超过列宽时，如果该单元格右侧相邻单元格中没有数据，那么该文字会溢出到右侧相邻单元格中显示，否则该文字超过列宽的部分会被隐藏，但不会被截去，当列宽加大后，就会自动显示出来。

单元格中输入的数值长度超过列宽时，该数值以"＃＃"号填满单元格，当列宽加大后，会自动显示出来。

（1）使用鼠标调整列宽或行高的方法：选定需调整列宽的列标按钮，将鼠标指针指向选定列标按钮的右侧，当指针变为十字形且带有左右箭头时，按下鼠标左键不放，向左或向右拖动,就会缩小或增加列宽。放开鼠标左键,则列宽调整完毕。调整行高的方法相同。

（2）使用"格式"按钮调整列宽或行高方法：选定要调整列宽或行高的相关列或行,单击"开始"选项卡中"单元格"组的"格式"按钮右侧的向下箭头,打开如图 7-37 所示的下拉列表框;选择"列宽"或"行高"项,打开"列宽"或"行高"对话框,如图 7-38 和图 7-39 所示;在"列宽"或"行高"对话框中输入要设定的数值,然后按"确定"按钮。

图 7-37　"格式"按钮的下拉列表框

图 7-38　"行高"对话框图

图 7-39　"列宽"对话框

5. 设置单元格的背景色和边框线

工作表中的网格线,在输入数据时看到的是灰色,但在打印和预览时并不显示。要想在最终输出的表格中带有网格线、边框或背景色等修饰线条和图案,就必须在事先进行设置。

（1）设置单元格背景色

设置单元格背景色,首先选定要设置的单元格或单元格区域,右击,在显示的快捷菜单中单击"设置单元格格式"命令,打开"设置单元格格式"对话框,选择对话框中的"填充"选项卡,如图 7-40 所示。

设置单元格的背景色,可在对话框的"背景色"组中选择一种颜色;或者单击"其他颜色"按钮,从打开的对话框中选择一种颜色。单击"填充效果"按钮,打开"填充效果"对话框,如图 7-41 所示。

在此对话框中可设置不同的填充效果,设置完毕,单击"确定"或"取消"按钮,返回到"填充"选项卡。

填充设置完毕,单击"确定"按钮,所选取的单元格可设置为所需要的背景色。

（2）设置单元格背景图案

设置单元格的背景图案,是在"填充"选项卡中,单击"图案样式"下拉菜单,在打开的图案样式中选择一种图案样式,如图 7-42 所示。

单击"填充"选项卡下的"图案颜色"下拉菜单,在打开的图案颜色中选择一种图案颜色,如图 7-43 所示。

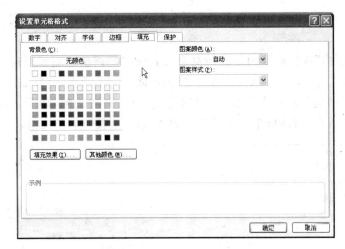

图 7-40 "设置单元格格式"对话框"填充"选项卡

图 7-41 "填充效果"对话框

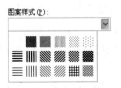

图 7-42 "图案样式"

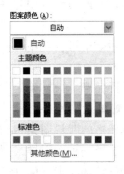

图 7-43 "图案颜色"

设置完毕,单击"确定"按钮,所选的单元格可设置为所需要的背景图案。

(3) 设置单元格边框线

向表格输入数据并进行一系列编辑后,在打印预览时仍然看不见表格线(单元格边框),这说明表格线需要专门设置。

设置单元格边框的操作步骤如下:

① 选定需要设置单元格边框的单元格区域,然后右击,在显示的快捷菜单中单击"设置单元格格式"命令,打开"设置单元格格式"对话框,从中选择"边框"选项卡,如图 7-44 所示。

② 在"样式"列表框中选择一种线型样式,单击"外边框"按钮,即可设置表格的外边框。

③ 在"样式"列表框中选择一种线型样式,单击"内部"按钮,即可设置表格的内部连线。

④ 也可以使用"边框"组中的 8 个边框按钮,设置需要的边框。

⑤ 在"颜色"下拉列表框中可以设置边框的颜色。

⑥ 边框设置完毕,单击"确定"按钮,即可设置出需要的边框线。

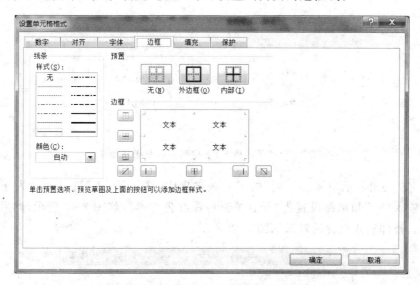

图 7-44 "设置单元格格式"对话框的"边框"选项卡

(4) 设置和取消网格线

通常,在工作表中均设有网格线,根据需要可随时设置或取消这些网格线。具体操作是:选定需要设置或取消网格线的单元格区域(不做选定则默认整个工作表),单击"视图"选项卡中"显示/隐藏"组的"网格线"复选框,显示"√"符号为设置网格线,如图 7-45 所示,再次单击"网格线"("√"符号消失)即为取消网格线。

图 7-45 "显示/隐藏"组的
"网格线"复选框

7.4.2 条件格式的应用

在 Excel 2007 中,使用条件格式可以直观地查看数据,判断所选数据是否满足给定的条件。

例如,将"成绩汇总"工作表中总分大于等于 85 的显示为"浅红填充色深红色文本"的颜色。其操作步骤如下:

(1) 选定应用条件格式单元格区域(H3:H10),单击"开始"选项卡中"样式"组"条件格式"按钮的向下箭头,打开"条件格式"下拉列表框,如图 7-46 所示。

图 7-46 "条件格式"下拉列表框及级联菜单

(2) 在"突出显示单元格规则"的下一级选项中,选择"大于"选项,在"大于"对话框中,分别输入"85"和选择设置为"浅红填充色深红色文本",如图 7-47 所示,然后单击"确定"按钮。条件格式设置的效果如图 7-48 所示。

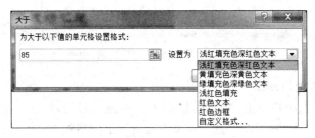

图 7-47 条件格式"大于"对话框

这是设置"条件格式"几十种中的一种,用户可以以此例为基础,再实验其他多种"条件格式"的设置方法,例如可以分别将"男"、"女"设置不同的格式。需要注意的是,利用条件格式设置的格式,在"字体"格式中是不能修改和删除的,如果要修改和删除设置的条件格式,只能到设置"条件格式"的状态中进行。

	A	B	C	D	E	F	G	H	I
1		*09级新闻学成绩汇总*							
2	序号	姓名	性别	班级	win	Word	Excel	总分	平均分
3	1	周明豪	男	09新4班	16	38	23	77	25.6667
4	2	冯英帝	男	09新4班	13	31	21	65	21.6667
5	3	胡心与	男	09新4班	10	29	26	65	21.6667
6	4	何方	女	09新4班	14	25	28	67	22.3333
7	5	徐风	女	09新4班	14	39	36	89	29.6667
8	6	单大琳	女	09新4班	13	15	30	58	19.3333
9	7	李扬	男	09新4班	10	28	40	78	26
10	8	何洁	女	09新4班	20	37	40	97	32.3333

图 7-48　设置"条件格式"效果

7.4.3　打印工作表

　　将制作好的工作表打印出来,分为两步:一是打印预览,二是打印工作表。

　　打印前预览,是一项非常环保的操作,可以确保一次打印成功。打印预览的操作,可以单击 Office 按钮,将鼠标指针指向"打印"旁的箭头,在展开的菜单中单击"打印预览"。这时显示的是"打印预览"窗口,在"打印预览"选项卡下,分别有"打印"、"显示比例"、"预览"三个组,单击"显示边框"复选框,界面显示边界虚线,将光标移到虚线上会出现移动的光标,按住鼠标左键,左右或上下移动,可以直观地改变边界。可以在打印前预览页面或进行更改,如图 7-49 所示。

图 7-49　打印预览窗口

要打印文件,可以单击 Office 按钮,然后单击"打印"菜单或者按 Ctrl＋P 键,打开"打印内容"对话框。单击所需的选项,如页数或要打印的页码,如图 7-50 所示。

注意:若不使用"打印内容"对话框,则单击 Office 按钮,鼠标指针指向"打印"旁的箭头,然后单击"快速打印"。

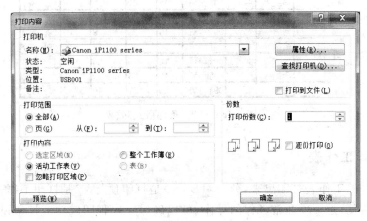

图 7-50 "打印内容"对话框

第8章

Excel 的函数、图表和数据分析

8.1 使用公式和函数

8.1.1 使用公式

1. 公式的组成

除了所有的计算公式都要以"＝"作为开始之外，Excel 的计算公式与数学公式的构成基本相同，它是由参与计算的参数和运算符组成的。

在一般的数学公式中，参与计算的数值不外乎是常量和变量。而在 Excel 中常量、变量、单元格地址、单元格名称和函数都可以参与运算，它的运算形式更丰富。

表 8-1 和表 8-2 展示的是 Excel 中可以使用的运算符。

表 8-1　运算符及其含义

分类	运算符	含义	分类	运算符	含义
算术运算符	＋(加号)	加法	比较运算符	＝	等于
	－(减号)	减法或负数		＞	大于
	*(星号)	乘法		＜	小于
	/(正斜杠)	除法		＞＝	大于或等于
	%(百分号)	百分比		＜＝	小于或等于
	∧(脱字号)	乘方(幂)		＜＞	不等于

说明：执行比较运算时，产生的结果为逻辑值：TRUE 或 FALSE。

Excel 执行公式运算的次序是：

(1) 先括号内的运算。

(2) 先乘方后乘除。

(3) 先乘除后加减。

(4) 同级运算按从左到右的顺序。

表 8-2 　其他运算符

分类	运算符	含义（示例）	分类	运算符	含义（示例）
引用运算符	:(冒号)	区域运算符，(B5:B15)	文本连接符	&(连接符)	连接一个或多个字符串，以生成一段文本
	,(逗号)	联合运算符，(SUM(B5:B15,D5:D15))			
	(空格)	交叉运算符，(B7:D7 C6:C8)			

2. 编辑公式

输入公式很简单,就如同在单元格中输入数据一样,选定单元格后就可以直接输入。例如,假定单元格 A2 和 B2 中已分别输入"30"和"20",选定单元格 C3 并输入公式"＝A2＋B2",按回车键或单击编辑栏的 ✔ 按钮,在 C3 中就显示计算结果 50。这时,如果再选定单元格 C3 时,在编辑栏中则显示其公式"＝A2＋B2",如图 8-1 所示。

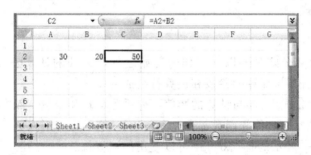

图 8-1 　使用公式进行计算

编辑公式与编辑数据相同,可以在编辑栏中,也可以在单元格中编辑。双击一个含有公式的单元格,该公式就在单元格中显示。如果希望看到工作表中的所有公式,按 Ctrl＋'(感叹号左边的那个键),则可以在工作表上交替显示公式和数值。

3. 公式的锁定和隐藏

锁定公式就是将公式保护起来,使他人不能修改。而有时需要把公式隐藏起来,这就需要进行公式的锁定和隐藏操作。在做这两项操作时,如果工作表处于保护状态,应首先撤销对工作表的保护。

例如,将图 8-1 的 C3 单元格中的公式锁定和隐藏的操作步骤如下:

① 选定 C3 单元格,单击鼠标右键,从显示的快捷菜单中选择"设置单元格格式"命令,在显示的"自定义序列"对话框中选择"保护"选项卡。

② 选定"锁定"复选框或"隐藏"复选框,如图 8-2 所示。

③ 单击"审阅"选项卡中"更改"组的"保护工作表"按钮,打开"保护工作表"对话框,如图 8-3 所示。

④ 在"取消工作表保护时使用的密码"框中输入密码,单击"确定"按钮,又打开一个"确认密码"对话框,如图 8-4 所示。

⑤ 在"确认密码"对话框的"重新输入密码"框中输入确认密码。用户在仔细阅读"警告"后，再单击"确定"按钮。

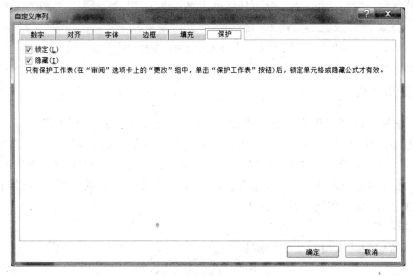

图 8-2 "自定义序列"-保护

图 8-3 "保护工作表"对话框

图 8-4 "确认密码"对话框

这时锁定和隐藏的公式就有效了。单击 C3 单元格，在编辑栏中已看不到公式了，如图 8-5 所示。如果要对 C3 单元格的内容进行修改或编辑的话，Excel 会显示警告信息，如图 8-6 所示。

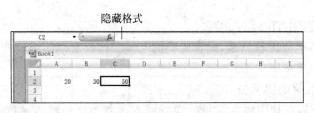

图 8-5 隐藏公式的效果

图 8-6　Excel 显示警告信息

8.1.2　使用函数

Excel 中的函数与数学中函数的概念是不同的,它是系统定义好的格式,每一个函数代表一种能执行的计算法则。例如,SUM 表示"返回单元格区域中所有数值的和";AVERAGE 表示"计算参数的算术平均值"等。使用函数不仅可以实现各类比较抽象、复杂的运算,还可以避免使用公式时,输入长长的计算公式所带来的不便,从而提供了计算速度和精确度,改变了传统的计算方式。

1. 函数的组成

一个函数的表达式由三部分组成:

＝函数名(计算区域)

例如:

＝SUM(Number1,Number2…)

其中,＝表示执行计算操作;函数名表示执行计算的运算法则,一般用一个英文单词的缩写表示;(计算区域)表示参与计算的数值或单元格区域。

说明:

① 函数必须以等号(＝)开始。

② 函数名必须是系统能够识别的有效名称,不能自行定义。

③ 函数名称紧跟左括号,然后以逗号分隔输入参数,最后面是右括号。

④ 当括号中有省略号(…)时,表明可以有多个该种类型的参数参与计算。

2. 函数的输入

Excel 的函数是在 Excel 中预先定义,并执行运算、分析等处理数据任务的特殊公式。例如,在 G1 单元格中输入"＝SUM(A3:F8)",表示在 G1 单元格中求出单元格区域 A3:F8 内的各数值之和。

输入函数有两种方法:一是在"编辑栏"中直接输入函数,二是使用"插入函数"对话框输入函数。

(1) 在"编辑栏"中直接输入函数。

如果对使用的函数比较熟悉,或者需要输入一些比较复杂的函数公式,可以在编辑栏中直接输入。其操作步骤如下:

① 选定执行计算的单元格。

② 单击编辑栏,在其中输入等号(＝)后输入函数名。当输入函数名第一个字母时,系统将自动提示可选的函数名,如图 8-7 所示。可以双击所选的函数名,也可以继续输入所需的函数名。

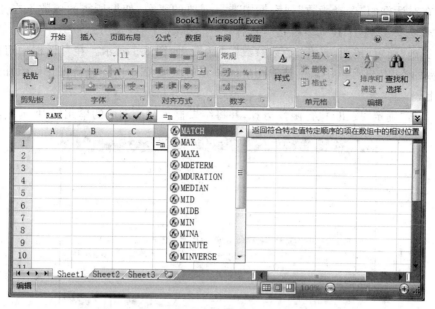

图 8-7 自动提示可选的函数

③ 输入左括号,系统自动提示函数参数,然后输入右括号。括号中的参数输入,可以用手工直接输入单元格地址,例如 B4:E4,也可以用鼠标直接在相应的单元格区域上拖拽选定而自动显示在括号中。

④ 单击"编辑栏"上的"输入"按钮☑或按 Enter 键,Excel 将执行函数计算的结果显示在选定的单元格中。

(2) 使用"插入函数"对话框输入函数。

使用"插入函数"对话框输入函数的操作步骤如下:

① 选定执行计算的单元格。

② 单击"公式"选项卡中的"插入函数"按钮📁或编辑栏上的"插入函数"按钮 f_x,在单元格中或编辑栏中将自动显示等号(=),并打开"插入函数"对话框,如图 8-8 所示。

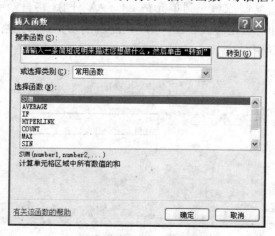

图 8-8 "插入函数"对话框

③ 在对话框的"选择函数"列表框中选择需要的函数,如果所需的函数不在这里面,再打开"或选择类别"下拉列表框进行选择。

④ 单击"确定"按钮,打开"函数参数"对话框,如图 8-9 所示。在对话框中可以直接输入函数的参数,也可以用鼠标选取相应的单元格区域,Excel 会自动将它们添加到参数的位置上。

⑤ 单击"确定"按钮,执行函数运算,并将结果显示在所选取的单元格中。

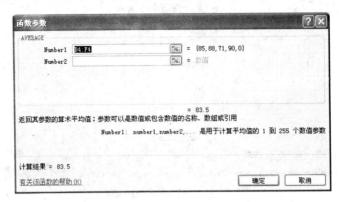

图 8-9 "函数参数"对话框

8.1.3 公式中引用单元格

单元格或单元格区域的引用有相对地址、绝对地址和混合地址多种形式。在不涉及公式复制的情形下,每一种形式的计算结果都是一样的。但如果进行公式复制,不同形式的地址产生的结果可能就完全不同了。

1. 相对引用

公式中的相对单元格引用(如 A1),是包含公式和单元格引用的单元格的相对位置。如果公式所在单元格的位置改变,引用也随之改变。如果多行或多列地复制或填充公式,引用会自动调整。默认情况下,新公式使用相对引用。例如,如果将单元格 C3 中的相对引用公式＝A3＋B3 行复制或填充到单元格 C4,＝A3＋B3 将自动引用为＝A4＋B4;如果将单元格 C3 中的相对引用公式＝A3＋B3 列复制或填充到单元格 D3,＝A3＋B3 将自动引用为＝B3＋C3,如图 8-10 所示。

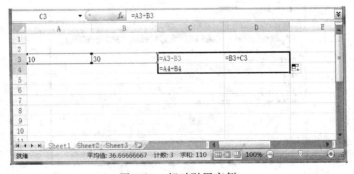

图 8-10 相对引用实例

2. 绝对引用

公式中的绝对单元格引用(如＄A＄1)总是在特定位置引用单元格。如果公式所在单元格的位置改变，绝对引用将保持不变。如果多行或多列地复制或填充公式，绝对引用将不作调整。默认情况下，公式使用的是相对引用，需要时将它们转换为绝对引用。例如，如果将单元格C3中的绝对引用公式＝＄A＄3＋＄B＄3行或列复制或填充到单元格C4会D3，其结果保持不变，如图8-11所示。

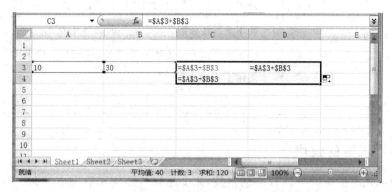

图 8-11　绝对引用实例

3. 混合引用

混合引用具有绝对列和相对行或绝对行和相对列。绝对引用列采用＄A1、＄B1形式。如果公式所在单元格的位置改变，则相对引用将改变，而绝对引用不变。如果多行或多列地复制或填充公式，相对引用将自动调整，而绝对引用不作调整。例如，如果将单元格C3中的混合引用公式＝＄A3＋B＄3行复制或填充到单元格C4和D3中，在C4单元格中混合引用为＝＄A4＋B＄3，其中＄3为行混合引用，在D3单元格中混合引用为＝＄A3＋C＄3，其中＄A为列混合引用，如图8-12所示。

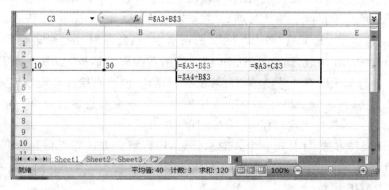

图 8-12　混合引用实例

8.1.4　公式中的出错信息

当公式有错误时，系统会给出错误信息。表8-3中列出了一些常见的出错信息。

表 8-3　公式中常见的出错信息

错误值	可能的原因
＃VALUE!	需要数值或逻辑值时输入了文本
＃DIV/0!	除数为零
＃＃＃＃＃!	公式计算的结果太长,超出了单元格的字符范围
＃N/A	公式中没有可用的数值或缺少函数参数
＃NAME?	使用了不存在的名称或名称的拼写有错误
＃NULL!	使用了不正确的区域运算或不正确的单元格引用
＃NUM!	使用了不能接收的参数
＃REF!	删除了由其他公式引用的单元格

8.1.5　典型函数的使用

下面通过几个使用频率比较高的函数,来介绍如何使用函数完成计算。

1. SUM 函数

功能:用于计算多个数值的和。

格式:

SUM(number1,number2,…)

说明:格式的括号中可以是参与计算的多个数值,也可以是引用单元格地址。

例 8-1　计算总分。

方法一:选定 H3 单元格,单击"公式"选项卡中"函数库"组的 按钮,在 Excel 中唯一一个可以使用按钮的函数就是 SUM 函数。这时在 H3 中自动显示求和的格式,如图 8-13 所示。单击编辑栏上的 按钮,结果会显示在 H3 中,如图 8-14 所示。

方法二:选定 H3 单元格,单击"公式"选项卡中"函数库"组的"最近使用的函数"下拉列表框,选择 SUM 函数,即打开 SUM 函数的函数参数对话框,如图 8-15 所示。如果在 number1 中的单元格地址是要参与计算的单元格地址,可直接按确定按钮,结果在 H3 中显示,如图 8-14 所示。如果在 number1 中的单元格地址不是参与计算的单元格地址,需修改为正确的,再单击确定按钮,结果显示在 H3 中。

无论使用哪种方法,计算出一个人的总分后,用行填充方法即可得到所有人的总分,如图 8-16 所示。

2. AVERAGE 函数

功能:求平均值。

格式:

AVERAGE(number1,number2,…)

说明:

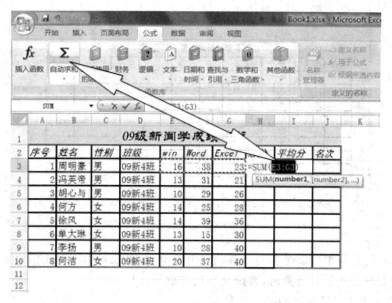

图 8-13　利用"自动求和"按钮求和

图 8-14　求和结果一

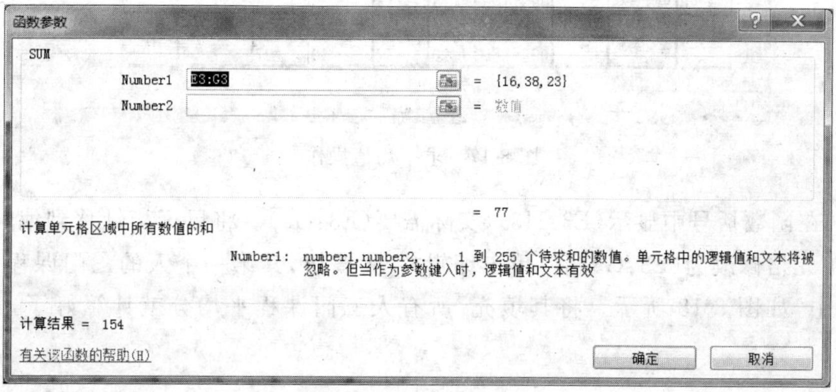

图 8-15　求和函数参数对话框

图 8-16　求和结果二

① 格式的括号中可以是参与计算的多个数值，也可以是引用单元格地址。

② 当参与的函数有负数时，系统会自动按负数计算。

例 8-2　计算三门课程的平均分。

（1）选定 I3 单元格，单击"公式"选项卡中"函数库"组的"自动求和"按钮，打开下拉列表框，单击"平均值"命令，如图 8-17 所示。

图 8-17　求平均值操作一

（2）在函数括号中显示（E3：H3），实际需要（E3：G3）。将鼠标指针移到编辑栏，将括号内的单元格修改为（E3：G3）后，单击编辑栏 ✓ 按钮，其第一个人的三门课程平均值显示在 I3 中，如图 8-18 所示。将其填充，所有人三门课程平均分就计算好了，如图 8-19 所示。

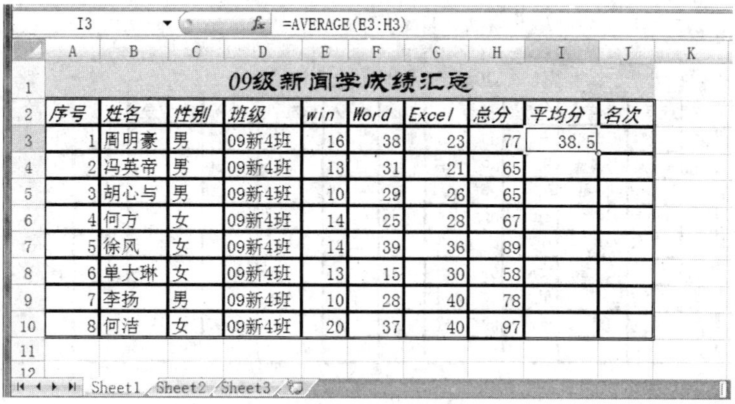

I3 =AVERAGE(E3:H3)

	A	B	C	D	E	F	G	H	I	J	K
1	09级新闻学成绩汇总										
2	序号	姓名	性别	班级	win	Word	Excel	总分	平均分	名次	
3	1	周明豪	男	09新4班	16	38	23	77	38.5		
4	2	冯英帝	男	09新4班	13	31	21	65			
5	3	胡心与	男	09新4班	10	29	26	65			
6	4	何方	女	09新4班	14	25	28	67			
7	5	徐风	女	09新4班	14	39	36	89			
8	6	单大琳	女	09新4班	13	15	30	58			
9	7	李扬	男	09新4班	10	28	40	78			
10	8	何洁	女	09新4班	20	37	40	97			

Sheet1 Sheet2 Sheet3

图 8-18　求平均值操作二

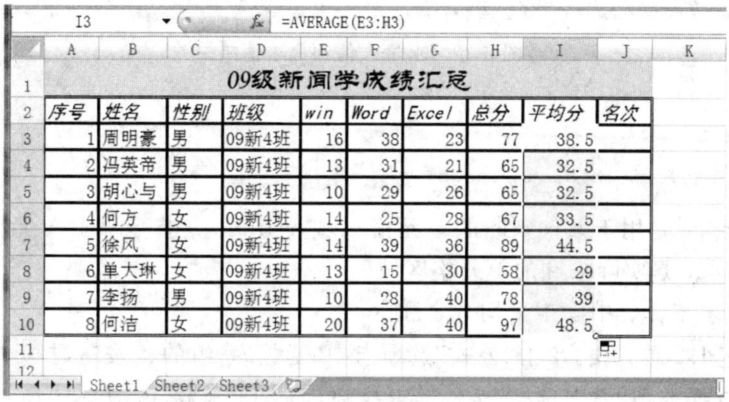

I3 =AVERAGE(E3:H3)

	A	B	C	D	E	F	G	H	I	J	K
1	09级新闻学成绩汇总										
2	序号	姓名	性别	班级	win	Word	Excel	总分	平均分	名次	
3	1	周明豪	男	09新4班	16	38	23	77	38.5		
4	2	冯英帝	男	09新4班	13	31	21	65	32.5		
5	3	胡心与	男	09新4班	10	29	26	65	32.5		
6	4	何方	女	09新4班	14	25	28	67	33.5		
7	5	徐风	女	09新4班	14	39	36	89	44.5		
8	6	单大琳	女	09新4班	13	15	30	58	29		
9	7	李扬	男	09新4班	10	28	40	78	39		
10	8	何洁	女	09新4班	20	37	40	97	48.5		

Sheet1 Sheet2 Sheet3

图 8-19　求平均值操作三

3. MAX 和 MIN 函数

功能：求最大值或最小值。

格式：

```
MAX(number1,number2,…)
MIN(number1,number2,…)
```

说明：被选定求最大值或最小值的区域包含空格、逻辑值和文本数值，系统可以忽略这些数据。

例 8-3　求出工作表中总分的最大值，平均分的最小值。

(1) 选定 H11 单元格，单击“公式”选项卡中“函数库”组的“自动求和”按钮，打开下拉列表框，单击“最大值”命令，再单击编辑栏✓按钮。

(2) 选定 I11 单元格，单击“公式”选项卡中“函数库”组的“自动求和”按钮，打开下拉列表框，单击“最小值”命令，再单击编辑栏✓按钮，其结果如图 8-20 所示。

4. SUMIF 函数

功能：根据指定条件对若干单元格求和。

图 8-20　求最大值和最小值结果

格式：

SUMIF(range,criteria,sum_renge)

说明：range 是用于条件判断的单元格区域，criteria 是指定哪些单元格将被相加的条件，sum_renge 是实际求和的单元格区域。

例 8-4　求工作表中女生平均分之和。

（1）选定 I12 单元格，单击"公式"选项卡中"函数库"组的 **fx** 按钮，打开"插入函数"对话框，在"或选择类别"框中选择"全部"，查找到 SUMIF 函数，如图 8-21 所示。单击"插入函数"对话框中"确定"按钮，打开 SUMIF 函数参数对话框。

（2）在 SUMIF 函数参数对话框中分别输入参数，其参数如图 8-22 所示。

（3）单击 SUMIF 函数参数对话框的"确定"按钮，其计算结果如图 8-23 所示。

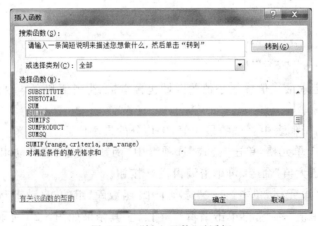

图 8-21　"插入函数"对话框

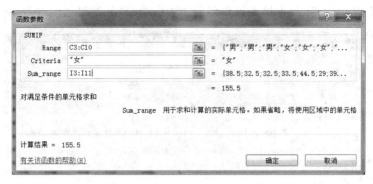

图 8-22　SUMIF 函数参数对话框

A	B	C	D	E	F	G	H	I	J	K
1			09级新闻学成绩汇总							
2	序号	姓名	性别	班级	win	Word	Excel	总分	平均分	名次
3	1	周明豪	男	09新4班	16	38	23	77	38.5	
4	2	冯英帝	男	09新4班	13	31	21	65	32.5	
5	3	胡心与	男	09新4班	10	29	26	65	32.5	
6	4	何方	女	09新4班	14	25	28	67	33.5	
7	5	徐风	女	09新4班	14	39	36	89	44.5	
8	6	单大琳	女	09新4班	13	15	30	58	29	
9	7	李扬	男	09新4班	10	28	40	78	39	
10	8	何洁	女	09新4班	20	37	40	97	48.5	
11								97	29	
12								97	29	
13									155.5	
14										
15										

图 8-23　SUMIF 函数计算结果

5. IF 函数

有时需要 Excel 在满足的条件下执行某一种操作,在不满足的条件下执行另一种操作,这就需要使用 IF 函数。

功能:执行真假判断,对指定条件进行评价后,得到逻辑值,并返回不同的结果。

格式:

```
IF(logical_test,value_true,value_if_false)
```

说明:logical_test 为指定判断的条件,value_true 为判断结果为真时执行的操作,value_if_false 为判断结果为假时执行的操作。三个参数之间用逗号隔开(不能用空格)。

例 8-5　评价 1,工作表中总分成绩大于或等于 86 分为优秀,否则为一般。

(1) 选定 J3 单元格,单击"公式"选项卡中"函数库"组的"插入函数"按钮,打开插入函数对话框,在"选择函数"框中单击 IF 函数,打开 IF 函数参数对话框。在 IF 函数参数对话框中,分别输入如图 8-24 所示的三个参数。

(2) value_true 中的引号可以不输入,是自动产生的,输入好三个参数后,单击 IF 函数参数对话框中的"确定"按钮,第一个人的评价就计算出来了,如图 8-25 所示。

（3）选定 J3 单元格，向下填充评价每一个人的总分，其结果如图 8-26 所示。

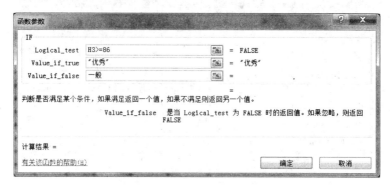

图 8-24　IF 函数参数对话框

J3				fx	=IF(H3>=86,"优秀","一般")						
	A	B	C	D	E	F	G	H	I	J	K	L
1	09级新闻学成绩汇总										
2	序号	姓名	性别	班级	win	Word	Excel	总分	平均分	评价1	评价2
3	1	周明豪	男	09新4班	16	38	23	77	38.5	一般	
4	2	冯英帝	男	09新4班	13	31	21	65	32.5		
5	3	胡心与	男	09新4班	10	29	26	65	32.5		
6	4	何方	女	09新4班	14	25	28	67	33.5		
7	5	徐风	女	09新4班	14	39	36	89	44.5		
8	6	单大琳	女	09新4班	13	15	30	58	29		
9	7	李扬	男	09新4班	10	28	40	78	39		
10	8	何洁	女	09新4班	20	37	40	97	48.5		
11								97	29		
12								97	29		
13									155.5		
14											
15											

图 8-25　IF 函数评价 1 结果一

J3				fx	=IF(H3>=86,"优秀","一般")						
	A	B	C	D	E	F	G	H	I	J	K	L
1	09级新闻学成绩汇总										
2	序号	姓名	性别	班级	win	Word	Excel	总分	平均分	评价1	评价2
3	1	周明豪	男	09新4班	16	38	23	77	38.5	一般	
4	2	冯英帝	男	09新4班	13	31	21	65	32.5	一般	
5	3	胡心与	男	09新4班	10	29	26	65	32.5	一般	
6	4	何方	女	09新4班	14	25	28	67	33.5	一般	
7	5	徐风	女	09新4班	14	39	36	89	44.5	优秀	
8	6	单大琳	女	09新4班	13	15	30	58	29	一般	
9	7	李扬	男	09新4班	10	28	40	78	39	一般	
10	8	何洁	女	09新4班	20	37	40	97	48.5	优秀	
11								97	29		
12								97	29		
13									155.5		
14											
15											

图 8-26　IF 函数评价 1 结果二

6. 函数的嵌套

函数的嵌套是一种函数的引用形式,函数的参数可以是一个函数公式,当嵌套函数作为参数使用时,它返回的数值类型必须与参数使用的数值类型相同。例如,如果参数返回一个 TRUE 或 FALSE 值,那么嵌套函数也必须返回一个 TRUE 或 FALSE 值,否则 Excel 将显示"♯VALUE!"错误值。

嵌套函数公式可包含多达 7 层,最外层的函数称之为一级函数,逐渐向里层依次称之为二级函数、三级函数,一直到七级函数。

嵌套函数的使用可以直接使用输入函数公式的方法,或使用"函数选项"的方法。下面用一个实例来讨论嵌套函数。

例 8-6 评价 2,工作表中总分成绩大于或等于 90 分为优秀,总分成绩大于或等于 80 分为良好,总分大于或等于 60 分为一般,否则为不合格。

(1)选定 K3 单元格,单击"公式"选项卡中"函数库"组的"插入函数"按钮,打开"插入函数"对话框,在"选择函数"框中单击 IF 函数,打开 IF 函数参数对话框。在 IF 函数参数对话框中,分别输入如图 8-27 所示的两个参数。alue_true 中的引号可以不输入,是自动产生的,将光标放在第三个参数框中。

图 8-27 IF 函数嵌套步骤 1

(2)单击工作表编辑栏左侧 IF 函数,再打开一个 IF 函数参数对话框,分别输入如图 8-28 所示的两个参数。将光标放在第三个参数框中。

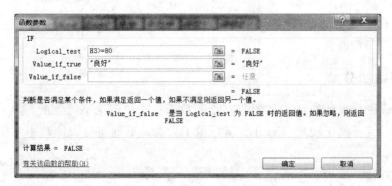

图 8-28 IF 函数嵌套步骤 2

（3）单击工作表编辑栏左侧 `IP ▼ ( X ✓ fx )` IF 函数，又打开一个 IF 函数参数对话框，分别输入如图 8-29 所示的三个参数。

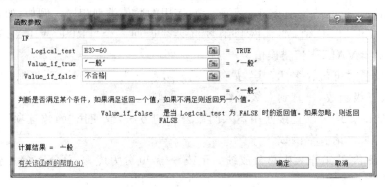

图 8-29　IF 函数嵌套步骤 3

（4）单击"确定"按钮，第一个人的评价就计算出来了。选定 K3，向下填充，可计算出所有人的评价，评价 2 完成，如图 8-30 所示。

序号	姓名	性别	班级	win	Word	Excel	总分	平均分	评价1	评价2
1	周明豪	男	09新4班	16	38	23	77	25.6667	一般	一般
2	冯英帝	男	09新4班	13	31	21	65	21.6667	一般	一般
3	胡心与	男	09新4班	10	29	26	65	21.6667	一般	一般
4	何方	女	09新4班	14	25	28	67	22.3333	一般	一般
5	徐风	女	09新4班	14	39	36	89	29.6667	优秀	良好
6	单大琳	女	09新4班	13	15	30	58	19.3333	一般	不合格
7	李扬	男	09新4班	10	28	40	78	26	一般	一般
8	何洁	女	09新4班	20	37	40	97	32.3333	优秀	优秀
							97	19.33333		
							97	19.3333		
								103.6667		

图 8-30　IF 函数嵌套效果

在编辑栏中显示的格式 `fx =IF(H3>=90,"优秀",IF(H3>=80,"良好",IF(H3>=60,"一般","不合格")))`，就是最典型的函数嵌套。

8.1.6　函数的分类

在 Excel 中有四百多个函数，要将每个函数都一一讲解是不可能的，可以通过按 F1 键获得帮助。为了便于使用，Excel 将函数做了分类。下面将各类函数中常用的函数作简单的介绍。

1. 财务函数

财务函数可以用来进行一般的财务报表的计算，例如确定贷款的支付额、投资的未来值，以及债券或股票的价值等。

常用的财务函数有 DB 函数。

功能：计算指定期间的某固定资产的折旧率。

格式：

DB(cost,salvage,life,period,month)

说明：cost 是固定资产的原价值，salvage 是资产折旧后的价值，life 是资产的折旧期限，period 是计算折旧值的时间段，month 是第一年的月份数（默认值为 12）。

例 8-7 某单位购置一台价值￥9000.00 的计算机，最后折旧值为￥1000.00，使用期限为 5 年，那么这台计算机在使用期限内每年的折旧值分别为：

DB(9000.00,5,1,12)=￥3,204.00

DB(9000.00,5,1,12)=￥2,063.38

DB(9000.00,5,1,12)=￥1,328.81

DB(9000.00,5,1,12)=￥855.76

DB(9000.00,5,1,12)=￥551.11

2. 日期和时间函数

Excel 2007 支持两种日期系统，即 1900 日期系统和 1904 日期系统。在工作表中采用不同的日期系统将决定使用不同的日期作为参照。在 1900 日期系统中，1900 年 1 月 1 日是第一天，其序列编号为 1；在 1904 日期系统中，1904 年 1 月 1 日是第一天，但序列编号为 0。

Excel 2007 将日期存储为序列号（称为序列值），例如，1900 年 1 月 1 日序列号是 1，2010 年 5 月 1 日是序列号 40299，因为它距 1900 年 1 月 1 日有 40299 天。Excel 把时间看作天的一部分，就是把一天作为 1，再把每天的时间折算为十进制数，因此 2010 年 5 月 1 日上午 6:00，就被转换为 40299.25 了。

默认情况下，Excel 使用的是 1900 日期系统，如果要转换到 1904 日期系统，可以这样来操作：

① 单击 Office 按钮，在显示的下拉列表框中，单击"Excel 选项"，打开"Excel 选项"对话框。

② 单击左侧框中的"高级"选项，然后在右侧通过滚动条向下找到"计算此工作簿时"区域，选区域中的"使用 1904 日期系统"复选框，如图 8-31 所示。

③ 按"确定"按钮，即可完成从 1900 日期系统到 1904 日期系统的切换。当然，如果需要切换回 1900 日期系统，只需在上述操作中，取消选定"使用 1904 日期系统"复选框即可。

常用的时间函数有以下 5 种。

(1) TODAY 函数

功能：返回计算机系统内部的当前日期。

格式：

TODAY()

图 8-31 "Excel 选项-高级"对话框

说明：该函数不需要参数，并且函数所产生的结果是可变的。

例 8-8 选定任意一个单元格，单击"公式"选项卡中"函数库"组的"插入函数"按钮，打开"插入函数"对话框，在"或选择类别"中选择"日期与时间"。在"选择函数"框中单击 TODAY 函数，随即打开 TODAY 函数参数对话框，如图 8-32 所示。再单击对话框中"确定"按钮，在所选定的单元格中就会显示当前日期。

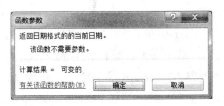

图 8-32 TODAY 函数参数对话框

（2）DATE 函数

功能：返回指定日期的序列数。

格式：

```
DATE(year,month,day)
```

说明：年月日之间用逗号隔开，不能使用日期型的参数。

例如：DATE(2010,5,12)返回值为 40310。

（3）DAY 函数

功能：返回日期对应的一个月内的序数，用整数 1 到 31 表示。

格式：

```
DAY (Serial_number)
```

说明：Serial_number 不仅可以是数字，还可以是字符串（日期格式，加用引号）。

例如：DAY("2010-9-12")返回值为 12；DAY(2010-9-6)返回值为 6。

（4）MONTH 函数

功能：返回日期对应的月份。

格式：

```
MONTH(Serial_number)
```

说明：该返回值为介于 1(一月)和 12(十二月)之间的整数。

例如：MONTH("2010-10-18")返回值为 10；MONTH(2010-5-8")返回值为 5。

（5）TIME 函数

功能：返回值为一个纯小数。

格式：

```
TIME(Hour,Minute,Secoud)
```

说明：Hour 是介于 0～23 之间的数字，代表小时数；Minute 是介于 0～59 之间的数字，代表分钟数；Secoud 是介于 0～59 之间的数字，代表秒数。

例如：TIME(16,10,26)返回数值 0.6739，等价于 4:10:26 PM。这个结果还要取决时间格式的设置。

3. 数学与三角函数

数学与三角函数可以处理简单和复杂的数学计算，是计算数学公式中经常用到的函数，如前面介绍的 SUM()就属于此类函数。常用的数学与三角函数有：

（1）ABS 函数

功能：对给定的实数取绝对值，即返回一个不带符号的绝对值。

格式：

```
ABS(number)
```

说明：number 是准备求取绝对值的实数。

例如：ABS(−88.8)＝88.8 和 ABS(0)＝0。

（2）TAN 函数

功能：计算给定角度的正切值。

格式：

```
TAN(number)
```

说明：number 必须以弧度表示，其换算的公式为：degress * pi()/180，其中 degress 为用角度表示的角，pi()能返回精确到 15 的圆周率函数。

例如：计算 60°的正切值，函数公式为 TAN(60 * pi()/80)＝1.732051

计算 45°的正切值，函数公式为 TAN(45 * pi()/80)＝1

（3）LOG 函数

功能：按给定的底数，计算一个数的对数。

格式：

```
LOG(number,base)
```

说明：number 是用于计算的正实数，base 是对数的底数。

例如：LOG(6,5)＝1.113283，LOG(1000)＝3，LOG(50,40)＝1.060491。

（4）INT 函数

功能：取整函数。

格式：

```
INT(muber)
```

说明：取数值的整数部分，即不超过数值的最大整数。

例如：INT(3.5)＝3，INT(−3.5)＝−4。

（5）MOD 函数

功能：返回两数字相除的余数。

格式：

```
MOD(number,divisor)
```

说明：number 是被除数，divisor 是除数。

例如：MOD(5,2)＝1，MOD(2,5)＝2，MOD(−2,5)＝3。

（6）SQR 函数

功能：返回正值 X 的平方根。

格式：

```
SQR(number)
```

说明：number 要对其求平方根的数值。

例如：SQRT(9)＝3。

4. 统计函数

统计函数用于对数据区域的统计，如在前面讲过的 AVERAGE( )、MAX( )、MIN( )
均属于统计函数。常用的统计函数有以下五种：

（1）COUNT 函数

功能：返回所列参数（最多 30 个）中数值的个数。

格式：

```
COUNT(valurl1,valurl2…valurl255)
```

说明：计数区域中包含数字的单元格个数。

例如：假设，A1:A10 单元格区域中均输有数字，则 COUNT(A1:A10)的统计结果为
10。

注意：空白单元格不计算在内。

（2）COUNTA 函数

功能：返回所列参数（最多 30 个）中非空单元格的个数。

格式：

```
COUNTA(valurl1,valurl2…valurl255)
```

说明：计数值可以是任何类型。

例如：假设，A1：A10 单元格区域中输有数字、文本，一个单元格是空单元格，则 COUNT(A1：A10)的统计结果为 9，

注意：空白单元格不计算在内。

（3）COUNTIF 函数

功能：计算给定区域满足条件的单元格的数目。

格式：

`COUNTIF(Range,Criteria)`

说明：Range 是要计算其中非空单元格数目的区域，Criteria 是以数字、表达式或文本形式的条件。

例如：假设 A3：A6 中的内容分别为"男"、"女"、"男"、"男"，则 COUNTIF(A3：A6,"男")等于 3。

例如：假设 B3：B6 中的内容分别为 32、55、75、86，则 COUNTIF(B3：B6,">55")等于 2。

（4）COUNTBLANK 函数

功能：计算指定区域中空白单元格的数目。

格式：

`COUNTBLANK(Range)`

说明：Range 为要计算其中空单元格数目的区域。

例如：单元格区域 B2：C5 中有两个空单元格（没有输入任何内容），则 COUNTBLANK(B2：C5)等于 2。

（5）FREQUENCY 函数

功能：频度分析函数，将某个区域中的数据按一列垂直数组（给出分段点）进行频率分布的统计，统计结果存放在右边列的对应位置。

格式：

`FREQUENCY(Data_array,Bins_array)`

说明：Data_array 是用来计算频率的数组，或对数组打印区域的引用；Bins_array 是数据接收区间，为一数组或对数组区域的引用，设定对进行频率接收的分段点。

例 8-9 计算了工作表里 8 名学生 3 门功课的总分成绩，现在要统计一下所有学生成绩 0～59 分、60～70 分、71～80 分、81～90 分、91～100 分各区间段的人数。

这是一个频度分布问题，可以用 FREQUENCY 函数来解决。具体操作步骤如下：

① 在区域 M3：M6 中输入分段点的分数 60、70、80 和 90。

② 选定显示计算结果的区域 N3：N7。

③ 单击"公式"选项卡中"函数库"组的"插入函数"按钮，在打开"插入函数"对话框，选择 FREQUENCY 函数，打开 FREQUENCY 函数参数对话框，输入如图 8-33 所示的参数。

④ 不要单击"确定"按钮，按 Ctrl＋Shift＋Enter 键，就能得到如图 8-34 所示的统计结果。

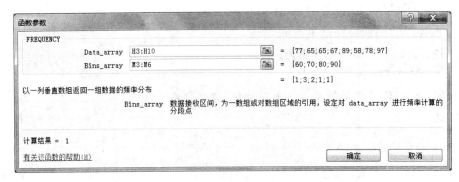

图 8-33　FREQUENCY 函数参数对话框

图 8-34　对总分成绩做频度分布统计

使用 FREQUENCY 函数应特别注意：在输入公式之前一定要选定显示计算结果的区域。显示计算结果的区域中的元素个数比条件区域的元素数目要多出一个。输入公式完毕，要按 Ctrl＋Shift＋Enter 键，不能按 Enter 键或"确定"按钮。

（6）RANK 函数

RANK 为大小排位函数，在第 6 章的例题中做了练习，这里主要讲参数的输入。

功能：返回某单元格区域在另一个单元格区域中的大小排位。

格式：

RANK(number,ref,order)

说明：number 是要排位的第一个单元格地址；ref 是要排位的所有区域。可以将这个区域先定义，如果没定义，一定要加行或列的混合引用；order 是指定排位方式，如果为 0 或忽略，为降序，非零值，为升序。

排名次函数 RANK 对相同数的排位相同，但相同数的存在将影响后续数值的排位。

例 8-10　在工作表里已输入 8 名学生的英语考试成绩，在第 3 行要按照"英语成绩"

由大到小排出名次。具体操作步骤如下：

① 选定 B3 单元格，单击"公式"选项卡中"函数库"组的"插入函数"按钮，在打开"插入函数"对话框中选择 RNAK 函数，打开 RNAK 函数参数对话框，输入如图 8-35 所示参数。参数 Ref 中因为是在行上排名，要列填充，所以在列上加了 $，即列混合引用。

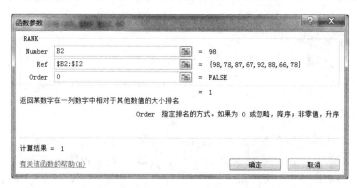

图 8-35　RNAK 函数参数对话框

② 单击对话框"确定"按钮，选定 B3 单元格的"填充柄"，按下左键向右拖拉至 I3，释放鼠标左键，这时 B3:I3 中显示的就是排名次的最后结果，如图 8-36 所示。

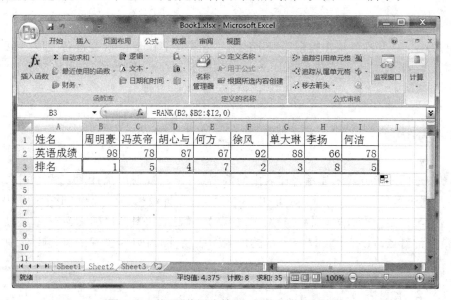

图 8-36　按照"英语成绩"由大到小排名次结果

从排名次最后结果看，成绩相同的"名次"也相同，但后续名次的排位受到了影响，例如"英语成绩"为 78 分的共有 2 人，名次均为 5，是并列第五名，但没有第六名了。

5. 文本函数

（1）LEFT 函数

功能：返回参数中包含的最左边的 X 个字符。

格式：

```
LEFT(Text,num_chars)
```

说明：Text 是要提取的字符的字符串，可以是一字符串（加用引号）、包含字符串的单元格地址或字符串公式。X 默认值为 1。num_chars 是要提取的字符数，如果忽略为 1。

例如：单元格 A1 中为字符串 Beijing，则 LEFT(A1,3)返回 Bei。

（2）RIGHT 函数

功能：返回参数中包含的最右边的 X 个字符。

格式：

```
RIGHT(Text,num_chars)
```

说明：Text 是要提取的字符的字符串，可以是一字符串（加用引号）、包含字符串的单元格地址或字符串公式。X 默认值为 1；num_chars 是要提取的字符数，如果忽略为 1。

例如：单元格 A2 中为字符串 Hello World，则 RIGHT(A2,5)返回 World。

（3）MID 函数

功能：返回字符串中从第 X1 个字符位置开始的 X2 个字符。

格式：

```
MID(text,start_num,num_chars)
```

说明：text 是准备从中提取字符串的文本字符串；start_num 是准备提取的第一个字符的位置，text 中第一个字符为 1；num_chars 是指定所要提取的字符串长度。

例如：MID("北京大学管理学院",3,4)返回"大学管理"。

8.2　图表

图表是以图形方式来显示工作表中的数据，工作表数据以统计图表的形式来动态表达，使数据更形象、直观、清晰、易懂，更方便观测、分析数据，从而获取更多的有用信息。尤其是当工作表中的数据（源数据）发生改变时，图表中的图形也随之而改变，这是 Excel 图表最大的特点。Excel 2007 有丰富的内置图表功能，可以为创建图表提供多种类型的图形。

8.2.1　创建图表

创建一个新图表有两种方法：一种是用 F11 键一步创建图表，另一种是通过"创建图表"对话框的选项。无论使用哪种创建方式，都可以创建两种图表：嵌入式图表和图表工作表。

嵌入式图表是置于工作表中而不是单独的图表工作表。当需要在一个工作表中查看或打印图表、数据透视图、源数据或其他信息时，可以使用嵌入式图表。

图表工作表是单独一个只包含图表的工作表。当希望单独查看图表或数据透视图时，图表工作表非常有用。

创建图表的操作步骤如下：

(1) 选定如图 8-37 所示的“姓名”和“三门课程”成绩数据(B2:B10,E2:G10),这时要使用选定不相邻的单元格区域的操作。

09级新闻学成绩汇总

序号	姓名	性别	班级	win	Word	Excel	总分	平均分	评价1	评价2
	周明豪	男	09新4班	16	38	23	77	25.6667	一般	一般
2	冯英帝	男	09新4班	13	31	21	65	21.6667	一般	一般
3	胡心与	男	09新4班	10	29	26	65	21.6667	一般	一般
4	何方	女	09新4班	14	25	28	67	22.3333	一般	一般
5	徐风	女	09新4班	14	39	36	89	29.6667	优秀	良好
6	单大琳	女	09新4班	13	15	30	58	19.3333	一般	不合格
7	李扬	男	09新4班	10	28	40	78	26	一般	一般
8	何洁	女	09新4班	20	37	40	97	32.3333	优秀	优秀

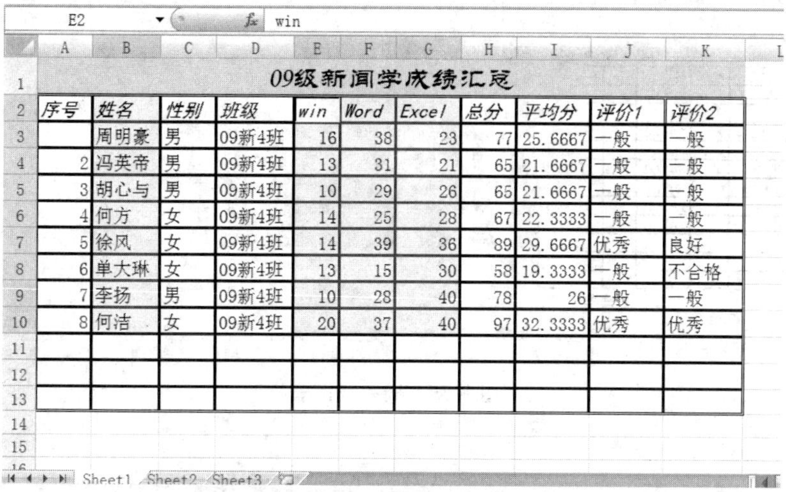

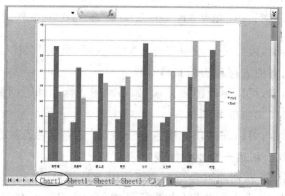

图 8-37　创建图表的数据区域

(2) 按 F11 键后,创建一个名为 Chart1 的图表工作表,效果如图 8-38 所示。

图 8-38　图表工作表

(3) 回到创建表格的数据表格,单击“插入”选项卡中“图表”组的“柱形图”按钮,打开下拉列表框,选择“簇状柱形图”,创建一个“簇状柱形图”嵌入式图表,效果如图 8-39 所示。

8.2.2 编辑图表

创建图表后,还可以进一步修改加工和细化,例如,添加图表标题、增删数据、设置颜色、更改类型、复制、移动、缩放、删除图表等。

无论如何创建的图表后,只要选定图表,在功能区就会显示图表工具下的“设计”、“布局”和“格式”选项卡,如图 8-40 所示。用户可以使用这些命令来修改图表。

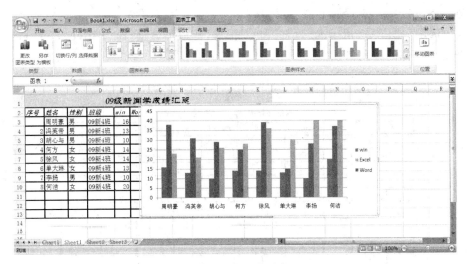

图 8-39　嵌入式图表

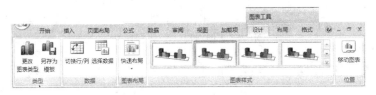

图 8-40　图表工具"设计"、"布局"和"格式"选项卡

使用"设计"选项卡，可以按行或按列显示数据系列、更改图表的源数据、更改图表的位置、更改图表类型、将图表保存为模板等选项。

使用"布局"选项卡，可以更改图表元素（如添加图表标题和数据标签）的显示，使用绘图工具或在图表上添加文本框和图片。

使用"格式"选项卡，可以添加填充颜色、更改线型或应用特殊效果。

1. 在生成的图表上创建一个组合图表

在 Excel 2007 中，可以创建组合图表。组合图表是两种及两种以上的图表类型绘制在同一绘图区中的图表，以强调图表中包含不同类型的信息。组合图表的创建比较简单，需要注意的是，并不是所有的图表都能与其他图表组合。图表不能组合时，Excel 会弹出"某些图表类型不能与其他图表类型组合在一起，请另选一种图表类型"的警示信息。另外，二维图表和三维图表也不能混合使用。

具体操作步骤如下：

① 打开如图 8-41 所示的已创建好的嵌入式图表，选中 Excel 的柱形，所选定的柱形的四个角有小圆圈显示（控制点）。

② 单击"设计"选项卡中"类型"组的"更改图表类型"按钮，打开"更改图表类型"窗口，单击"更改图表类型"对话框中"折线图"的"带数据标记的折线图"类型，如图 8-42 所示。

③ 单击"确定"按钮，此时可看到 Excel 数据系列以折线图形式显示，即完成绘制组

合图表,如图 8-43 所示。

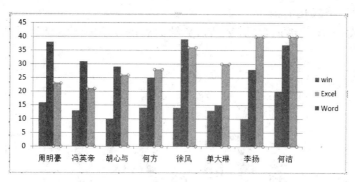

图 8-41　选择创建组合图表数据

图 8-42　选择"带数据标记的折线图"按钮

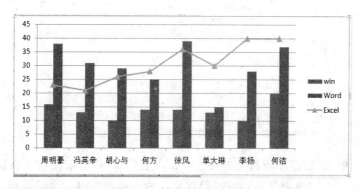

图 8-43　创建组合图表结果

2. 图表的格式化

对各种图表对象,可使用不同的格式、字体、图案和颜色。不管哪种图表对象,都可以

通过"格式"选项卡中的各种选项、命令按钮来进行格式设置。还是以学生考试成绩图表为例,来说明图表格式化的操作步骤如下:

(1) 在图表中,单击纵向数轴(Y轴),Y轴的周边显示选择控制点,如图8-44所示。

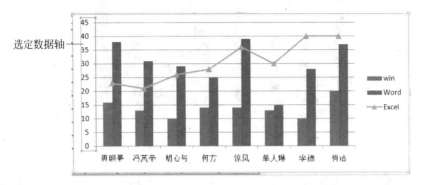

图8-44 显示数据轴选择控制点

(2) 单击"格式"选项卡中"当前所选内容"组的"垂直(值)轴"按钮中的"设置所选内容格式"选项,显示"设置坐标轴格式"对话框,如图8-45所示。

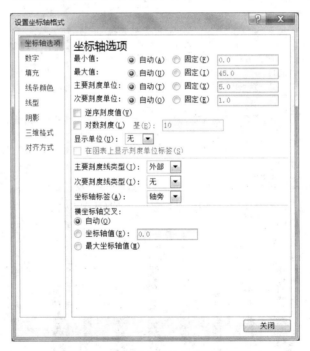

图8-45 "设置坐标轴格式"对话框

(3) 在对话框中,根据需求设置有关参数。设置完毕,按关闭按钮。在需要格式化的图表中选定任意一个图表对象后,双击"设置所选内容格式"选项,会显示相应的格式设置对话框,然后在对话框中设置相关的参数。

8.2.3 修饰图表

从创建图表到编辑图表,会有一种操作简单、方便的感受。有了前面的操作基础,下面的修饰图表只介绍简单操作过程。

1. 更改图表的类型

(1) 单击图表区(整个图表)或绘图区(即二维图表中以轴来界定的区域,三维图表中同样是通过轴来界定的区域)。

(2) 单击"设计"选项卡中"类型"组的"更改图表类型"按钮,打开"更改图表类型"对话框,在对话框的左侧列表框中选择要使用的图表类型,在右侧的列表中选择相应的子类型。

(3) 单击"确定"按钮。

2. 更改图表位置

① 选定图表区,此时要显示三个(设计、布局、格式)选项卡。

② 单击"设计"选项卡中"位置"组的"移动图表"按钮,显示"移动图表"对话框,如图 8-46 所示。

图 8-46　移动图表对话框

③ 如果希望把图表放置在图表工作表中,可以再选择"新工作表"单选按钮。如果想替换图表的默认名称,可以在"新工作表"框中输入新的名称。

④ 如果希望将图表显示为工作表中的嵌入图表,可以单击"对象位于"单选按钮,然后单击"对象位于"框右侧的向下箭头,在打开的下拉列表框中,选择需要的工作表名。

⑤ 单击"确定"按钮,即可按照用户的要求移动图表。

3. 切换图表的行/列

切换图表的行/列,可以将图表坐标轴上的数据交换,即可以在从工作表行或列绘制图表中的数据系列之间进行快速切换。切换图表行/列的操作步骤如下:

① 选定图表区,此时要显示三个(设计、布局、格式)选项卡。

② 单击"设计"选项卡中"数据"组的"切换行/列"按钮,即完成行/列的切换。图 8-47显示的是切换前的图表,图 8-48 显示的是切换后的图表。

4. 设置图表的标题

如果要设置图表标题,可以做如下操作:

① 选定图表,此时要显示三个(设计、布局、格式)选项卡。

② 单击"布局"选项卡中"标签"组的"图表标题"按钮,打开下拉列表框,如图 8-49 所示。

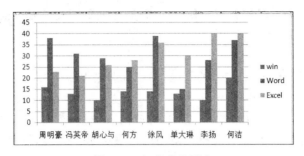

图 8-47 切换前的图表

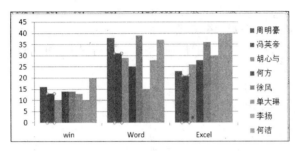

图 8-48 切换后的图表

图 8-49 "图表标题"按钮列表框

③ 选择"图表上方"命令,此时图表上方会出现"图表标题"文字框,如图 8-50 所示。

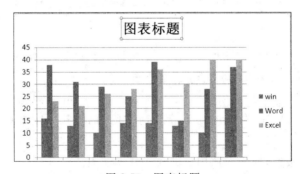

图 8-50 图表标题

④ 选定"图表标题"文本,将其修改为"学生考试成绩表",即完成图表标题的设置。

注意:添加图表标题后,还可以单击"格式"选项卡,设置其填充效果、字体样式以及特殊效果等内容,对图表标题做修饰。

5. 设置坐标轴标题

如果要设置坐标轴标题,可以做如下操作:

① 选定添加好图表标题的图表。

② 单击"布局"选项卡中"标签"组的"坐标轴标题"按钮,在弹出的下拉列表框中,选择"主要横坐标轴标题"下的"坐标轴下方标题"命令,此时在图表下方出现"坐标轴标题"

文字框。

③ 选定"坐标轴标题"文本,将其修改为"姓名"。

④ 单击"坐标轴标题"按钮,在弹出的下拉菜单中选择"主要纵坐标轴标题"下的"竖排标题"命令。此时在图表左侧出现"坐标轴标题"文字框,选定"坐标轴标题"文本,将其修改为"考试成绩"。

⑤ 还可以单击"坐标轴标题"文字框弹出下拉菜单,利用菜单命令,对坐标轴标题做进一步的设置和修饰。最后效果如图 8-51 所示。

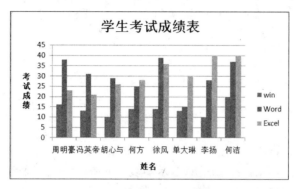

图 8-51　显示坐标标题

6. 设置图表的数据标签

如果要设置图表的数据标签,可以做如下操作:

① 选定添加好图表坐标轴标题的图表。

② 单击"布局"选项卡中"标签"组的"数据标签"按钮,打开"数据标签"下拉列表框,如图 8-52 所示。

③ 在下拉列表框中选择数据标签所在的位置,如选择"数据标签外"命令,这时数据标签在图表中的显示效果如图 8-53 所示。

图 8-52　"数据标签"菜单

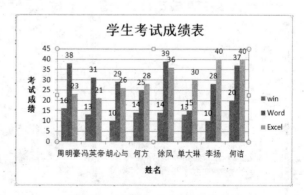

图 8-53　"数据标签外"位置的效果

7. 在图表中显示数据表

如果要在图表中显示数据表,可以做如下操作:

① 选定图表,为了使图表更加美观,可以取消数据标签显示和横坐标标题显示。

② 单击"布局"选项卡中"标签"组的"数据表"按钮，在显示的下拉列表框中选择"显示数据表"命令，如图 8-54 所示。此时可以看到图表的区域太小，可以进行调整。

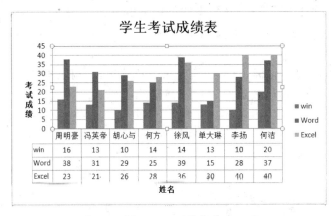

图 8-54　显示数据表

8. 设置图表的背景

图表的背景包括显示图表背景墙、显示图表基底等。设置图表背景的操作步骤如下：

① 单击图表区，此时要显示三个（设计、布局、格式）选项卡。为了使图表更加美观，可以取消显示的数据表，并将图表类型变更为"三维簇状柱形图"。

② 单击"布局"选项卡中"背景"组的"图表背景墙"按钮，在显示的下拉列表框中选择"其他背景墙选项"命令，打开"设置背景墙格式"对话框；单击对话框左侧的"填充"选项，然后在右侧展开的"填充"组中单击"渐变填充"单选按钮；单击"预设颜色"的下拉按钮，打开颜色列表框，选择一种颜色，如图 8-55 所示。

③ 单击"关闭"按钮，此时即可使用默认的渐变填充颜色作为图表的背景墙，如图 8-56 所示。

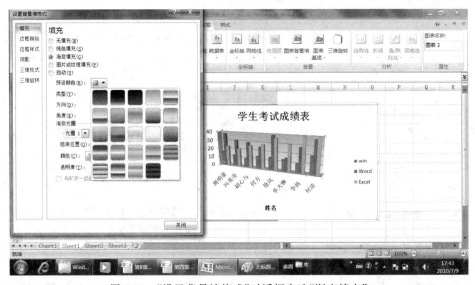

图 8-55　"设置背景墙格式"对话框中选"渐变填充"

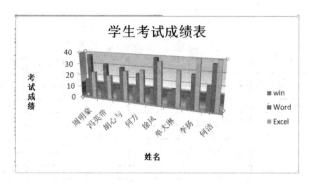

图 8-56　显示背景墙

④ 保持图表的选定状态,单击"布局"选项卡中"背景"组的"图表基底"按钮,在显示的下拉列表框中选择"其他基底选项"命令。此时弹出"设置基底格式"对话框,单击对话框左侧的"填充"选项,然后在右侧展开的"填充"组中单击"图片或纹理填充"按钮。

⑤ 单击"纹理"右侧的向下箭头,在弹出的下拉列表框中选择需要的纹理,设置完毕,单击"关闭"按钮,此时图表会显示基底纹理效果。

修饰图表的功能有许多组合,操作起来也比较简单,用户可以根据需要选择其功能,这里不一一讲解。

8.3　数据分析

Excel 2007 提供了大量帮助用户进行数据分析的功能,例如排序、筛选和汇总等。当用户面对海量的数据要从中获取最有价值的信息时,不仅要选择数据分析的方法,还要选择掌握数据分析的工具。这里主要介绍排序、筛选、分类汇总及数据透视表的操作。

8.3.1　排序

在对表格中的数据进行分析时,习惯于对某项指标排出先后次序或大小等,用以说明问题,例如考试成绩的排序。如果工作表中有上百个记录,手工的识别排序,不仅费时,还容易出错。而使用 Excel 的排序功能,无论多少数据量,那只是瞬间的事了。可以按照用户的要求以默认序列,按升序或降序排序,也可以按一个或多个关键字排序,还可以按自定义的序列排序。

1. 降序排序

降序排序的操作步骤如下:

① 选定"学生考试成绩表"数据区"总分"列中的任意一个单元格。

② 单击"数据"选项卡中"排序与筛选"组的"降序"按钮 ,则所选列上的数据将按"降序"重新排列,如图 8-57 所示。

2. 按多个关键字排序

如果需要按两个或两个以上条件完成较为复杂的排序,可以使用"数据"选项卡中的

图 8-57　总分降序排序

"排序"按钮来完成,具体操作步骤如下:

① 打开要排序的工作表,选定任意一个数据表中的单元格。

② 单击"数据"选项卡中"排序与筛选"组的"排序"按钮,打开"排序"对话框。

③ 单击"主要关键字"右侧的向下箭头,从弹出的下拉列表中选择 win 选项;在"排序依据"的下拉列表中选择"数值"选项;在"次序"的下拉列表中选择"降序"选项。

④ 单击"添加条件"按钮,添加排序的次要关键字。在"次要关键字"下拉列表中选择 Word 选项;在"排序依据"的下拉列表中选择"数值"选项;在"次序"的下拉列表中选择"降序"选项。可继续添加排序的第三次要关键字,如图 8-58 所示。

图 8-58　"排序"对话框

⑤ "排序"对话框中的各项设置完毕,单击"确定"按钮,各门成绩排序按多个关键字的参数排序,效果如图 8-59 所示。

在 Excel 2007 的排序功能中,还可以按单元格颜色排序、按字体颜色排序、按单元格图标排序等等。有兴趣的用户可通过帮助来了解其操作过程。

8.3.2　筛选

为了更加清晰地分析数据,有时需要在工作表中只显示某一类数据,或满足给定条件

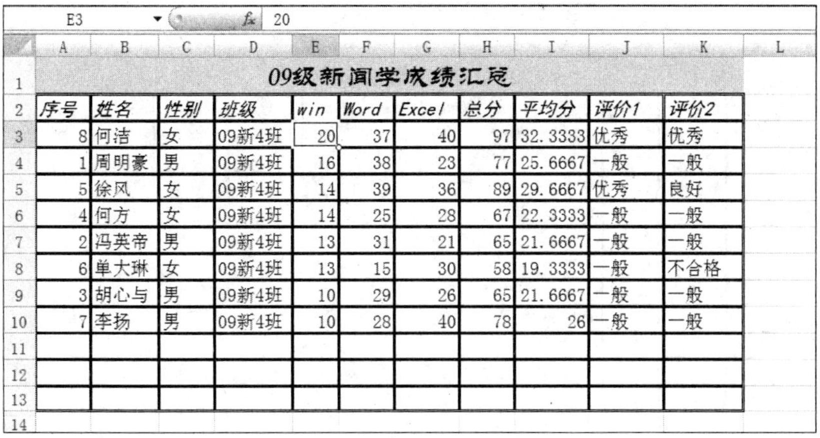

E3 fx 20

	A	B	C	D	E	F	G	H	I	J	K
1	09级新闻学成绩汇总										
2	序号	姓名	性别	班级	win	Word	Excel	总分	平均分	评价1	评价2
3	8	何洁	女	09新4班	20	37	40	97	32.3333	优秀	优秀
4	1	周明豪	男	09新4班	16	38	23	77	25.6667	一般	一般
5	5	徐风	女	09新4班	14	39	36	89	29.6667	优秀	良好
6	4	何方	女	09新4班	14	25	28	67	22.3333	一般	一般
7	2	冯英帝	男	09新4班	13	31	21	65	21.6667	一般	一般
8	6	单大琳	女	09新4班	13	15	30	58	19.3333	一般	不合格
9	3	胡心与	男	09新4班	10	29	26	65	21.6667	一般	一般
10	7	李扬	男	09新4班	10	28	40	78	26	一般	一般
11											
12											
13											
14											

图 8-59　多个关键字排序后的效果

的数据。这时就可以使用“筛选”功能。

筛选与排序的不同之处在于：它并不重排数据，只是暂时隐藏不必显示的行。要对数据进行筛选，在数据中必须要有列标题。

Excel 提供了自动筛选和高级筛选两种方法，其中自动筛选比较简单，高级筛选的功能较强，可以设置筛选条件，利用条件进行筛选。

1. 自动筛选

使用自动筛选可以创建三种筛选类型：数字筛选、文本筛选、按颜色筛选。对于每个单元格区域，这三种筛选是互斥的，例如，不能既按单元格颜色又按数字列表进行筛选，二者只能选其一。

使用自动“筛选”按钮筛选数据的操作步骤如下：

① 为了能说明“按颜色筛选”，将例题的工作表中几个姓名添加字体颜色，然后单击列表中的任意一个单元格。

② 单击“数据”选项卡中“排序和筛选”组的“筛选”按钮(也可以在“开始”选项卡中，单击“编辑”组的“排序和筛选”按钮，从弹出的快捷菜单中选“筛选”命令)。

③ 这时在工作表中的每一列标题上显示下三角箭头，单击列标题的下三角箭头，打开下拉列表框，在“数字筛选”中可以再打开一个下拉列表框，如图 8-60 所示。

④ 单击“性别”的列标题的下三角箭头，打开下拉列表框，在“文本筛选”中可以再打开一个下拉列表框，如图 8-61 所示。

⑤ 单击“姓名”的列标题的下三角箭头，打开下拉列表框，在“按颜色筛选”中可以再打开一个下拉列表框，如图 8-62 所示。

⑥ 通过这样的展开，可以清楚地了解“自动筛选”的使用，可以根据需要的数据，进行选项筛选。

自动筛选数据后，在筛选的列右侧会出现漏斗状的筛选按钮，若将鼠标指针放置在此按钮上，“小水滴”功能会提示筛选时使用的条件。

取消列标题上的下拉小三角，单击“数据”选项卡中“排序和筛选”组的“筛选”命令。

图 8-60　数字筛选列表框

图 8-61　文本筛选菜单

2. 高级筛选

使用"筛选"命令查找符合条件的记录,方便快捷,但这种筛选的查找条件不能太复杂。而"高级筛选"适合于复杂条件的筛选,可以使用两列或多于两列的条件,也可以使用单列中的多个条件,甚至计算结果也可以作为条件。"高级筛选"的结果可以放在原数据区,也可以复制到工作表的其他地方。

使用"高级筛选"的前提是,必须先建立一个"条件区域"。条件区域包括两个部分:一是标题行(也称字段名),二是一行或多行的条件行。

创建条件区域的操作步骤如下:

(1)在数据列表数据区的下面准备好一个空白区域。

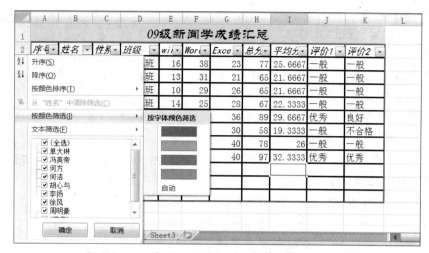

图 8-62 按颜色筛选菜单

（2）在此空白区域的第一行输入字段名作为条件名行，最好把数据列表的字段名行整个都复制过来，以免输入时因大小写或有多余的空格而造成不一致。

（3）在字段名的下一行开始输入条件须知：

在条件区域的同一行上输入所有条件，表示筛选时使用的是"与"关系。下面是"与"关系高级筛选举例。

例如，利用高级筛选，筛选出：三门课程分别都要大于或等于 20、35、35 的记录。操作步骤如下：

① 首先在工作表中输入筛选条件，如图 8-63 所示。

	A	B	C	D	E	F	G	H	I	J	K	L
1						09级新闻学成绩汇总						
2	序号	姓名	性别	班级	win	Word	Excel	总分	平均分	评价1	评价2	
3	1	周明豪	男	09新4班	16	38	23	77	25.6667	一般	一般	
4	2	冯英帝	男	09新4班	13	31	21	65	21.6667	一般	一般	
5	3	胡心与	男	09新4班	10	29	26	65	21.6667	一般	一般	
6	4	何方	女	09新4班	14	25	28	67	22.3333	一般	一般	
7	5	徐风	女	09新4班	14	39	36	89	29.6667	优秀	良好	
8	6	单大琳	女	09新4班	13	15	30	58	19.3333	一般	不合格	
9	7	李扬	男	09新4班	10	28	40	78	26	一般	一般	
10	8	何洁	女	09新4班	20	37	40	97	32.3333	优秀	优秀	
11					win	Word	Excel					——— 筛选条件
12					>=20	>=35	>=35					
13												

图 8-63 "与"关系条件区域的设置

② 任选工作表数据区一个单元格，单击"数据"选项卡中"排序和筛选"组的"高级"按钮，此时会显示"高级筛选"对话框并自动选取列表区域。

③ 如果"列表区域"正好是用户要筛选数据的列表区域，则不再重新选取。单击"将筛选结果复制到其他位置"单选按钮，单击"条件区域"右侧列表框，在工作表中用鼠标选出 ＄E＄11：＄G＄12 作为条件区域，在"复制到"中，单击 ＄A＄13 单元格，此时的"高级

筛选"对话框如图 8-64 所示。

④ 单击"确定"按钮,此时的"与"关系高级筛选结果如图 8-65 所示。

在条件区域的不同行上输入所有条件,表示筛选时使用的是"或"关系。

"或"关系高级筛选操作与"与"关系高级筛选相似,主要的区别在条件设置上。例如,利用高级筛选,筛选出三门课程中有一门分别大于或等于 20、35、35 的记录。操作步骤如下:

① 首先在工作表中输入筛选条件,如图 8-66 所示。

图 8-64 "高级筛选"参数设置对话框1

序号	姓名	性别	班级	win	Word	Excel	总分	平均分	评价1	评价2
					09级新闻学成绩汇总					
1	周明豪	男	09新4班	16	38	23	77	25.6667	一般	一般
2	冯英帝	男	09新4班	13	31	21	65	21.6667	一般	一般
3	胡心与	男	09新4班	10	29	26	65	21.6667	一般	一般
4	何方	女	09新4班	14	25	28	67	22.3333	一般	一般
5	徐风	女	09新4班	14	39	36	89	29.6667	优秀	良好
6	单大琳	女	09新4班	13	15	30	58	19.3333	一般	不合格
7	李扬	男	09新4班	10	28	40	78	26	一般	一般
8	何洁	女	09新4班	20	37	40	97	32.3333	优秀	优秀
				win	Word	Excel				
				>=20	>=35	>=35				
序号	姓名	性别	班级	win	Word	Excel	总分	平均分	评价1	评价2
8	何洁	女	09新4班	20	37	40	97	32.3333	优秀	优秀

（——筛选结果）

图 8-65 "与"关系高级筛选后的结果

序号	姓名	性别	班级	win	Word	Excel	总分	平均分	评价1	评价2
					09级新闻学成绩汇总					
1	周明豪	男	09新4班	16	38	23	77	25.6667	一般	一般
2	冯英帝	男	09新4班	13	31	21	65	21.6667	一般	一般
3	胡心与	男	09新4班	10	29	26	65	21.6667	一般	一般
4	何方	女	09新4班	14	25	28	67	22.3333	一般	一般
5	徐风	女	09新4班	14	39	36	89	29.6667	优秀	良好
6	单大琳	女	09新4班	13	15	30	58	19.3333	一般	不合格
7	李扬	男	09新4班	10	28	40	78	26	一般	一般
8	何洁	女	09新4班	20	37	40	97	32.3333	优秀	优秀
				win	Word	Excel				
				>=20						
					>=35	一				
						>=35				

（——筛选条件）

图 8-66 "或"关系条件区域的设置

② 任选工作表数据区一个单元格,单击"数据"选项卡中"排序和筛选"组的"高级"按钮,此时会显示"高级筛选"对话框并自动选取列表区域。

③ 如果"列表区域"正好是用户要筛选数据的列表区域,则不再重新选取。单击"将筛选结果复制到其他位置"单选按钮,单击"条件区域"右侧列表框,在工作表中用鼠标选出＄E＄11：＄G＄14作为条件区域,在"复制到"中,单击＄A＄15单元格,此时的"高级筛选"对话框如图8-67所示。

④ 单击"确定"按钮,此时的"与"关系高级筛选结果如图8-68所示。

图 8-67 "高级筛选"参数设置对话框 2

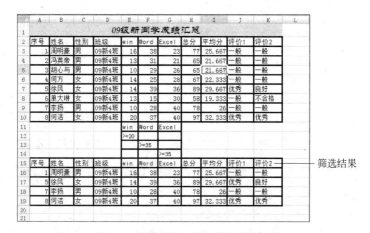

图 8-68 "或"关系高级筛选后的结果

8.3.3 分类汇总

既然可以按照类别对记录进行筛选,同样也可以按照类别对记录进行分类汇总。分类汇总时在数据清单中快速地汇总数据,不需要建立计算公式,只要选择了分类汇总,Excel会自动创建公式,并自动分级显示汇总的数据。

例如,按"性别"统计出男、女学生三门课程各自的平均成绩。操作步骤如下:

① 首先选定工作表中C2x"性别"单元格,单击"开始"选项卡中"编辑"组的"排序和筛选"按钮,在打开的"排序和筛选"下拉列表框中"升序"命令进行排序。

提示:在分类汇总之前,必须排序,让同类别的记录相邻,因为分类汇总只对相邻的同类别记录进行汇总。

② 在排好序的工作表中任选一个有数据的单元格,单击"数据"选项卡中"分级显示"组的"分类汇总"按钮,显示"分类汇总"对话框。在对话框的"分类字段"下填入"性别"项,在"汇总方式"下填入"平均值"项,在"选定汇总项"下选定三门功课名左边的复选框,如图8-69所示。

图 8-69 "分类汇总"对话框

③ 单击"确定"按钮,按性别分类的三门课程的平均成绩统计出来了,结果如图 8-70 所示。

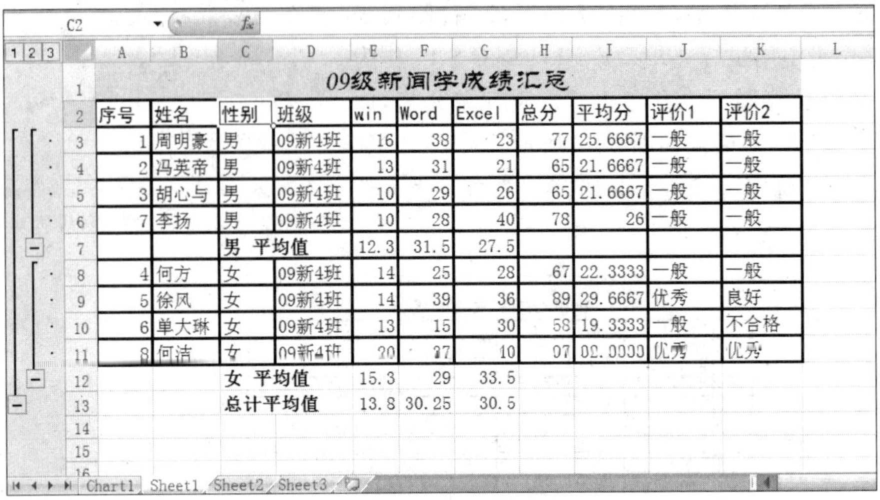

图 8-70　按性别分类后对三门成绩做"平均值"汇总

在对数据进行了分类汇总之后,如何来查看数据列表中的明细数据或单独查看汇总总计呢? 在分类汇总数据的左端出现了一个区域和一些带有"1"、"2"、"➕"、"➖"等符号的按钮,单击这些按钮符号,数据列表中显示的数据就会发生改变。

带有"➕"符号的按钮被称为显示明细数据按钮,单击它可以在数据列表中显示出数据列表的明细数据。

带有"➖"符号的按钮被称为隐藏明细数据按钮,单击它可以在数据列表中隐藏数据列表的明细数据。

如果要在分级显示中包括一个显示级别,单击标有"2"符号的按钮,则数据列表区只显示"各类别和总平均",如图 8-71 所示。

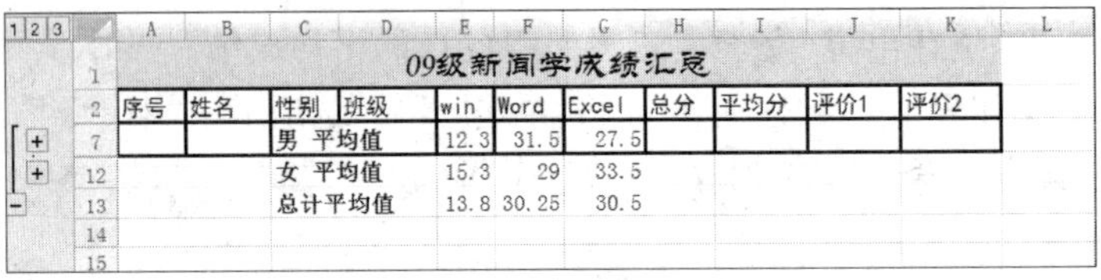

图 8-71　显示 2 级类别平均值

8.4　数据透视表

分类汇总适合于按一个字段或多个字段进行分类并汇总,但很多问题要求按多个字段进行分类汇总,分类汇总方法就显得无能为力。为此,Excel 为用户提供了用数据透视表功能来解决问题的途径。

数据透视表是在数据清单的基础上建立一个某种指定计算下的分类汇总表，是一种对大量数据快速汇总和建立交叉列表的交互式表格。它可以转换行和列以查看源数据的不同汇总结果，可以显示不同页面以筛选数据，还可以根据需要显示区域中的明细数据。

8.4.1 创建数据透视表

为了更好地了解数据透视表的操作过程，在原来的例题中将工作表的数据加以修改，如图 8-72 所示。

序号	姓名	性别	籍贯	win	Word	Excel	总分	平均分	评价1	评价2
						09级新闻学成绩汇总				
1	周明豪	男	山东	16	38	23	77	25.6667	一般	一般
2	冯英帝	男	河北	13	31	21	65	21.6667	一般	一般
3	胡心与	男	北京	10	29	26	65	21.6667	一般	一般
4	何方	女	山东	14	25	28	67	22.3333	一般	一般
5	徐风	女	辽宁	14	39	36	89	29.6667	优秀	良好
6	单大琳	女	北京	13	15	30	58	19.3333	一般	不合格
7	李扬	男	河北	10	28	40	78	26	一般	一般
8	何洁	女	四川	20	37	40	97	32.3333	优秀	优秀

图 8-72 "成绩汇总表"

利用数据透视表来统计"成绩汇总表"中各籍贯的男、女生的人数。操作步骤如下：

① 打开"成绩汇总表"，单击数据列表中任意一个单元格。

② 单击"插入"选项卡中"表"组的"数据透视表"按钮，在"修饰"的下拉列表框中选择"数据透视表"命令，打开"创建数据透视表"对话框，如图 8-73 所示。

图 8-73 "创建数据透视表"对话框

③ 在"选择一个表或区域"单选按钮下的表框中，用鼠标拖拉或单击右侧 按钮，在工作表中选定要创建数据透视表的数据区域：＄A＄2:＄k＄10；在"选择放置数据透视表的位置"区选择"新工作表"单选按钮。

④ 单击"确定"按钮，此时在工作簿中 Excel 自动插入一新工作表(Sheet4)，并显示数据透视表的架构和字段表，如图 8-74 所示。

⑤ 在右侧"数据透视表字段列表"中，用鼠标将"选择要添加到报表的字段"下拉列表中的有关字段复选项拖动到"在以下区域间拖动字段"下的区域列表框中，例如，将"性别"

图 8-74　数据透视表的架构和字段表

字段拖动到"行标签"列表框中,将"籍贯"字段拖动到"列标签"列表框中,将"性别姓名"字段拖动到"数值"中。此时,创建数据透视表完成,如图 8-75 所示。

图 8-75　创建的数据透视表

在步骤⑤的操作中,也可以将有关字段复选项直接拖动到工作表左侧数据透视表架构图中提示的"行字段"、"列字段"、"数据项"及"页字段"区域中,生成数据透视表的效果是一样的。

8.4.2　修改数据透视表

创建数据透视表后,根据需要可随时修改和编辑,一切具体操作均可在"数据透视表字段列表"中完成。

1. 增删、改变数据透视表中的字段

增删、改变数据透视表中的字段,操作比较简单。单击"在以下区域间拖动字段"区"行标签"中"性别"右侧的向下箭头,在打开的下拉菜单中,选择"删除字段"命令即可删除数据透视表中的字段。"列标签"的删除也是如此。

如果需要增加字段,可以在删除后将需要的字段拖动到"行标签"或"列表签"中即可。

2. 改变汇总方式

不同类型的数据有不同的默认汇总方式。用户如果不想使用默认的汇总方式,可以改变为其他方式,如求平均值、最大(小)值的汇总等。

例如,在"成绩汇总表"中,按"性别"分别求出三门课程成绩的平均分。操作步骤如下:

① 按照前述建立数据透视表的操作步骤,打开数据透视表架构表。

② 在右侧"数据透视表字段列表"中,用鼠标将"性别"字段拖动到"在以下区域间拖动字段"的"行标签"列表框中,将 win、Word、Excel 字段依次拖动到"数据"列表框中。此时,数据透视表如图 8-76 所示。

图 8-76　默认汇总方式数据透视表

③ 将默认的汇总的方式"求和"改为"平均值"。单击"数值"表框中"求和项:win"按钮右侧的向下箭头,打开下拉菜单,选择其中"值字段设置"命令,显示"值字段设置"对话框,如图 8-77 所示。选择"平均值"命令后,单击"确定"按钮。

④ 分别将其他两门课程都改为"平均值"汇总项,改变汇总方式的数据透视表如图 8-78 所示。

图 8-77 "值字段设置"对话框

图 8-78 改变汇总方式后的"数据透视表"

8.4.3 使用智能图表(SmartArt)

SmartArt 图形是信息的视觉表现形式,智能图表是一个已经组合好的文本框和图形组成的图案。SmartArt 图形可以在 Office 2007 的 Excel、PowerPoint、Word、Outlook 中创建。在具体使用时,用户根据自己的需要进行一些细微的改动即可。

Excel 2007 提供上百种 SmartArt 图形,可以从多种不同布局中进行选择来创建 SmartArt 图形,从而快速、轻松、有效地传达信息。

在 Excel 2007 中创建 SmartArt 图形,操作步骤如下:

① 单击在"插入"选项卡中"插图"组的 SmartArt 按钮,打开"选择 SmartArt 图形"对话框,如图 8-79 所示。

② 在"选择 SmartArt 图形"对话框中,单击所需的类型和布局。以选择"流程"的"基本流程"为例,选择后的雏形如图 8-80 所示。

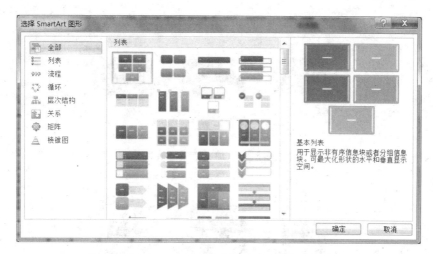

图 8-79 "选择 SmartArt 图形"对话框

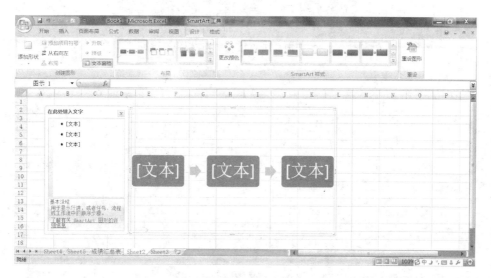

图 8-80 "流程"的"基本流程"雏形

③ 执行下列操作之一：

- 单击 SmartArt 图形中的一个形状，然后输入文本。
- 在"文本"窗格中单击"[文本]"，然后输入或粘贴文字。
- 从其他程序复制文字，单击"[文本]"，然后粘贴到"文本"窗格中。

单击"在此键入文字"的关闭按钮，可将其关闭。添加文字后的效果，如图 8-81 所示。

④ 在"SmartArt 工具"下的"设计"选项卡上，单击"布局"组中的"图片重点流程"按钮，在每个框中添加图片，在"SmartArt 样式"中选"白色轮廓"，最后效果如图 8-82 所示。

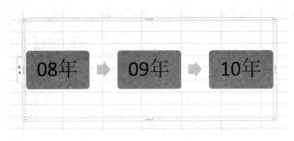

图 8-81　添加文字后的效果

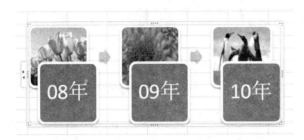

图 8-82　"图片重点流程""白色轮廓"效果

使用 PowerPoint 2007 制作演示文稿

9.1 PowerPoint 2007 的基础知识

使用 PowerPoint 2007 中文版可以轻松、快速地制作具有专业水平的演示文稿。用户可以为演示文稿添加声音、图形、图像、动画、视频等多媒体对象。与以往的版本相比，PowerPoint 2007 的布局有颠覆性的改变，而这种改变更能使用户在制作演示文稿过程中产生愉悦的感受。

使用 PowerPoint 制作出来的各种演示材料统称"演示文稿"，因为这些材料集文字、表格、图像和声音于一体，进行编排后，与幻灯片一样以页面的形式播放出来，所以习惯上也将这样的页面称作"幻灯片"。一个完整的演示文稿应由若干张相互联系，并按一定顺序排列的"幻灯片"组成。

9.1.1 PowerPoint 2007 窗口介绍

启动 PowerPoint 2007 的方法有多种，这里只介绍一种。

单击"开始"按钮，在打开的"开始"菜单中单击"所有程序"，在"所有程序"的菜单中单击 Microsoft Office，在 Microsoft Office 中单击 Microsoft PowerPoint 2007，其界面如图 9-1 所示。

从 PowerPoint 2007 工作窗口可以看到 Office 2007 的整体风格，与本书前面介绍的 Word、Excel 的界面有许多相同之处，例如标题栏、快速访问工具栏、选项卡等。

PowerPoint 2007 工作窗口主要包括标题栏、Office 按钮、快速访问工具栏、选项卡、功能区、演示文稿预览界面、演示文稿主编辑界面等。下面介绍其主要功能。

（1）标题栏：用来显示当前制作或使用的演示文稿的标题。

（2）Office 按钮：在 Office 2007 的组件界面中都有 Office 按钮，下面将会作详细介绍。

（3）快速访问工具栏：默认位置在 Office 按钮右边，可以设置在功能区下边。栏中放置一些最常用的命令，例如新建文件、保存、撤销、打印等。可以增加、删除快速访问工具栏中的命令项。

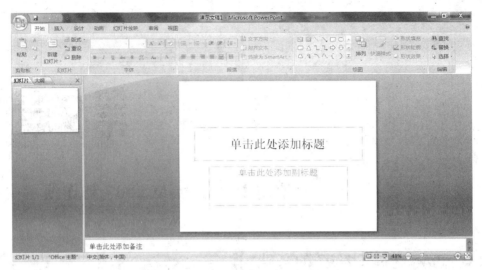

图 9-1 PowerPoint 2007 工作窗口

（4）选项卡：包括"开始"、"插入"、"设计"、"动画"、"幻灯片放映"、"审阅"、"视图"和"格式"，每一个选项卡都代表 PowerPoint 2007 的最常使用的功能。

（5）功能区：单击任意一个选项卡时，在功能区将显示其功能组，组中又有若干个按钮，部分按钮可以打开下拉列表框，供用户选用其功能。

（6）演示文稿预览界面：PowerPoint 2007 提供了两种预览演示文稿的方式，即"幻灯片"和"大纲"预览方式。

（7）演示文稿主编辑界面：编辑演示文稿的核心工作区，在工作区的右下角提供了一个可以放大或缩小演示文稿的拖动条 ▭ ▭ ▭ 65% ⊖ ▽ ⊕ ▭ 。通过这个拖动条，用户能可视化地把演示文稿调整到合适的大小。

（8）浮动工具栏：这个工具栏在窗口上没有，是浮动的，只有在选定对象后，才显示出透明的与这个对象有关的所有功能菜单，如图 9-2 所示。

图 9-2 浮动工具栏

9.1.2 PowerPoint 选项

单击 Office 按钮列表框的"PowerPoint 选项"按钮，打开"PowerPoint 选项"对话框，如图 9-3 所示。这里有九个选项，每个选项又有多个设置，用户可以浏览熟悉各选项的设置，尤其是比较常用的选项，例如，"常用"、"保存"、"高级"的选项，这对了解 PowerPoint 的设置、属性等，有很大的帮助。

值得注意的是，如果用户的计算机配置不够高（如只有 256MB 内存），则建议用户不要选择"常用"选项中的"启用实时预览"复选框，因为实时预览是以用户计算机的性能为基础的。

另外一个实用的操作，就是把最常用的图标，如"快速打印"、"自定义动画"和"新建幻灯片"等,放在快速访问工具栏上,以提高操作速度。其操作方法是,在"PowerPoint 选项"对话框中,选"自定义"项,打开"自定义快速访问工具栏"对话框,在这个对话框中,利用"添加"按钮,将需要的图标添加到"快速访问工具栏"。

另外一种将常用图标添加到快速启动栏上的操作方法是,右击任意一个功能区中的图标按钮(甚至包括颜色、模板),然后在显示的快捷菜单中选择"添加到快速访问工具栏"命令即可。

图 9-3 "PowerPoint 选项"窗口

9.2 制作演示文稿

PowerPoint 2007 提供了许多创建演示文稿的方法,尤其是在连接互联网的 Microsoft Office Online 中,可以下载网上的个性化模板。通常利用安装的模板创建演示文稿和创建一个空白演示文稿。

9.2.1 创建空白演示文稿

如果从创建空白演示文稿开始,可能会更快地掌握 PowerPoint 使用方法。

操作步骤如下:

(1) 单击 Office 按钮,在打开的菜单中选择"新建"命令,打开新建对话框。在新建对话框中,显示模板第一项"空白文档和最近使用的文档",单击"创建"按钮,在 PowerPoint 2007 窗口中就会显示一张空白幻灯片。

(2) 实际上只要一启动 PowerPoint 2007,就自动创建一个空白演示文稿,在这个空白演示文稿的基础上,根据需要可添加多张幻灯片。

(3) 在演示文稿中添加幻灯片,可以单击"开始"选项卡中"幻灯片"组的"新建幻灯片"按钮,打开"新建幻灯片"下拉列表框,如图 9-4 所示。

(4) 在"Office 主题"中,单击需要的板式,就会在 PowerPoint 2007 窗口就添加一张幻灯片,单击一次添加一个,如图 9-5 所示。

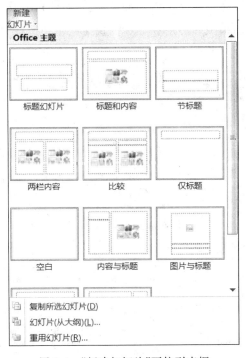

图 9-4 "新建幻灯片"下拉列表框

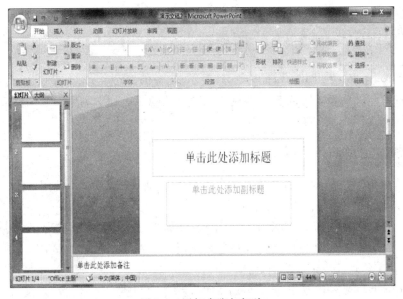

图 9-5 添加多张幻灯片

9.2.2 使用模板创建演示文稿

模板是已经设计好的演示文稿,是由专业人员设计出来供用户使用的。在模板中包括预先定义好的页面结构、标题格式、配色方案、背景颜色等元素,用户可以根据自己制作演示文稿的需要,往模板中添加标题、正文等内容,既快捷又规范。

使用模板创建演示文稿的操作步骤是:

(1) 单击 Office 按钮,在打开的菜单中选择"新建"命令,打开"新建演示文稿"对话框,如图 9-6 所示。

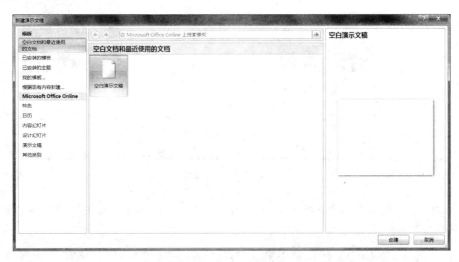

图 9-6 "新建演示文稿"对话框

(2) 这个对话框分三栏,从左到右分别为:模板栏、模板样式目录栏、预览栏。单击对话框的"已安装的模板"选项,打开"已安装的模板"对话框,如图 9-7 所示,在模板样式目录栏中就会显示各种模板样式。

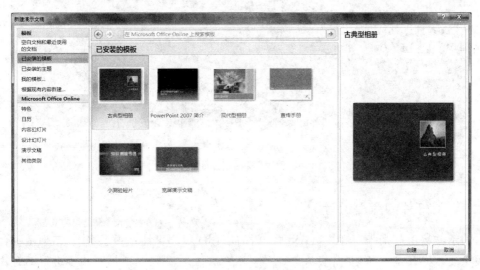

图 9-7 "已安装的模板"对话框

（3）单击模板样式中的一种，在预览栏中会显示其中的第一张演示文稿的样式。例如单击"小测试短片"模板，在预览栏中会显示其中的第一张演示文稿的样式，如图9-8所示。

图9-8　模板"小测试短片"预览

（4）单击"创建"按钮，在 PowerPoint 2007 工作窗口就会显示使用模板创建的演示文稿，如图9-9所示。

图9-9　使用模板创建演示文稿

9.2.3　幻灯片的版面设计

演示文稿由一张张幻灯片组成，每一张幻灯片的版面设计是否有水准，结构是否合理至关重要。尤其是选择"空白演示文稿"，一开始就要选择版式，然后一步步进行幻灯片的设计。

1．输入和调整文字

输入文字是最基本的操作，在幻灯片的版式中，有"单击此处添加标题、副标题、文本"等需要添加文字的框，单击此框，就可输入文字。

例如，图 9-10 显示的是一张选择了"标题幻灯片"版式的幻灯片，在它上面输入文字的操作步骤如下：

（1）单击标题框，这时标题框周围的虚线消失，同时在文本框的中间出现一个插入光标，如图 9-11 所示。

（2）在标题框中输入"如何制作演示文稿"，在副标题框中输入"计算机教研室"，如图 9-12 所示。

（3）输入文字后，可以对字体、字号、字的颜色等进行修改，其方法与 Word 相同。

（4）可以调整标题框的大小。单击要调整大小的文字，该框出现 8 个控制点，将鼠标指针移到任意一个控制点上，按住鼠标左键，上下左右拖动，就可以改变标题框的大小。

（5）要移动文本框的位置，就将鼠标指针移到文本框的边框上，当鼠标指针出现带有 4 个方向的十字形箭头时，按住鼠标左键不放，拖动文本框到理想的位置，松开鼠标，就完成了文本框位置的调整，如图 9-13 所示。

图 9-10 "标题幻灯片"版式

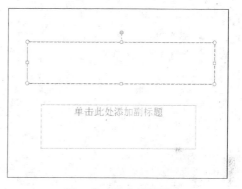

图 9-11 选定标题框

图 9-12 输入文字的幻灯片

图 9-13 调整幻灯片的位置

2. 插入文本（组）

在演示文稿中插入文本（组），包括"文本框"、"页眉和页脚"、"艺术字"、"日期和时间"和"幻灯片编号"等。单击"插入"选项卡，在"文本"组中可以看到这些功能的按钮，如图9-14所示。

例如，在一个空白版式幻灯片中，插入文本（组）的所有项目，操作步骤如下：

图9-14　插入文本（组）各按钮

（1）单击"开始"选项卡中"幻灯片"组的"新建幻灯片"按钮，在打开的下拉列表框中选择"空白"幻灯片版式。在演示文稿中插入一张空白版式的幻灯片。

（2）选定空白版式的幻灯片，单击"插入"选项卡中"文本"组的"文本框"下拉按钮，选择下拉列表框中的"横排文本框"，这时鼠标指针呈十字形，鼠标在空白幻灯片中拖动出横排文本框，在文本框中输入"插入横排文本框"，选中这个文本框，单击字体放大按钮 A，使字变大。插入"竖排文本框"的操作与横排一样，结果如图9-15所示。

（3）单击"插入"选项卡中"文本"组的"页眉和页脚"按钮，或单击"日期和时间"按钮，都能打开一个"页眉和页脚"对话框，如图9-16所示。

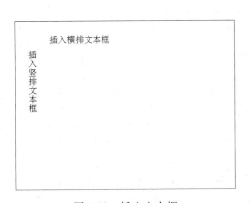

图9-15　插入文本框

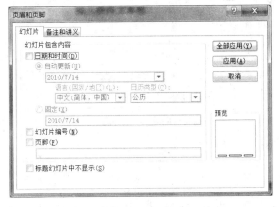

图9-16　"页眉和页脚"对话框

（4）在"页眉和页脚"对话框中的"幻灯片"选项卡内，可以设置日期和时间（自动更新时间和固定）、幻灯片编号、页脚。

（5）选择了时间、幻灯片编号和输入了页脚内容后，根据需要单击"全部应用"和"应用"两个按钮之一，两个按钮的区别在于是演示文稿的所有幻灯片还是所选定的幻灯片应用此设置，如图9-17所示。

（6）选定幻灯片，单击"插入"选项卡中"文本"组的"艺术字"按钮，打开下拉列表框，如图9-18所示。

（7）单击"填充-白色，轮廓-强调文字颜色1"艺术字样式，在幻灯片中会出现一个显示框，如图9-19所示。单击显示框，输入"艺术字的魅力"文字，效果如图9-20所示。

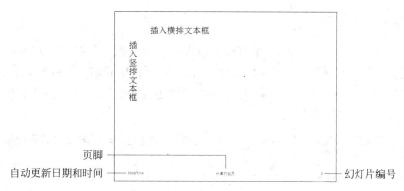

图 9-17　设置日期和时间、页脚、幻灯片编号

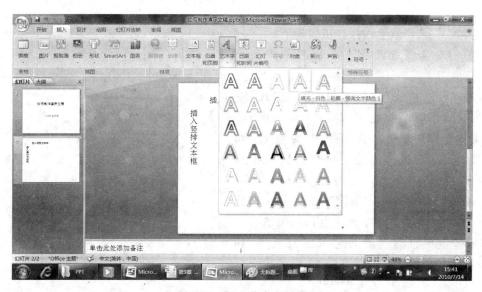

图 9-18　插入艺术字样式

图 9-19　插入艺术字

图 9-20　输入艺术字的效果

9.2.4　设置特效文字

"艺术字"是 PowerPoint 2007 中有较大改变的一项功能，不仅字型更加漂亮，而且对艺术字的处理也更加到位。当选定插入的艺术字后，在"格式"选项卡下就显示"插入图形"、"形状样式"、"艺术字样式"、"排列"、"大小"的组，如图 9-21 所示。通过这些组中的各种功能按钮，可以编辑各种艺术字。

图 9-21　"格式"选项卡功能区

例如，设置特效字的操作步骤如下：

① 选定需要设置特效的文字（双击文字框）。

② 单击"格式"选项卡中"形状样式"组的"形状效果"按钮（也可以单击"形状填充"或"形状轮廓"按钮），选择其中的特效，如"映像"特效，那么选定的文字就会显示特殊效果。

③ 以上只是对文本框设置特效，还可以到"格式"选项卡中"艺术字样式"组，从中选择一种样式，也可以看到特效艺术字的效果，如图 9-22 所示。

图 9-22　特殊文字效果

9.3　插入插图和媒体剪辑

插图包括图片、剪贴画、相册、形状、智能 SmartArt 图表、图表。

媒体剪辑包括影片和声音。

9.3.1　插入插图

1. 插入图片（组）

插入图片、剪贴画、形状、智能 SmartArt 图表已经在 Word 和 Excel 中介绍过，而"图片"、"剪贴画"功能在 Office 之前的版本中也经常用到。操作方法大同小异，选定幻灯片后，单击"插入"选项卡中"插图"组的"图片"、"剪贴画"、"形状"、SmartArt 按钮，选择其中的样式，在幻灯片上调试后如图 9-23 所示。

2. 插入图表

在幻灯片中插入图表的目的是更直观地显示数据及对比等信息。在演示文稿中用图

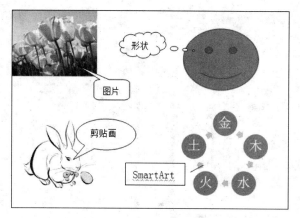

图 9-23　插入图片(组)

表预测、分析数据,也能增强文稿的说服力。

插入图表的操作步骤如下:

(1) 打开演示文稿,选定要插入图表的那张幻灯片。

(2) 单击"开始"选项卡中"幻灯片"组的"新建幻灯片"按钮,打开下拉列表框,选择"标题和内容"版式。

(3) 输入标题"学生成绩汇总表",如图 9-24 所示。

(4) 单击"单击此处添加文本"框中"插入图表"按钮,选择"插入图表"对话框中"三维簇状柱形图"图表样式,如图 9-25 所示。

(5) 选定图表样式后,单击"确定"按钮,PowerPoint 会自动启动 Excel,左边是演示文稿的图表幻灯片,右边是 Excel 工作表的窗口,如图 9-26 所示。

图 9-24　插入图表幻灯片

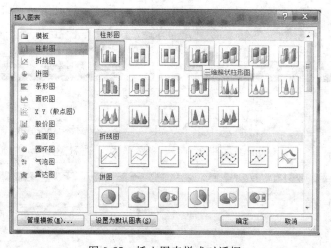

图 9-25　插入图表样式对话框

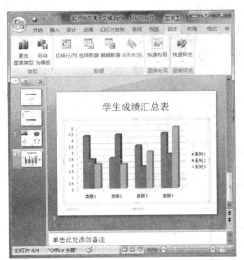

图 9-26 插入图表打开 Excel 窗口

（6）在 Excel 中填写的行列标题和数据会直接反映到 PowerPoint 图表中，如图 9-27 所示。

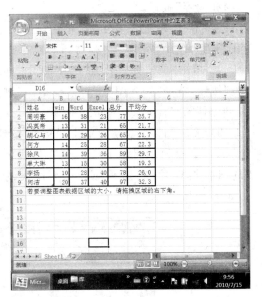

图 9-27 输入数据后插入图表的幻灯片

注意：此时的功能区自动换成了图表工具功能区，如图 9-28 所示。利用图表功能区的命令，可以对图表的类型、数据、图表布局、图表样式等进行更新和重新设置。

图 9-28 "设计"选项卡功能

3. 创建相册

PowerPoint 2007 相册是新增的功能,它可以创建显示照片的演示文稿,可以设置引人注目的幻灯片切换方式。创建相册是通过硬盘驱动器、扫描仪或数码相机向 PowerPoint 2007 演示文稿中添加图片来实现的。图片添加到相册中后,还可以添加标题,调整顺序和版式,在图片周围添加相框,甚至可以应用主题进一步自定义相册的外观。

创建相册的操作步骤如下:

(1) 在空白演示文稿状态下,单击"插入"选项卡中"插图"组的"相册"下拉按钮,选择下拉对话框中的"新建相册"命令,打开"相册"对话框,如图 9-29 所示。

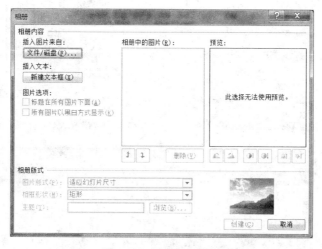

图 9-29 "相册"对话框

(2) 在"相册"对话框中,单击"插入图片来自:'文件/磁盘(F)'"按钮,选定磁盘上的图片文件,这里事先准备了几张水果图片,如图 9-30 所示,选中一张,单击图片窗口的"打

图 9-30 选择相册中图片

开"按钮,这样图片就添加到"相册"对话框中的"相册中的图片"。

（3）添加多张图片,就再次单击"插入图片来自:'文件/磁盘(F)'"按钮,以此类推,多张效果如图9-31所示。

（4）添加图片后,单击"相册"对话框中的"创建"按钮,一个相册就创建完成,如图9-32所示。

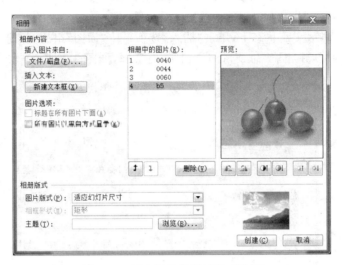

图 9-31　插入图片的"相册"对话框

图 9-32　创建的相册窗口

（5）如果要对创建好的相册进行编辑,需单击"插入"选项卡中"插图"组的"相册"下拉按钮,选择下拉对话框的"编辑相册"命令,打开"相册"对话框。

（6）在"相册"对话框中的"相册版式"中，选择图片版式：4 张图片，相框形状：圆角矩形，选项如图 9-33 所示。单击"更新"按钮，编辑效果如图 9-34 所示。

图 9-33　编辑相册设置项目　　　　　　　　图 9-34　编辑相册幻灯片

9.3.2　插入媒体剪辑

用户可以将事先准备好的"影片"或"声音"添加到演示文稿中，以丰富演示文稿的内容。

1. 插入影片

这里的影片是指扩展名为 wmv、gif 的具有动态的文件。插入影片的操作步骤如下：

① 单击"插入"选项卡中"媒体剪辑"组的"影片"按钮，打开下拉对话框。这个对话框只有两个选项："文件中的影片"和"剪辑管理器中的影片"。

② 如果选择"文件中的影片"，则打开本计算机系统中的影片，一般是 wmv 的文件，可以选择其中一个插入到幻灯片中。选择一个影片后，单击"确定"，会出现一个提示对话框，如图 9-35 所示。选择一种播放方式。稍候就将影片插入到幻灯片中，但显示为黑色框。

③ 如果选择"剪辑管理器中的影片"，在窗口的右侧打开任务窗格，自动搜索出剪辑管理器中的影片，大部分是 .gif 的文件，可以选择其中一个插入到幻灯片中。

图 9-35　提示播放影片方式对话框

④ 利用这两项命令插入的"影片"，如图 9-36 所示。

⑤ 插入媒体文件后，当选定利用"文件中的影片"插入的影片时，会显示"选项"选项卡，其下有多组功能，如图 9-37 所示。

⑥ 当选定利用"剪辑管理器中的影片"插入的影片时，会显示"格式"选项卡，其下有多组功能，如图 9-38 所示。可以设置该媒体剪辑在幻灯片上更多的播放属性。

2. 插入声音

在演示文稿中插入声音的操作步骤如下：

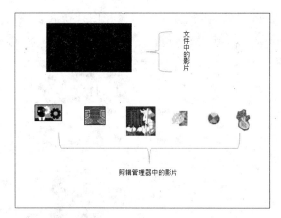

图 9-36　插入影片的幻灯片

图 9-37　"选项"选项卡

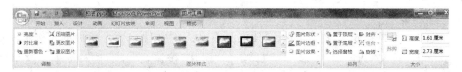

图 9-38　"格式"选项卡

① 打开演示文稿,选定要插入声音的幻灯片(一般是第一张幻灯片)。

② 单击"插入"选项卡中"媒体剪辑"组的"声音"按钮,打开插入声音对话框,如图 9-39 所示。

图 9-39　"插入声音"窗口

③ 选择插入的声音文件,单击"确定"按钮,显示一个提示对话框,如图 9-40 所示。

④ 选择"在单击时"播放方式后,在幻灯片中会显示一个小喇叭图标 🔊,单击这个小喇叭,即可播放声音。

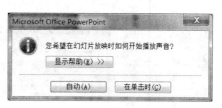

图 9-40 播放声音方式对话框

注意:现在这个声音文件只能在一张幻灯片中播放,转到第二张时声音就没有了。要让声音连续播放,就要选定这个小喇叭,单击"选项"选项卡中"声音选项"组的"播放声音"中的"跨幻灯片播放",这样就能够连续播放了。

9.3.3 插入表格和链接

1. 插入表格

在幻灯片中插入表格,可以先选定"插入"菜单,然后单击"表格"图标,打开"表格"下拉菜单。当拖动鼠标在小格子上滑过时,演示文稿中就会出现正在设计的表格的雏形,如图 9-41 所示,这里选择一个 5×5 的表格。

接下来可以修改这个表格的样式。选定或者双击表格的边缘,功能区会自动显示为表格专用的"选项"选项卡,可以从中选择展示表格不同风格的区域、表格线条的粗细和颜色,甚至表格中文字的样式,还可以(如图 9-42 所示)为表格中的字添加倒影。

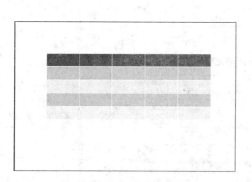

图 9-41 插入 5×5 的表格

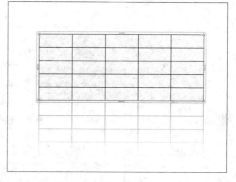

图 9-42 添加倒影的表格

2. 插入"Excel 工作表"

在"插入"选项卡中"表格"按钮的下拉列表框中,还有一项"Excel 电子表格"命令。如果用户的计算机上已安装了 Excel 2007 的话,单击这项命令后,把它拉大,会在演示文稿中插入一个 Excel 工作区,如图 9-43 所示。

在这个编辑区(在默认情况下这个区域比较小)中,用户可以像操作 Excel 一样进行数据排序、计算等工作,操作之后只需要单击旁边空白的位置,一个美观的表格即跃然纸上。表格的样式和颜色模板同样也可以应用到 Excel 工作区中。

3. 复制"Excel 工作表"

在插入"Excel 工作表"的基础上,还可以在 Excel 中复制部分内容,添加到演示文稿

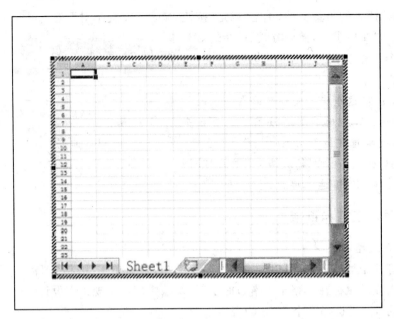

图 9-43　在演示文稿中插入 Excel 工作表

的幻灯片中。例如,选定一个带有格式、颜色和不同列宽的表格,在 PowerPoint 的功能区中单击"粘贴"按钮或者使用 Ctrl＋V 键,这时会出现一个几乎完全一样的表格,如图 9-44所示。

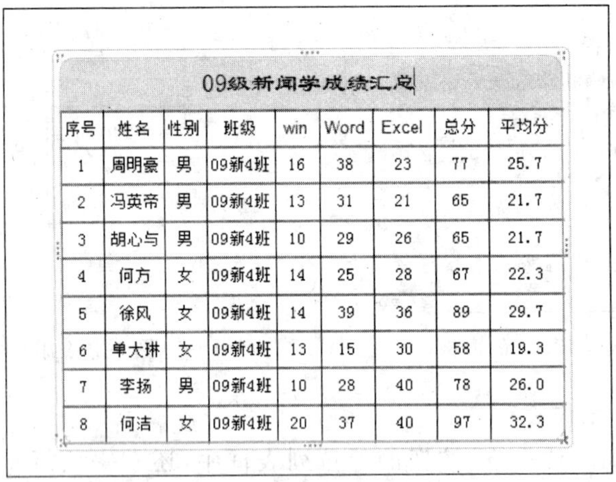

序号	姓名	性别	班级	win	Word	Excel	总分	平均分
1	周明豪	男	09新4班	16	38	23	77	25.7
2	冯英帝	男	09新4班	13	31	21	65	21.7
3	胡心与	男	09新4班	10	29	26	65	21.7
4	何方	女	09新4班	14	25	28	67	22.3
5	徐风	女	09新4班	14	39	36	89	29.7
6	单大琳	女	09新4班	13	15	30	58	19.3
7	李扬	男	09新4班	10	28	40	78	26.0
8	何洁	女	09新4班	20	37	40	97	32.3

09级新闻学成绩汇总

图 9-44　复制/粘贴的 Excel 工作表

对于复制过来的表格,如果觉得样式不够漂亮的话,海可以重新设置表格样式。

注意:不要把过大的表格直接从 Excel 中复制到 PowerPoint 中来。一方面这是没有意义的,如果复制的表格超过 25 行,就无法看清楚表格里的内容;另一方面受幻灯片的限制,太大的表格处理不了,会把它弄得一团糟。

4. 建立超链接

超链接有两种形式，一是在演示文稿幻灯片之间的互相链接，二是链接到演示文稿以外的网页、文件上。这种超链接使演示文稿的内容组织更加灵活，大大增强了幻灯片的表现力和播放效果。

在演示文稿中建立超链接的操作步骤如下：

① 选定演示文稿中的一个对象，这个对象可以是文字、图标或图片等。单击"插入"选项卡中"链接"组的"超链接"按钮，打开"插入超链接"对话框，如图 9-45 所示。

图 9-45 "插入超链接"对话框

② 在这个对话框中选定要链接的位置，如果要链接到文件，就可以选择"当前文件夹"或"最近使用过的文件"选项。

③ 如果要在本演示文稿中链接，就选择"本文档中的位置"，这时会显示本演示文稿每个幻灯片的编号供选择。

④ 如果要链接到网页，就要在"地址"栏中输入"具体网址"，也可以单击右上角的"屏幕提示"按钮，在打开的屏幕提示设置超链接。

⑤ 选择超链接后，单击"确定"按钮。然后在超链接的对象下面添加一条横线，以做提示。在幻灯片放映时，鼠标移到超链接对象时，会出现一个"手型"，以提醒此处有超链接。

9.4 "设计"幻灯片

一个演示文稿大多由多张幻灯片组成，要让每一张幻灯片都能吸引人，就要对其进行设计。这里的设计是指对页面、幻灯片主题和幻灯片背景的设计，其功能区如图 9-46 所示。

图 9-46 "设计"选项卡功能区

9.4.1　页面设置

PowerPoint 2007增加了纵向的页面设置，以及幻灯片大小的设计。单击"设计"选项卡中"页面设置"组的"页面设置"按钮，打开页面设置对话框，如图9-47所示。在这个对话框中有"幻灯片大小"和"方向"两个选择。单击"幻灯片大小"按钮，打开下拉列表框，在下拉列表框中有多项幻灯片大小尺寸可以选择，如图9-48所示。

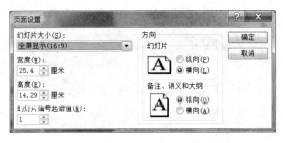

图9-47　"页面设置"对话框

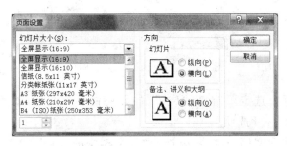

图9-48　幻灯片大小选择

单击"幻灯片方向"按钮，打开下拉列表框，其中只有一种选择，默认的幻灯片为横向，单击"纵向"后，演示文稿的幻灯片就成为纵向显示。

9.4.2　设计主题

主题是一组统一的设计元素（使用颜色、字体和图形设置文档的外观），PowerPoint 2007内置了多种多样的主题模板，可以随时将整个演示文稿的主题进行设置。

在"设计"选项卡的"主题"组中展示了一部分主题模板，当单击"主题"下拉按钮后，即打开所有主题模板列表框。单击"所有主题"按钮，打开选择显示样式下拉菜单，如图9-49所示。选择了其中一种主题模板后，演示文稿的所有幻灯片就变为所选的那种主题模板。

1. 调整主题模板颜色

选择了一种主题模板后，可以对其颜色进行适当的调整。单击"主题"组的"颜色"按钮，打开内置颜色样式下拉列表框，其中展示了各种色板和名称。鼠标指针移动到哪个颜色板上，演示文稿的幻灯片就会变成那种颜色。

如果这些还不能够满足用户对色彩的要求，那么可以单击"内置"下拉列表框的"新建主题颜色"选项，打开新建主题颜色列表框，如图9-50所示。根据需要新建主题颜色后，

图 9-49　所有主题样式列表框

图 9-50　内置主题颜色样式和新建主题颜色列表框

在名称框输入"自定义 111"名称,单击"保存"按钮,新建主题颜色就保存在"自定义"中,如图 9-51 所示,可以随时调用。

2. 调整主题模板字体和效果

主题模板的字体样式同样可以调整。单击"主题"组的"字体"按钮,打开内置字体样式下拉列表框,其中展示了各种字体和名称。鼠标指针移动到某个字体(颜色),演示文稿的幻灯片就会变成那种字体(颜色)。

如果这些字体不能满足用户的要求,可以单击"内置"

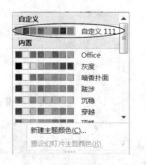

图 9-51　自定义主题模板颜色

下拉列表框的"新建主题字体"选项,即打开新建主题字体列表框,如图 9-52 所示。根据需要新建主题字体后,在名称框输入"自定义 1"名称,单击"保存"按钮,新建主题字体就保存在"自定义"中,如图 9-53 所示,可以随时调用。

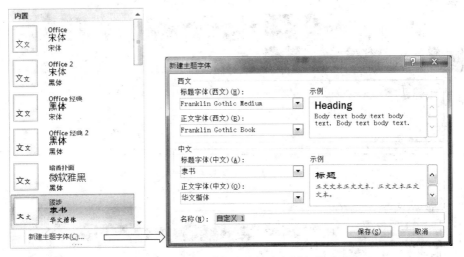

图 9-52　内置主题字体样式和新建主题字体对话框

　　效果是指主题模板中每个对象的样式(颜色、阴影等)如何。单击"主题"组的"效果"按钮,打开内置效果下拉列表框,其中展示了各种效果样式和名称,如图 9-54 所示。单击其中一个效果后,演示文稿的幻灯片就会显示其效果。

图 9-53　自定义主题模板字体

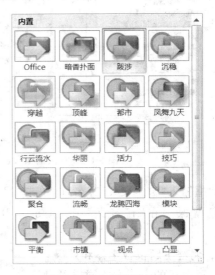

图 9-54　主题模板效果

9.4.3　设计背景

　　在 PowerPoint 2007 中,设计演示文稿背景是设计一个背景样式,可以覆盖演示文稿的所有幻灯片,也可以是一个幻灯片,所以在设计之前先要选定需要设计背景样式的幻灯片。

单击"设计"选项卡中"背景"组的"背景样式"下拉按钮,打开内置的 12 个背景样式,单击其一种,演示文稿的所有幻灯片就会显示选定的背景样式。鼠标指针指向其中一种背景样式,右击,打开一个选项菜单,如图 9-55 所示,选择"应用于所选幻灯片",演示文稿中所选幻灯片的背景就会显示指定的样式。

单击"设计背景格式"命令,打开"设计背景格式"对话框,如图 9-55 所示,可用从中选择"填充"或者"图片",挑选心仪的图片或者背景色来美化幻灯片的背景。

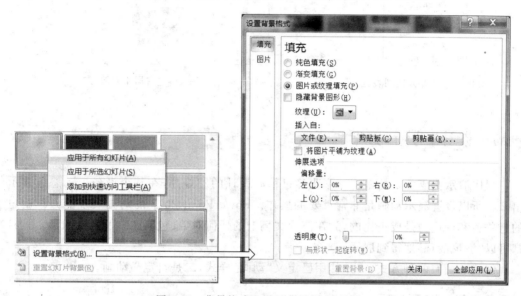

图 9-55　背景格式和设置背景格式对话框

9.4.4　设置多个对象对齐

想靠鼠标或者目测去对齐多个图形往往很难做到精准。在 PowerPoint 2007 中,可以采用以下操作轻松实现。

① 选定想要对齐的多个图形(按住 Ctrl 键可以多选),如图 9-56 所示。

② 单击"格式"选项卡中"排列"组的"对齐"按钮,打开下拉列表框,如图 9-57 所示。

③ 在显示的下拉列表框中选择一种对齐方式即可实现对齐。如图 9-58 所选的是"左右居中"对齐方式,此外还可以选择横向或者竖向平均分布多个图形。

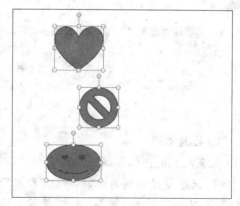

图 9-56　选定多个图形

图 9-57　对齐方式列表框

图 9-58　左右居中对齐

9.5　设计"动画"方案

　　制作演示文稿的目的是将一张张经过精心设计的幻灯片,在某个设备上动态地演示出来。所以设置演示动画是非常重要的操作。PowerPoint 2007 的动画展现能力跟用户的想象力和创造力是成正比的,放在演示文稿上的任何对象(包括文字、图片、图形、图表)都可以"活灵活现"地得到展示。

　　创建动画有两种方式,一是使用已定义"动画"样式,二是自定义动画。

9.5.1　创建演示动画

　　动画是在演示中常用的表现手段,PowerPoint 2007 的"动画"选项卡下有"预览"、"动画"和"切换到此幻灯片"三组选项,如图 9-59 所示,可以设置动画效果和幻灯片切换等。

图 9-59　"动画"选项卡功能

1. 设置动画

设置动画的操作步骤如下:

　　① 选定设置动画的对象,单击"动画"选项卡中"动画"组的"动画"按钮,打开下拉列表框,为对象选择动画效果(淡出、擦除、飞入)。当鼠标指针移到其中一种动画效果时,所选的对象就会按照所选的效果动起来。

　　② 单击选定的一种效果后,在对象上会出现个框,框的左上角有个数字,这个数字是动画的出场顺序号,而且会在"自定义动画"任务窗格中排列出来。如果没有这两项显示,

可以单击"动画"组的"自定义动画"按钮,如图 9-60 所示。

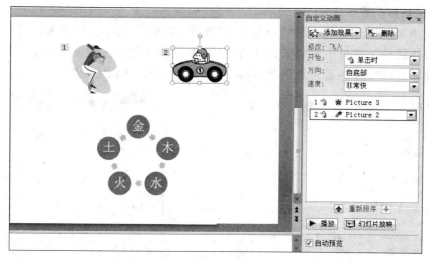

图 9-60 自定义动画效果

③ 而第三个图中有 5 个小图,这样就有多种进场样式。选定第三个图,单击"动画"选项卡中"动画"组的"动画"按钮,打开下拉列表框,如图 9-61 所示。

④ 这个列表框动画样式就多一些,例如选择了"擦除"的"逐个",那么五个小图就会逐个出场,出场的顺序在图的左上角标示,如图 9-62 所示。

图 9-61 设计"动画"菜单

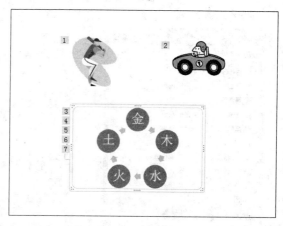

图 9-62 擦除"逐个"动画结果

⑤ 要预览"动画",就单击"动画"选项卡中"预览动画按钮";要改变动画的出场顺序,就在"自定义动画"任务窗格中,使用重新排序的上下按钮。

要删除动画,可以右击任务窗格中选定动画,选择菜单中的"删除"命令。

2. 自定义动画

自定义动画的方式与以往的 PowerPoint 版本大同小异,对于每一个独立的动画对象(无论是文字还是图片),都可以设置进入、强调、退出、动作路径四种自定义动画效果。

自定义动画的操作步骤如下:

① 单击"动画"选项卡,选定要添加自定义动画的对象,然后单击"自定义动画"按钮,打开自定义动画任务窗格。

② 单击"自定义动画"窗格的"添加效果"按钮。添加的效果包括"进入"、"强调"、"退出"和"动作路径",在每个效果下面还有一个"其他效果"命令,有更多的选项可选,如图9-63至图9-66所示。合理地组合动画效果可以使演示文档更引人注目。

图 9-63　进入的其他效果

图 9-64　强调的其他效果

图 9-65　退出的其他效果

图 9-66　动作路径的其他效果

9.5.2　设置幻灯片切换方式

幻灯片切换是指从上一张幻灯片转换到下一张幻灯片。幻灯片切换包括切换方式、切换声音、切换速度,以及换片的方式。

操作步骤如下:

① 单击"动画"选项卡中"切换到此幻灯片"组的"切换模式"按钮,打开切换模式列表框,如图 9-67 所示。

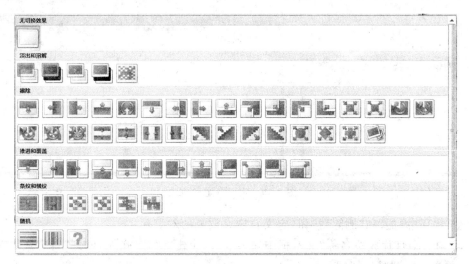

图 9-67　切换模式列表框

② 当鼠标指针移动到其中一种切换模式时,幻灯片就会自动演示。单击选定的模式。

③ 单击"切换声音"按钮,在下拉列表框中选择一种切换声音。

④ 单击"切换速度"按钮,在下拉列表框中选择一种切换速度。

⑤ 单击全部应用按钮。

⑥ 切换方式的默认状态是"单击鼠标时",如果在演示文稿中创建了"动画"、"幻灯片切换"等,最好就用"单击鼠标时",因为这样比较容易掌握时间。如果要自动放映,就设置"在此之后自动设置动画效果"的时间间隔。

9.6 "幻灯片放映"编排

一个演示文稿制作好,就可以放映了。演示文稿的放映有多种方式,可以根据需要选择系统提供的放映方式,也可以自定义放映方式。

9.6.1 开始放映幻灯片

"开始放映幻灯片"组中提供了三种放映方式,如图 9-68 所示。

(1) 从头开始:无论选定哪一张幻灯片,单击"从头开始"都会从演示文稿第一张幻灯片开始播放。

图 9-68　放映方式按钮

(2) 从当前幻灯片开始:从选定的幻灯片开始播放。

(3) 自定义幻灯片放映:从演示文稿中抽取几张幻灯片出

来播放,甚至改变其放映顺序。

自定义幻灯片放映的操作步骤如下:

① 单击"自定义幻灯片放映"的下拉按钮,打开"自定义对话框"对话框。

② 单击"新建"按钮,打开"定义自定义放映"对话框,如图 9-69 所示。

图 9-69　定义自定义放映

③ 利用"添加"和"删除"按钮,定义自定义放映的幻灯片,

④ 在 "幻灯片放映名称"文本框中输入名称,单击"确定"按钮,回到"自定义放映"对话框,再单击"放映"按钮即可。

此时在"自定义幻灯片放映"的下拉列表框中会显示在"自定义幻灯片放映名称"输入的名称。

9.6.2　设置幻灯片放映

PowerPoint 2007 提供了更加灵活的幻灯片放映模式,单击"设置"组上的"设置幻灯片放映"按钮,打开"设定放映模式"对话框,如图 9-70 所示。在"设置放映方式"对话框中有放映类型、放映选项、放映幻灯片和换片方式的选项。

图 9-70　"设置放映方式"对话框

1. 关于放映类型选项

（1）"演讲者放映（全屏幕）"。此项一般为默认项，表示演讲者可以控制播放的演示文稿。例如演讲者可以暂停演示文稿，控制每张幻灯片的演示时间等。

（2）"观众自行浏览（窗口）"。此项是指演示文稿在一个提供命令的窗口中播放，使用窗口菜单栏上的命令选择幻灯片放映，也可以打开其他程序。

（3）"在展台浏览（全屏幕）"。此项可自动运行演示文稿。如果在展览会上或其他地点无人管理放映的幻灯片时，可以将演示文稿设置为这种类型，以便循环播放。运行播放时大多数的菜单和命令都不能用。

2. 关于绘图笔

绘图笔是在播放幻灯片时，用鼠标光标代替笔在放映的幻灯片上画涂。关闭放映后，绘图笔所画涂的痕迹不会保存在幻灯片上。

使用的过程是，在"设置放映方式"对话框中，设置"绘图笔颜色"。在幻灯片放映时，右击，打开快捷菜单，如图 9-71 所示，选择"指针选项"的绘图笔指针项，即可在放映演示文稿中使用绘图笔。

图 9-71　绘图笔指针选项

9.7　"审阅"演示文稿

单击"审阅"选项卡，打开"审阅"选项卡，可以看到"校对"、"中文简繁转换"、"批注"等，如图 9-72 所示。

图 9-72　"审阅"选项卡的功能组

9.7.1　校对

"校对"组中包括"拼写检查"、"信息检索"、同义词库、翻译、语言按钮。

（1）拼写检查：自动对演示文稿中的拼写进行检查，不论中英文。如果 PowerPoint 认为句子或者单词有错，会自动在文字下面划上红色波浪线。例如，"PowerpPoint"的拼写中间多了个 P，就会在字母下面划上红线，鼠标指针指向拼错的字母。右击，打开快捷菜单，选择正确拼写的字母即可，如 9-73 所示。还可以单击"拼写检查"按钮进入词库，根据选项来更改拼写，如图 9-74 所示。

（2）信息检索：PowerPoint 内置词典，可以进行词汇翻译、查找同义词等。例如，将中文"巨大"在任务窗格翻译成英文,如图9-75所示;将英文"World"在任务窗格翻译成中文,如图9-76所示。

(3)"同义词库"和"翻译"按钮则是"信息检索"中的快捷键。

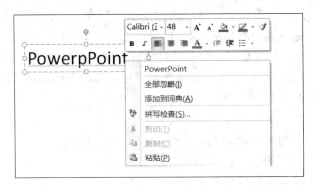

图 9-73　拼写检查快捷菜单

图 9-74　"拼写检查"对话框

图 9-75　中文翻译为英文

9.7.2　中文简繁体转换

简繁转换功能在 Word 中已被普遍使用,但在 PowerPoint 中却还是第一次被引入。

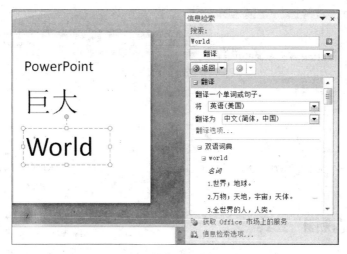

图 9-76   英文翻译为中文

当需要使用一些繁体中文的幻灯片时,用户就不必再借助 Word 进行简繁转换了。具体的操作方式是,选定需要进行简转繁或繁转简的文字,单击"中文简繁转换"组中相应的按钮即可完成,如图 9-77 所示。

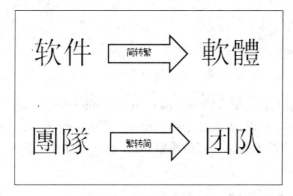

图 9-77   简繁和繁简转换

9.7.3   添加批注

批注是一个比较简单实用的功能,可以在幻灯片的任意位置添加批注,其目的是向阅读者提示,或者在撰写者之间进行沟通。在放映幻灯片时,批注并不会显示出来。

使用批注的操作方法很简单,选定添加批注的对象(如果不选定具体的对象,批注就添加到本幻灯片的左上角),单击"新建批注"或者"编辑批注"按钮即可添加或编辑一个批注,如图 9-78、图 9-79 所示。

选定批注,单击"编辑批注"按钮,即可对批注进行编辑修改。

选定批注,单击"删除"按钮,即可对批注进行选择性删除。

图 9-78　为文字添加批注　　　　　　　　　　图 9-79　为幻灯片添加批注

9.8　应用"视图"工具

在 PowerPoint 2007 中，"视图"是独立出来的选项卡，如图 9-80 所示。其中包括演示文稿视图、显示/隐藏标尺和网格线、放大缩小显示比例、颜色/灰度、窗口等扩展幻灯片功能，便于用户能够快速找到各种编辑视图。

图 9-80　"视图"选项卡组

可以在演示文稿中加入宏。Visual Basic for Application(VBA)是 Microsoft Visual Basic 的宏语言版本，可以编写基于 Microsoft Windows 的应用程序，内置于多个 Microsoft 程序中。介绍宏要花一定的篇幅，有兴趣的读者可以参考 Office 的帮助文档，这里就不介绍了。

9.8.1　切换演示文稿视图

演示文稿视图共七种，单击不同的视图按钮可以将其切换到对应的视图中进行编辑或者演示。

（1）普通视图：通常的编辑界面。

（2）幻灯片浏览视图：整齐地把幻灯片逐个排放成预览大图标。

（3）备注页视图：打开备注页并可以向演示文稿添加备注。

（4）幻灯片放映：单击此按钮就开始放映幻灯片。

（5）幻灯片母版视图：母版是制作幻灯片标题、正文等为统一格式，幻灯片母版视图的编辑，只能在幻灯片母版视图进行，在幻灯片中不能进行编辑。

（6）讲义母版视图：编辑讲义的母版，在此可以添加页眉、页脚、页码和颜色等主题。

（7）备注母版：用于将备注打印出来的版面设计。

这七种视图，有六种单击其按钮就可以实现，但"幻灯片母版视图"要进行操作后才能显示和编辑。

例如,利用母版将演示文稿的所有幻灯片,依次每张都添加一个图片,其操作步骤是:

① 打开要添加图片的演示文稿,单击"视图"选项卡中"演示文稿视图"组的"幻灯片母版",选定在左侧幻灯片列表内最上面的第一张幻灯片。

② 单击"插入"选项卡中的"图片",选择需要插入的图片,选定图片并拖动其调整好大小和位置,这时在左侧列表中的所有幻灯片都出现了相同的标志,如图 9-81 所示。

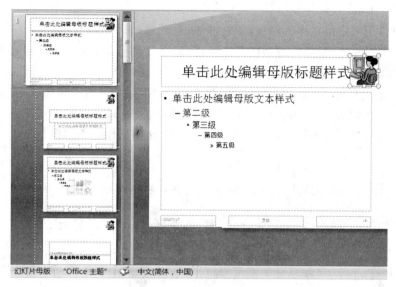

图 9-81　制作幻灯片母版

③ 单击"幻灯片母版"选项卡中"关闭母版视图"按钮,即在每一张幻灯片上都加上图片,如图 9-82 所示。

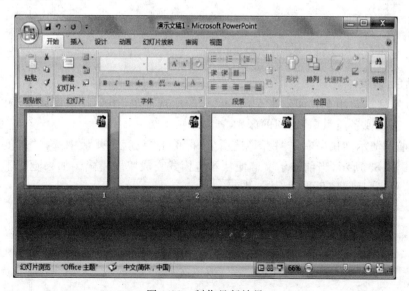

图 9-82　制作母版效果

④ 母版制作好后,在普通视图上无法修改,必须到"编辑幻灯片母版"中进行修改。键入编辑幻灯片母版的步骤和制作幻灯片母版的步骤相同。

9.8.2 "视图"的其他功能

1."显示/隐藏"功能

"显示/隐藏"功能用于打开和关闭网格线和周边的标尺。只要单击其复选框即可使用,如图 9-83 所示。

标尺可以用来定位文本的位置,如缩进等;而网格线也是辅助定位的方式之一,用鼠标拖动一个图形靠近网格线,然后松开鼠标,图形会自动附着在最近的网格线上。

2.显示比例

调整幻灯片的显示比例有多种途径,可以在"视图"选项卡中,单击"显示比例"按钮,打开"显示比例"对话框(如图 9-84 所示)进行设置;也可以直接按住 Ctrl 键再滚动鼠标滚轮;还可以通过调整 PowerPoint 窗口右下角的显示比例拖动条来实现。

图 9-83　显示标尺和网格线　　　　　图 9-84　"显示比例"对话框

3.颜色/灰度

颜色/灰度主要用在打印效果上,单击"更改所选对象"组上的灰度或者纯黑白按钮,可以显示"灰度或者纯黑白"之间的区别。

在当前的演示文稿中右击"视图"选项卡,再单击"灰度",并从中选择"灰度"或者"浅灰度",如图 9-85 所示,当前演示文稿便从彩色模式变成灰度模式。如果觉得不需要设置灰度的话,单击"返回颜色视图"按钮即可。

图 9-85　纯黑白模式

9.9 保存/打印演示文稿

PowerPoint 2007 支持多种格式保存演示文稿,可以是 PowerPoint 文稿,也可以是 GIF 或者 JPG 图片文档。由于 Office 2007 和 Office 2003 或者之前的版本对文档格式的理解是不同的,所以用 PowerPoint 2007 制作了演示文稿而且发给其他人看,除非确认对方已经安装了 Office 2007,否则都会建议将 PowerPoint 文稿保存为"PowerPoint 97-2003 演示文稿"类型。

保存演示文稿,可以单击"Office 按钮",选择"保存"或"另存为"命令。打开另存为对话框,根据演示文稿的内容输入名称,这时要注意"保存类型"列表框中的类型,因为这关系到以后能否打开的问题。单击"保存类型"的下拉按钮,可以在保存类型列表框中进行选择,如图 9-86 所示。

图 9-86　保存类型菜单

9.9.1 如何减少幻灯片字节

保存演示文稿会有一个字节大小的问题,如果幻灯片中图片过多,会影响正常的邮件传递,或者影响传递的速度。减少幻灯片字节的办法有以下三种:

(1) 保存格式,用 PowerPoint 2007 默认的格式(.pptx)会比 PowerPoint 2003 兼容模式(.ppt)的文件要小。

(2) 看插入的图片是否有位图文件(.bmp),虽然.bmp 文件属于无损图片,但占字节太多,所以在插入到演示文稿之前,将.bmp 图片另存成.jpg 等格式文件,将会大大减小幻灯片所占的字节。

(3) 如果觉得前两种方法都无法满足要求的话,可以试试 PowerPoint 的图片缩减工具。选定图片,单击"格式"选项卡中"调整"组的"压缩图片"按钮。不过这个方法比较麻烦,要一个图片一个图片地进行压缩。

9.9.2　保存为自动播放幻灯片光盘

另一种保存的方法，就是保存自动播放幻灯片光盘。其优点是可以在没有安装PowerPoint软件使得计算机上播放，保存自动播放幻灯片光盘的前提是计算机硬件要有刻录机。

保存为自动播放幻灯片光盘的操作步骤如下：

① 单击Office按钮，选择"发布"中的"CD数据包"命令，如图9-87所示。

② 打开"打包成CD"对话框，如图9-88所示，这时在刻录机中放入可写光盘，再单击"复制到CD"按钮，就可以将该演示文件复制到CD上。无论对方的计算机里是否安装了PowerPoint的播放工具，这张CD都可以通过自带打包的播放工具来进行播放。

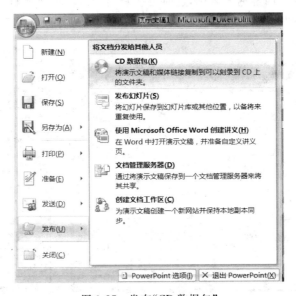

图9-87　发布"CD数据包"

图9-88　打包成CD

9.9.3　打印演示文稿

打印演示文稿的过程与word、Excel都差不多，同样是单击Office按钮，选择"打印"中的"打印"命令。这里需要提示两点，一是在打印之前一定要预览打印，二是在"打印"对话框中将"打印内容"选择为"讲义","颜色/灰度"选择为"灰度"。这样做的目的有二：一是预览打印可以节约纸张,还可以选择打印的幻灯片如何布局;二是选择"讲义"、"灰度"颜色,打印的颜色效果好,如图 9-89 所示。

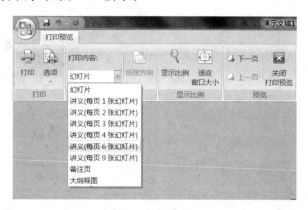

图 9-89 "打印预览"选项

9.9.4 Office 按钮的其他功能

单击 Office 按钮后,打开的菜单中除了"保存"、"打印"的功能,还有一些其他功能。下面简单介绍这些功能。

(1)"准备"功能:用户可以为演示文稿设置一些文件属性,比如修改演示文稿的作者或者设置文档权限等。

(2)"发送"功能:如果用户的邮件系统配置正常,单击"电子邮件"发送演示文稿,PowerPoint 软件会立即调用 Outlook 或者 Outlook Express 新建一封空白邮件,并把当前的演示文稿作为邮件附件放入其中。

如果用户的电子传真系统能够正常工作,还能将演示文稿直接传真出去。

(3)"发布"功能:这是 PowerPoint 2007 的亮点之一,用户可以选择下面几种文档分发方式。

① CD 数据包。这项功能可以将已创建的演示文稿复制到可以刻录到 CD 上的文件夹中,采用这种方式发布的演示文稿,可以在没有安装 PowerPoint 的计算机上播放。

② 发布幻灯片。这是一个高效的功能。如果有一份很多页的演示文稿,只想珍藏其中最有价值的几页幻灯片,就可以使用"发布幻灯片"功能,把它们快速挑出来保存,而无须再打开全部演示文稿。

③ 使用 Microsoft Office Word 创建讲义。就是把演示文稿作为 Word 文档保存或打印出来。

④ 文档管理服务器。如果用户将一个网络驱动器作为默认文档服务器,选择这一项会直接把用户的演示文稿保存到该文档服务器。

⑤ 创建文档工作区。如果用户基于 SharePoint 技术构建协作工作区时,选择这一项可以帮助用户在 SharePoint 网站上创建文档工作区,并与别人共同完成演示文稿。

第10章

使用 Access 2007 数据库

10.1　了解数据库

数据库是保存数据的"仓库"。使用数据管理系统能够将身边的数据,例如产品的销售情况、学生的考试成绩、家庭的日常开销、联系地址等有条理地保存起来,可以随时查询、统计、打印或添加、删除、更新等,提高工作效率和质量。

在数据库中,由多个字段组成记录,再由多个记录组成数据表,最后通过多个数据表及它们之间的关系组成数据库系统。数据库技术的不断发展,使用户可以科学地组织和存储数据,高效地获取和处理数据。

10.2　数据库的基本操作

数据库是信息的集合,一个数据库可以包含若干个表、报表和窗体等对象。通常情况下可以先创建一个数据库,然后创建表和窗体等对象。在创建数据库之前,还需要制定规划,以避免因设计不周而造成不必要的麻烦。

下面介绍数据库的创建、保存、打开和关闭等基本操作。

10.2.1　创建和保存数据库

Access 2007 提供了两种创建数据库的方法:一种是先创建空数据库,然后往数据库中添加表、窗体、报表以及其他对象,这种方法比较灵活,但需要分别定义每一个数据库元素;另一种是使用模板创建数据库,仅一次操作即可为数据库创建表、窗体及报表,这是创建数据库最简单的方法。无论使用哪一种方法,在数据库创建之后,都可以随时修改或扩展该数据库的数据。

在创建数据库之前,先介绍一下 Access 2007 的欢迎界面。

启动 Access 2007 后,选择"开始"→"所有程序",Microsoft Office→Microsoft Office Access 2007,即打开"开始使用 Microsoft Office Access"的窗口,该窗口由五部分组成,左侧是模板类别,右侧是最近的数据库,中间窗格从上到下依次是"空白数据库"图标、模板类型和新增功能简介,如图 10-1 所示。

图 10-1 "开始使用 Microsoft Office Access"窗口

1. 创建和保存空数据库

创建空数据库就是建立具有数据库的结构,但是没有数据库对象和数据的空白数据库。

创建空白数据库的操作步骤如下:

① 单击窗口左上角的 Office 按钮,在显示的下拉列表框中单击"新建"命令,显示欢迎界面。

② 单击"空白数据库"图标,在右窗格中下面默认创建数据库的名 Database. accdb,这个名字随时可以改,在文件名的下面显示默认创建数据库的位置,单击文件夹图标,可以改变创建的位置,如图 10-2 所示。单击"创建"按钮,即创建了一个空白数据库。

③ 除此以外,按 Ctrl+N 键、依次按 Alt、F、N 和 Enter 键、单击快速访问工具栏中的"新建"按钮,都可以创建空白数据库。

2. 利用模板创建和保存数据库

Access 2007 提供了数据库模板,利用这些模板,可以快速方便地创建模板的数据库。模板数据库包括"教职员"、"联系人"、"任务"、"事件"和"项目"等,

创建模板数据库的操作步骤如下:

① 单击 Office 按钮的"新建"命令。

② 在"开始使用 Microsoft Office Access"窗口,单击"模板类别"栏"本地模板"项,在中间窗格中选择所需的模板类型,单击"创建"按钮,可创建一个基于该模板的数据库。如图 10-3 所示为创建的基于"联系人"模板的数据库。

注意:在 Access 中输入新数据过程中不需要手动执行保存,因为在输入不同的记录,或关闭活动的窗体、数据表、数据访问页、数据库,以及退出 Access 2007 时,系统将自动保存新数据。如果在上一次保存之后,又更改了数据库对象的设计,Access 2007 将在退出之前询问用户是否保存这些更改。

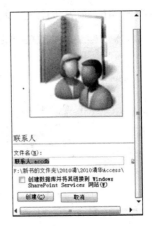

图 10-2　创建和保存空白数据库对话框　　　图 10-3　利用模板创建"联系人"数据库

10.2.2　打开和关闭数据库

1. 打开数据库

无论是创建空数据库,还是利用模板创建的数据库,保存后都要再打开进行添加表、报表和窗体等操作。另外值得知道的是,在打开另一个数据库的同时,Access 2007 将自动关闭当前的数据库。

打开数据库的方法主要有,单击 Office 按钮选择"打开"命令,在显示的"打开"对话框中选择要打开的文件,单击"打开"按钮。

另外可以使用快捷键:按 Ctrl+O 键或按 Ctrl+F12 键。

另外,单击 Office 按钮,显示下拉列表框,在"最近使用的文档"列表中显示最近使用过的文件,直接单击所需的文件名,即可快速打开数据库。

2. 关闭数据库

关闭数据库的操作与打开数据库一样简单,主要的操作是,单击 Office 按钮的"关闭数据库"命令或者"退出 Access"按钮。

其他关闭数据库的操作有,双击 Office 按钮,或单击标题栏右端的"关闭"按钮。

还可以使用快捷键:Alt+F4、Ctrl+W、Ctrl+F4、Alt+F+C、Alt+F+X,均可以关闭数据库,快捷键有一个不方便因素,不容易记住。

10.3　数据表的基本操作

10.3.1　了解数据表

表是数据库的核心内容,最基本的组件,表记录了数据库中的全部数据,其他对象(如查询、报表、页等)均以表中的数据为基础。在创建表之前,必须先创建一个数据库,表示创建的表属于该数据库。

在表中数据按记录(行)和字段(列)的方式排列,一个数据库一般具有相关数据的多张表组成。

例 10-1 一个 09 级研究生数据库,包括一张 09 研究生基本情况表(表 10-1),表列出 09 级研究生的学号、姓名、性别、出生年月等一些基本情况;另一张表列出 09 研究生入学考试成绩表(表 10-2),第三张表是 09 研究生的导师情况表(表 10-3)。所有的表都包括研究生的数据信息,但在每张表中依据研究生学号关联了不同的数据,这就是数据库中分成几个彼此分离有互相关联的表。

表 10-1　09 级研究生基本情况表

学号	姓名	性别	出生年月	婚否	籍贯	政治面貌	职称	简历
09101	张腾飞	男	1982/4/3	已婚	江苏	党员	讲师	2002 年海河大学毕业,一直从事教学工作
09102	李丽英	女	1986/9/17	未婚	河北	群众	助教	2008 年北京大学毕业,一直从事教学工作
09103	王可	男	1985/5/4	未婚	北京	群众	助教	2007 年上海大学毕业,一直从事教学工作
09104	陈秀	女	1980/8/18	已婚	山东	团员	讲师	2000 年经贸大学毕业,一直从事教学工作
09105	周明	男	1981/1/2	已婚	天津	群众	工程师	2002 年天津大学毕业,一直从事教学工作

表 10-2　09 级研究生入学考试成绩表

学号	姓名	性别	外语	政治	专业	总分
09101	张腾飞	男	79	90	90	259
09102	李丽英	女	88	87	92	267
09103	王可	男	97	78	96	271
09104	陈秀	女	86	98	89	273
09105	周明	男	67	87	88	242

表 10-3　09 级研究生的导师情况表

学号	导师姓名	性别	职称	专业	邮编	电话
09101	腾越	男	教授	管理	100010	2787878
09102	马云	男	教授	经济	100010	23545423
09103	曹月	女	副教授	金融	100010	32325676
09104	江成功	男	教授	管理	100010	87871515
09105	李和平	男	副教授	经济	100010	66445656

10.3.2　Access 2007 的"字段"类型

在创建数据表之前,要了解 Access 2007 的"字段"类型,因为在创建数据表时不可避免要关系到"字段"类型。

Access 2007 数据库中共有 11 种可用的数据类型:文本、备注、数字、日期/时间、货币、自动编号、是/否、OLE 对象、超链接、附件和查询。它们的作用如下。

(1) 文本型:文本型字段是 Access 系统的默认字段类型,文本型字段的数据包括汉字、英文字符、数字字符(电话号码、邮编)、空格及其他专用字符。最多存储 255 个字符(一个汉字占两个字符),系统默认的字段长度为 50 个字符。

(2) 备注型:备注型字段是存储较长的文本数据的字段类型,是文本型字段的特殊形式,做多存储 63999 个字符。但是对备注型字段不能进行排序或索引。

(3) 数字型:数字型字段是存储由数字(0~9)、小数点和正负号组成的可以进行数据计算的字段类型。由于数字型数据表现形式和存储形式不同,数字型字段又分为整型、长整型、单精度型、双精度型等类型。Access 的默认数字型字段为长整型字段。

(4) 日期/时间型:日期/时间型字段是表示日期/时间数据的字段类型。根据日期/时间型字段存储数据显示格式的不同,日期/时间型字段又分为常规日期、长日期、中日期、短日期、长时间、中时间和短时间等类型。

(5) 货币型:货币型字段是存储货币值的字段类型。不用输入货币符号和千位分隔符,Access 会自动添加,并自动完成四舍五入。Access 系统将货币型字段长度设置为 8 个字节。

(6) 自动编号型:自动编号型是存储递增数据和随机数据的字段类型。Access 系统将自动编号型字段长度设置为 4 个字节。

(7) 是/否型:是/否型是存储只包含两个值的数据的字段类型。Access 系统将是/否型字段长度设置为 1 个字节。

(8) OLE 对象型:OLE 对象型字段是用于链接和嵌入其他应用程序所创建的对象的字段类型。其他应用程序所建的对象可以是图像、图表、声音、Word 文档、电子表格等。

(9) 超链接型:超链接型字段用于存储超链接字段类型。

(10) 查阅向导型:查阅向导型字段是用于存储从其他表中查阅到的数据的字段类型。

(11) 附件:支持任何文件类型,例如添加电子邮件等。

在创建数据表是使用做多类型主要考虑以下几个方面:字段存储的是什么样的数据,要存储数据的大小,是否要对数据进行计算以及进行何种计算,是否需要排序或索引,是否需要在查询或报表中对记录进行分组。

10.3.3　Access 2007 的"字段"属性

设置了数据类型之后,还要设置字段的属性,才能完成数据在表中的存储格式。不同字段所属的属性也不同,10 个字段类型共拥有 16 个属性,文本型字段拥有 16 个属性中的 15 个属性。各属性的意义如下。

(1) 字段大小：限定文本字段的大小和数字型数据的类型。文本型字段的字段大小属性是指文本型数据保存的大小和显示大小，默认情况下为 50 字节。文本型数据的大小范围为 0～255 个字节。数字型的"字段大小"属性是指数字型数据的类型。不同类型的数字型数据的大小范围也不同，数字型数据字段保存 0～255 之间的证书，占一个字节。

(2) 格式：控制数据显示或打印的格式。

(3) 输入掩码：掩码为数据的输入提高一个"保护伞"或模板，可确保不泄漏输入的数据。

(4) 标题：用于在窗体和报表中取代字段的名称。

(5) 默认值：添加新记录时，自动加入到新字段的值。

(6) 有效性规则：设置限定该字段所能接受的输入值。否则显示有效性文本中的提示信息。

(7) 有效性文本：当输入的数据部符合有效性规则时所显示的信息。

(8) 必填字段：设置该字段是否必填数据。

(9) 允许空字符串：设置是否允许输入空字符串。

(10) 索引：确定该字段是否索引，索引可以加快数据的存储速度。

(11) Unicode 压缩：设置该字段是否进行 Unicode 压缩，以减储存空间。

(12) 输入法模式：设置当光标定位在该字段时默认打开的输入法。

(13) 智能标记：标识和标记常见错误，并提供更改这些错误的选项。

(14) 查阅：设置可以在列表框或组合框中选择文本或数值。

(15) 小数位数：设置小数点的位数。

一张数据表在创建之前，要将数据表中字段类型、属性进行设置。对"09 级研究生基本情况表"的字段类型、属性的设置如表 10-4 所示。

表 10-4　09 级研究生基本情况表结构

字段名称	字段类型	字段大小	格式	索引	备注
学号	文本	6	无	有（无重复）	
姓名	文本	8	无	无	
性别	文本	2	无	无	有效性规则为"男"or"女"
出生年月	日期/时间	系统自动设置	无	无	yy/mm/dd
婚否	是/否	系统自动设置	无	无	
籍贯	文本	10	无	无	
政治面貌	查询向导		无	无	
职称	文本	12	无	无	
简历	备注	系统自动设置	无	无	

10.3.4 创建数据表

创建数据库,了解字段类型、属性之后,就可以创建数据表了,创建数据表可以采用直接创建、使用表模板创建、使用表设计创建和导入外部文件(如 Excel 2007 工作簿、Word 2007 文档、文本文件或其他数据库)创建等几种方法。

1. 直接创建数据表

例 10-2 创建一个"09 级研究生"数据库,在这个数据中创建三张数据表,分别为"09 级研究生基本情况表"、"09 级研究生入学考试成绩表"、"09 级研究生的导师情况表"。

使用直接创建数据表的方法,创建"09 级研究生基本情况表"的操作步骤如下:

① 单击窗口左上角的 Office 按钮,在显示的下拉列表框中单击"新建"命令,显示开始使用界面。

② 单击"空白数据库"图标,在右窗格下面文件名:"09 研究生. accdb"。

③ 单击文件夹图标,确定保存位置 F:\数据库例题\,单击"创建"按钮,即进入到"创建数据表"的窗口,如图 10-4 所示。

图 10-4 "创建数据表"的窗口

④ 创建数据表的默认名称为"表 1",把"表 1"改为:"09 级研究生基本情况表",单击"快速访问工具栏"的"保存"按钮,在打开的"另存为"对话框的"表名称"文本框中输入"09 级研究生基本情况表",如图 10-5 所示,单击"确定"按钮。

⑤ 单击"数据表"选项卡中第一组的"视图"下拉按钮,选择下拉列表框的"设计视图"命令,打开"设计"数据库窗口,如图 10-6 所示。

图 10-5 "另存为"对话框

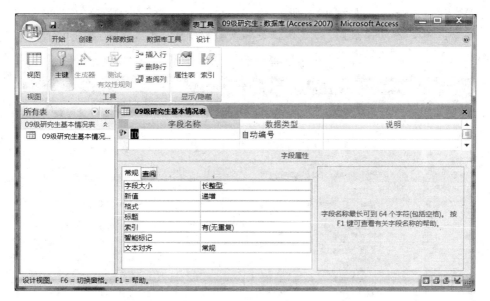

图 10-6 "设计"数据库窗口

⑥ 在"字段名称"下输入第一个字段的名称"学号",单击右侧的"数据类型",默认为"自动编号",单击其下拉按钮,打开数据类型列表,选择"文本",并在"常规"标签下"字段大小"输入"6","必填字段"选择"是",如图 10-7 所示。

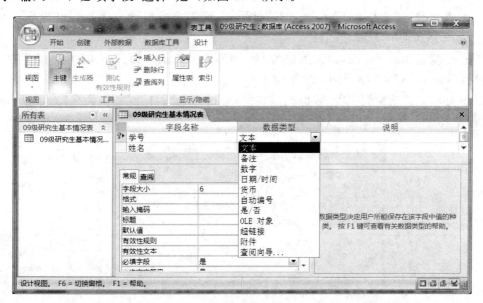

图 10-7 输入姓名的字段

⑦ 在"字段名称"下输入第二个字段的名称"姓名","数据类型"选择默认,在"常规"标签下"字段大小"输入"6","必填字段"选择"是"。

⑧ 在"字段名称"下输入第三个字段的名称"性别","数据类型"选择默认,在"常规"标签下"字段大小"输入"2",在"有效性规则"输入"Like "男" Or "Like 女"",再"有效性

文本"输入"输入错误!",如图 10-8 所示。

　　注意：输入"有效性规则"的具体值男和女的双引号，可以省略，按 Enter 键后自动添加。

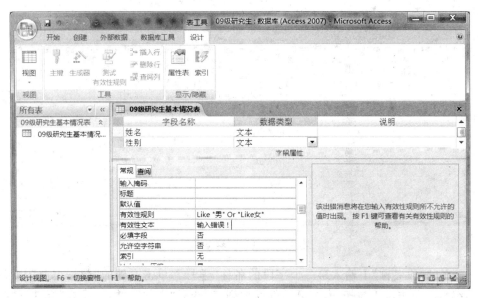

图 10-8　输入性别的字段

　　⑨ 继续输入"出生年月"字段，选择"时间/日期"数据类型，单击在"常规"标签"格式"按钮，打开格式菜单，选择"中日期"。

　　⑩ 继续输入婚否字段，数据类型为"是/否"，将默认值设为 True，再输入籍贯字段，数据类型为"文本"，"字段大小"设为 12 。

　　⑪ 在输入政治面貌字段，数据类型单击"查询向导"，打开"查询向导"对话框，单击"自行进入所需的值"，如图 10-9 所示。

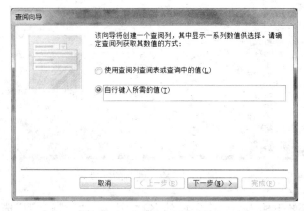

图 10-9　"查询向导"对话框

　　⑫ 单击"下一步"按钮，在打开的"查询向导"对话框中，分别输入如图 10-10 所示。

　　⑬ 单击"下一步"按钮，在"请为查询列指定标签"有"政治面貌"，如图 10-11 所示，单

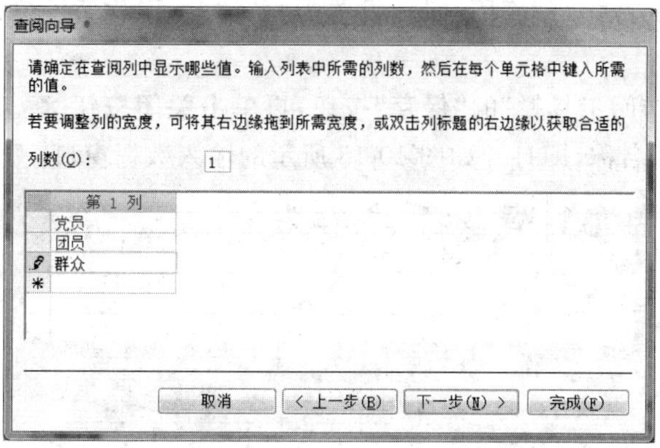

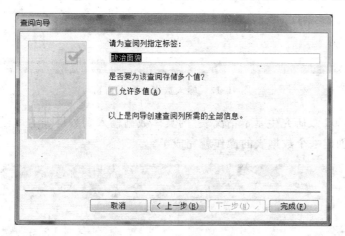

图 10-10　输入查询向导内容的对话框

击"完成",在返回的"查阅"标签下,将"限于列表"属性设为"是",其结果如图 10-12 所示。

图 10-11　确认查询名称

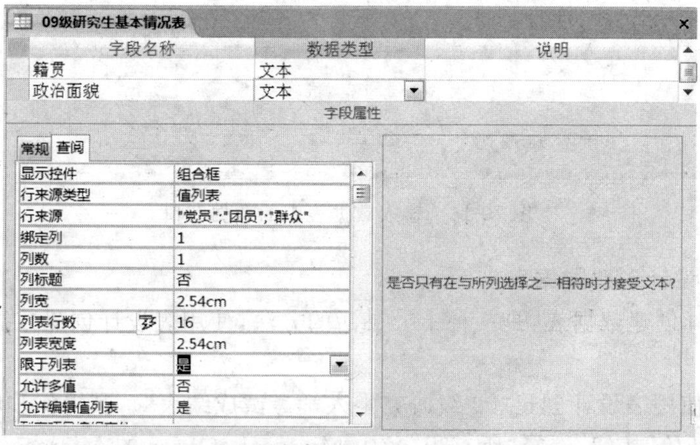

图 10-12　查询向导数据类型的查阅类型

⑭ 采取同样的方法,将"简历"字段设置为"备注"。职称暂不输入,在下面介绍添加这个字段。

⑮ 单击"快速访问工具栏"的"保存"按钮,再单击关闭按钮 ✖,双击左窗格中"09 级研究生基本情况表"名称,即打开如图 10-13 所示的输入数据窗口。

图 10-13　输入数据表数据窗口

⑯ 依次将"09 级研究生基本情况表"的具体数据输入到数据表中,结果如图 10-14 所示。至此直接创建一个数据表的操作就完成了。

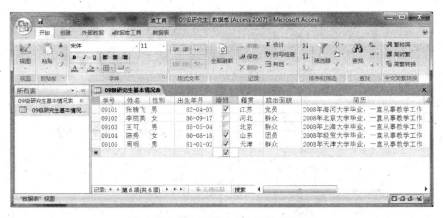

图 10-14　输入数据表中的数据窗口

2. 使用表设计创建数据表

使用表设计创建数据表,是一种十分灵活的方法,使用表设计创建数据表的方法也很简单。

例 10-3　使用表设计创建"09 级研究生入学考试成绩表"。其操作步骤如下:

① 单击"开始"按钮,选择"所有程序"中 Microsoft Office 的 Microsoft Office Access 2007,打开"开始使用"窗口,双击"打开最近使用的数据库"中的"09 级研究生.accdb",显示如图 10-15 所示窗口。

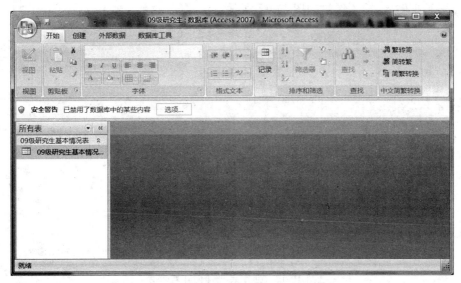

图 10-15　使用表设计创建数据表初窗口

② 单击"创建"选项卡中"表"组的"表设计"按钮,即进入设计字段类型和属性的窗口,按照前面创建表数据结构的方法,创建数据表字段类型、属性等,如图 10-16 所示。

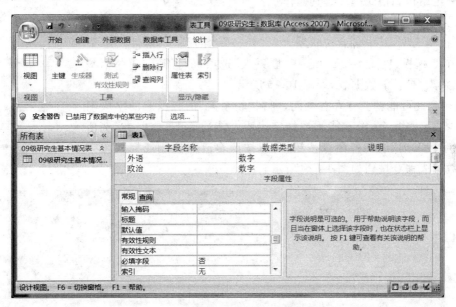

图 10-16　创建数据表字段类型和属性

③ 单击选择"学号"字段名,单击"设计"选项卡中"工具"组的"主键"按钮,设置"学号"字段为主键。

④ 单击"快速访问工具栏"的"保存"按钮,在保存名称中输入"09 研究生入学考试成绩表",单击"保存"按钮。关闭字段设置表。

⑤ 双击左窗格的"09 研究生入学考试成绩表"名称,打开输入数据表数据窗口,——

将数据表数据输入,输入结果如图 10-17 所示。

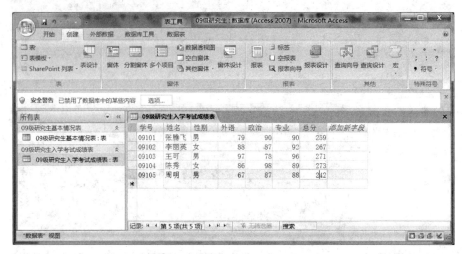

图 10-17　使用表设计创建数据表

3. 使用模板创建数据表

Access 2007 提供了很多模板供用户选择,通过表模板可以创建具有一定结构和格式的表。其操作步骤如下:

① 单击"创建"选项卡中"表"组的"表模板"下拉按钮,显示"表模板"下拉列表框,其中包含"联系人"、"任务"、"问题"、"事件"和"资产"5 个表模板(见图 10-18),选择"联系人"选项,即打开创建一个基于"联系人"模板的数据表,如图 10-19 所示。

② 到此可能就会有人有疑问,现在"联系人"的数据表的字段项目太少或又多几个,能不能删或加字段呢? 能! 单击"数据表"选项卡中"字段和列"组的各命令按钮,可以按照自己需要删或插入减字段。数据表命令按钮如图 10-20 所示。

图 10-18　表模板选项

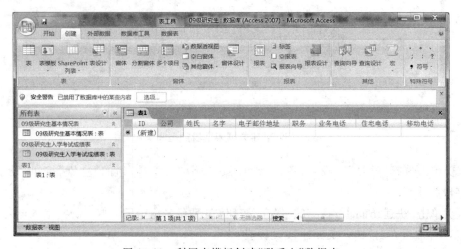

图 10-19　利用表模板创建"联系人"数据表

图 10-20　数据表选项卡命令按钮

③ 按照"09 级研究生的导师情况表"的字段,删加好之后(现在的 ID 不能删除,等到设置字段类型时再删),单击"设计"选项卡中"视图"组的"视图"下拉按钮,选择"设计视图",在设计视图中,按照前面的数据表字段类型的设计,将一一设计(单击选定学号字段名,选择"设计"→"工具"→"主键"命令后,将 ID 字段删除。主键内容在 10.4.1 节详细介绍),如图 10-21 所示。

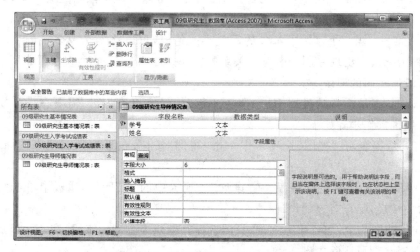

图 10-21　设计数据表字段类型和属性

④ 单击"关闭"数据表字段设计窗口。双击左窗格"09 级研究生的导师情况表"的名称,打开输入数据表窗口,将"09 级研究生的导师情况表"的数据一一输入,效果如图 10-22 所示。

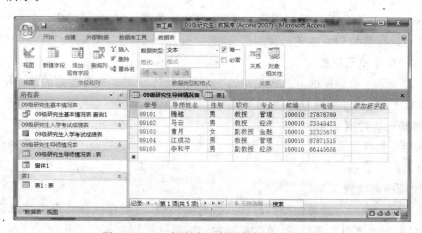

图 10-22　09 级研究生的导师情况表数据表

10.4 编辑数据表

10.4.1 定义主键

每个数据表通常都有一个主键,用来限制记录中主要字段不出现重复值,使用主键不仅可以唯一标识表中的每一条记录,还能加快表的索引速度。

主键类型有自动编号、单字段及多字段三种类型,其功能如下。

(1) 自动编号:创建表并在其中设置字段后,系统会提示设置自动编号主键,在表中每添加一条记录,自动编号字段都会自动输入连续的数字编号。

(2) 单字段:如果字段中包含的都是唯一的值,可以将该字段指定为主键,如果选择的字段可包含重复值或 Null 值,将不能设置主键。

(3) 多字段:当一个字段中包含的不是唯一值时,可以将两个或多个的字段指定为主键,这种情况最常出现在用于多对多关系中关联另外两个表的表,多字段索引能够区分第一个字段值相同的记录。

创建表时,系统会自动设置 ID 字段为主键,如果要更改主键,需要在设计视图中进行。设置主键操作步骤如下:

① 打开数据表,在"视图"选项卡中单击"视图"按钮,在下拉列表框中选择"设计视图"选项。

② 选择需要设置主键的字段,在"设计"选项卡中的"工具"选项板中单击"主键"按钮。设置完成后,保存对表的设计。

③ 在设计视图中,如要删除主键,只需选择已创建为主键的字段,在"工具"选项卡单击"主键"按钮,即可删除主键。

在设计视图中,如果要设置多个字段为主键,只需按住 Ctrl 键,选择需要设置主键的字段名,在"工具"选项卡中单击"主键"按钮,即可将多个字段设置为主键。

10.4.2 选择数据

在 Access 2007 中要编辑数据表,也需要先选择数据,才能进行编辑。

下面对选择数据的方法进行详细的介绍。

1. 选择单个单元格数据

选择单个单元格数据的方法很简单,将鼠标指针移至需要选择数据的单元格上,当鼠标指针呈 I 形状,单击鼠标左键即可选择该单元格。

2. 选择一行数据

将鼠标指针移至需要选定行的行号上,当鼠标指针呈粗→形状时,单击鼠标左键即可选择该行的所有数据。

3. 选择一列数据

选择一列数据的方法与选择一行数据的方法相似,将鼠标指针移至需要选定列的字段上,当鼠标指针呈粗↓形状时,单击鼠标左键即可选择该列的所有数据。

4. 选择多行数据

将鼠标指针移至需选择一行数据的行号上,按住鼠标左键并向下或向上拖动鼠标,直到选择所需的多行数据,释放鼠标,即可选定多行数据。

如果需要选择的数据很多,可以单击要选择的第一条数据,按住 Shift 键,单击最后一条数据,即可选定这两条数据及其间的所有数据;单击要选择的第一条数据,按住 Ctrl 键,再分别单击其他数据,可选择不相邻的多条数据。

5. 选择全部数据

要选择数据表中的所有数据,单击数据表左上角行号和字段交叉处的按钮 ,可选定数据表中的所有数据。或者按 Ctrl+A 键。

10.4.3 添加和删除字段

1. 添加字段

在 Access 2007 中,可以在设计视图和数据表视图中添加字段。例如在"09 级研究生基本情况表"中,要添加"职称"字段,操作步骤如下:

① 打开"09 研究生"数据库,在左窗格上双击"09 级研究生基本情况表"。

② 单击"视图"选项卡中"视图"组的"视图"下拉按钮,选择"设计视图"选项。

③ 显示"设计"窗口,选定"简历"字段名。

④ 单击"设计"选项卡中"工具"组的"插入行"按钮,原有的行均自动下移一行。

⑤ 输入"职称"字段,"文本"数据类型,字段大小"12",单击"保存"按钮。

⑥ 切换"数据表"面板,此时,在表中已添加了"职称"新的字段,原有的字段均右移一列,输入其中的数据,效果如图 10-23 所示。

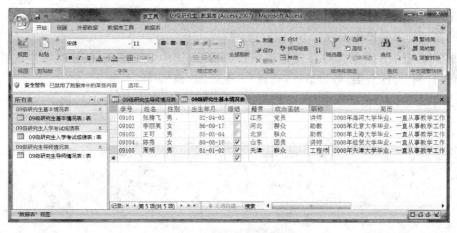

图 10-23　添加字段效果窗口

2. 删除字段

如果某些字段不再需要了,可将其删除。下面介绍 4 种删除字段的方法。

(1) 选定需要删除的字段,右击该字段,在显示的快捷菜单中选择"删除列"选项。

(2) 单击状态栏中的"设计视图"按钮,切换至设计视图,在需要删除的字段上,右击,在显示的快捷菜单中选择"删除行"选项。

（3）在设计视图中，选择需要删除的字段，单击"设计"选项卡中的"工具"组的"删除行"按钮。

（4）选择需要删除的字段，按 Del 键。

执行以上任意一种操作后，都将弹出提示信息框，单击"是"按钮，删除字段，单击"否"按钮，取消删除。

10.5 排序和筛选

Access 2007 提供了排序和筛选功能，通过排序方式，可以将信息按照某一字段升序或降序排列起来；通过筛选方式，可以根据需要显示信息。

10.5.1 数据排序

排序是一种组织数据的方式，是根据当前表中的一个和多个字段的值，对整个表中的所有记录进行重新排序，以便用户查看和浏览。

1. 按单列排序

按单列排序的操作步骤如下：

① 右击数据表中需要进行排序的列。

② 在显示的快捷菜单中选择排序命令即可。

2. 按多列排序

当按多个字段排序时，首先根据第一个字段按照指定的顺序进行排序，当第一个字段具有相同的值时，再按照第二个字段进行排序，依此类推，直到按全部指定字段排序完毕。

按多列排序的操作步骤如下：

① 在数据表中先将排序字段拖动到相邻位置，选中"职称"列，按住鼠标左键并拖动至"出生日期"列的右侧，释放鼠标，选择"出生日期"和"职称"两列。

② 单击"开始"选项卡中"排序和筛选"组的"升序" 按钮，对多列数据进行排序，效果如图 10-24 所示。

图 10-24　对多列数据进行排序效果

10.5.2 数据筛选

数据筛选是在众多的记录中,只显示与用户设定的条件相匹配的记录,其他记录则隐藏起来。Access 2007 提供了 4 种筛选方式:使用选定内容筛选、使用筛选器筛选、使用窗体筛选和高级筛选。

1. 使用选定内容筛选

按选定内容筛选,即通过在窗体或数据表中选择值来筛选记录,是筛选中最简单的方法,能使用户很容易地筛选出需要的记录。其操作步骤如下:

(1) 在数据表中选择需要进行筛选的列(职称)。

(2) 单击"开始"选项卡中"排序和筛选"组的"选择"按钮,在显示的下拉菜单中选择"等于'讲师'"选项,对数据进行筛选后的效果如图 10-25 所示。

图 10-25 使用选定内容筛选结果

2. 使用筛选器筛选

筛选器作为一种筛选工具,以菜单命令的形式提供给用户,因此简化了筛选条件的构建。其操作步骤如下:

(1) 在数据表中选定需要进行筛选的列(政治面貌)。

(2) 单击"开始"选项卡中"排序和筛选"组的"筛选器"按钮,在"文本筛选器"选项下方的列表框中取消选中"党员"和"团员"复选框,如图 10-26 所示。

(3) 单击"确定"按钮,设置数据筛选后的效果如图 10-27 所示。

图 10-26 文本筛选器

3. 使用窗体筛选

使用窗体筛选数据是一种快速的筛选方法。筛选数据时,不用浏览整个数据表的记录,而且可以同时对两个以上的字段值进行筛选。其操作步骤如下:

(1) 全选数据表,单击"开始"选项卡中"排序和筛选"组的"高级"按钮,在显示的下拉菜单中,选中"按窗体筛选"选项。

(2) 显示出"查找"数据窗格,在"性别"下拉列表框中选

图 10-27　使用筛选器筛选结果

择"男",在"政治面貌"下拉列表框中选择"党员"选项,如图 10-28 所示。

（3）设置完成后,单击"排序和筛选"组的"切换筛选"按钮,对数据进行筛选后的效果如图 10-29 所示。

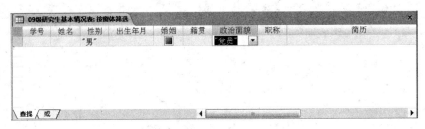

图 10-28　按窗体筛选

图 10-29　按窗体筛选结果

4. 高级筛选

高级筛选需要编辑筛选条件,类似于 Excel 高级筛选表达式中编写的条件。其操作步骤如下:

（1）单击"开始"选项卡中"排序和筛选"组的"高级"按钮,在显示的下拉菜单中选择"高级筛选/排序"选项。

（2）显示查询设计窗口,在"字段"单元格下拉列表框中选择"外语"选项,在"条件"单元格中输入">90",如图 10-30 所示。

（3）设置完成后,在"排序和筛选"选项板中单击"切换筛选"按钮,进行数据筛选,效果如图 10-31 所示。

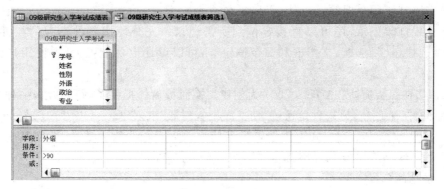

图 10-30　高级筛选

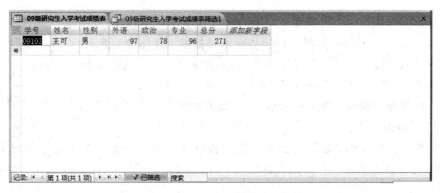

图 10-31　高级筛选结果

10.6　窗体

窗体是数据库的基本对象之一,其中包含一组控件,用于显示、输入和修改信息,控件包括标签、文本框、命令和按钮等。创建窗体就是创建一个窗口,在这个窗口中可以各方便、更直观地显示和输入数据表中数据。

10.6.1　了解窗体

窗体作为输出界面时,可以根据需要输出各种形式的信息,还可以把记录组织成方便浏览的各种形式;窗体作为输入界面时,可以接受数据的输入并检查输入的数据是否有效。

窗体可以从作用和功能两方面进行分类。

1. 按作用分类

窗体按照其作用分类,可分为数据输入窗体、切换面板窗体和弹出式窗体 3 种类型。

(1) 数据输入窗体:数据输入窗体是 Access 2007 最常用的窗体,该窗体一般被称为结合型窗体,主要由各类结合型的控件组成,这些控件的数据来源于窗体所基于的数据表字段。使用数据输入窗体,可以添加或删除记录,筛选、排序或查找记录,编辑、拼写检查或打印记录,还可以直接定位到所需记录。充分使用各种类型的控件,如列表框、单选按钮、复选框、文本框和命令按钮等,可以设计出功能强大、方便用户操作的窗体。

(2)切换面板窗体:Access 2007 为创建切换面板窗体提供了两种方法,一种是使用"数据库向导"来创建,另一种是通过"切换面板管理器"来创建。

(3)弹出式窗体:弹出式窗体用来显示信息或提示用户输入数据,即使其他窗体正处于活动状态,弹出式窗体始终都会显示在所有已打开的窗体之上。

2. 按功能分类

窗体按照功能分类,可分为数据操作窗体、控制窗体、信息显示窗体和交互信息窗体 4 种类型。

(1)数据操作窗体:用来对表或查询进行显示、浏览和修改等操作。在 Access 2007 中,为了简化数据库设计,已将数据操作窗体与控制窗体结合起来。

(2)控制窗体:用来控制程序的运行,通过命令按钮来执行用户的请求,此外,还可以通过选项、复选框、文本框和列表框等控件响应用户的请求。

(3)信息显示窗体:用来显示信息,以数值或图表的形式显示信息,这类窗体可作为控制窗体的调用对象。

(4)交互信息窗体:根据需要自定义的各种信息窗体。这种窗体是系统产生的,或是当输入无效数据时系统弹出的警告信息。

10.6.2　创建窗体

在 Office 2007 中可根据需要创建不同类型的窗体,创建窗体的方法有多种,主要有直接创建、使用"分割窗体"创建、使用"多个项目"创建、使用"数据透视图"创建、使用"空白窗体"创建、使用"窗体向导"创建和使用"数据透视表"创建等,下面重点对直接创建窗体、使用"窗体向导"创建窗体、使用"空白窗体"创建窗体分别进行介绍。

1. 直接创建窗体

创建窗体最简单的方法就是"直接创建窗体",操作步骤如下:

(1)选择需要创建窗体的数据表(09 级研究生入学考试成绩表)。

(2)单击"创建"选项卡中"窗体"组的"窗体"按钮,即可创建窗体,如图 10-32 所示。

(3)如果这时单击"窗体"组的"分割窗体"按钮,即可分割创建窗体,如图 10-33 所示。"分割窗体"是 Access 2007 的新增功能,用于创建具有两种布局形式的窗体,在窗体下半部分是多条记录的布局方式,在窗体的上半部分是单条记录的布局方式,这种窗体便于用户浏览记录。

(4)选定"直接创建的窗体",单击 Office 按钮的"保存"命令,显示"另存为"对话框,在"窗体名称"文本框中输入"09 级研究生考试成绩表窗体 1",如图 10-34 所示,单击"确定"按钮。"创建的分割窗体"的保存方法与它相同,在"窗体名称"文本框中输入"09 级研究生考试成绩表窗体 2",如图 10-35 所示,单击"确定"按钮。

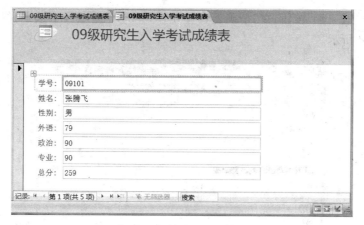

图 10-32　直接创建窗体

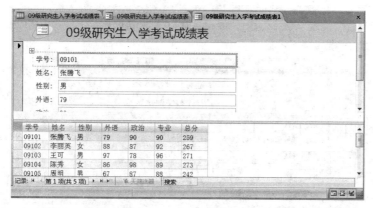

图 10-33　创建"分割窗体"

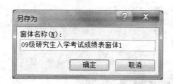

图 10-34　保存名称对话框 1

图 10-35　保存名称对话框 2

2. 使用"窗体向导"创建窗体

使用直接和分割创建窗体的方法虽然方便、快捷,但没有选择的余地,如果只想在窗体中显示几个字段的内容,用"窗体向导"来创建窗体比较合适。其操作步骤如下:

(1) 选择需要创建窗体的数据表(09 级研究生入学考试成绩表)。

(2) 单击"创建"选项卡中"窗体"组的"其他窗体"按钮,在显示的下拉菜单中选择"窗体向导"选项,如图 10-36 所示。

(3) 在"可用字段"列表框中选择"学号"字段,单击＞按钮,将其添加到"选定字段"列表框中。用同样的方法,在"可用字段"列表框中,将"姓名"、"总分"字段,都添加到"选定字段"列表框中,如图 10-37 所示。

（4）单击"下一步"按钮，在"请确定窗体使用的布局"选项区中选中"纵栏表"单选按钮，如图 10-38 所示。

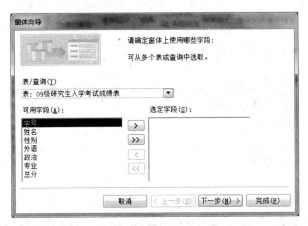

图 10-36　"窗体向导"对话框

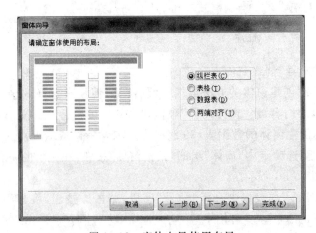

图 10-37　窗体向导设置

图 10-38　窗体向导使用布局

(5) 单击"完成"按钮创建窗体,效果如图 10-39 所示。

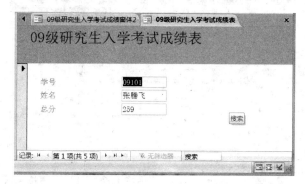

图 10-39　创建窗体向导效果

3. 使用"空白窗体"创建窗体

使用"空白窗体"创建窗体是 Access 2007 提供的一种新方式。其操作步骤如下:

(1) 选择需要创建窗体的数据表(09 级研究生导师情况表)。

(2) 单击"创建"选项卡中"窗体"组的"空白窗体"按钮,显示空白窗体设计窗口,同时弹出"字段列表"任务窗格,如图 10-40 所示。

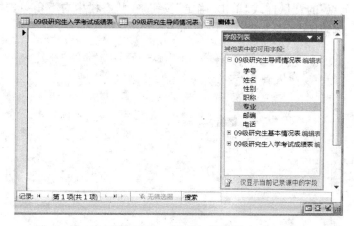

图 10-40　创建空白窗体

(3) 在"字段列表"任务窗格中,展开"09 级研究生导师情况表"中所包含的所有字段,双击"09 级研究生导师情况表"中的所有字段或有选择的字段,将这些字段添加到空白窗体中,如图 10-41 所示。

10.6.3　美化窗体

在完成窗体的创建后,为了使窗体更加美观,可以在窗体设计视图中将背景更换成其他样式。

1. 设置窗体背景样式

将完成的窗体设置背景,其操作步骤如下:

(1) 选择需要设置背景的窗体。

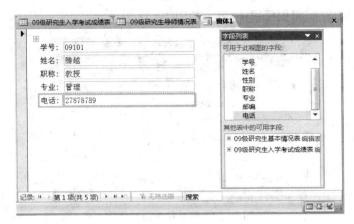

图 10-41　创建空白窗体添加字段结果

　　(2) 单击"开始"选项卡中"视图"按钮,选择"设计视图"命令,切换至设计视图。系统会自动激活窗体设计工具的"设计"和"排列"面板。

　　(3) 打击"排列"选项卡,在"自动套用格式"选项中,单击"自动套用格式"按钮,显示下拉列表框。

　　(4) 选择"至点"的背景样式,单击"确定"按钮,在状态栏中右下角单击"窗体视图"按钮 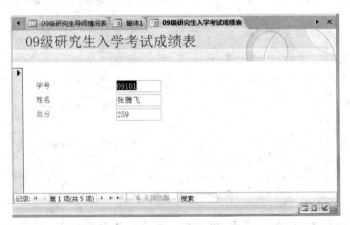,切换至窗体视图,效果如图 10-42 所示。

图 10-42　为窗体添加背景效果

2. 在窗体中添加图片

　　在窗体中添加图片可以美化和修饰窗体,使窗体更加个性化。在窗体中添加图片有两种方法:通过添加图像控件添加图片和通过窗体的图片属性添加图片。使用前一种方法比较简单,其操作步骤如下:

　　(1) 选择需要添加图片的窗体。

　　(2) 单击"开始"选项卡中"视图"按钮,选择"设计视图"命令,切换至设计视图。系统会自动激活窗体设计工具的"设计"和"排列"面板。

　　(3) 确认"设计"面板为当前默认的面板,在"控件"选项板中单击"图像"按钮,将鼠标指针移至窗体的网格区域,鼠标指针呈 形状时,在需要的位置拖曳鼠标,绘制一个矩形。

（4）在显示的"插入图片"对话框,选择需要的图片。单击"确定"按钮,插入图片。

（5）单击状态栏中的"窗体视图"按钮,切换至窗体视图,添加图片后的效果如图 10-43 所示。

图 10-43　为窗体添加图片

10.7　查询

　　查询就是在数据库的数据表中查找满足条件的数据。例如,在 09 级研究生数据库中查找学号 09104 学生的基本情况和导师的情况,这种简单查询,打开数据表直接查询就可以找到记录。但在实际工作中,一般数据库少则上百条记录,多则上千上万条记录,要查找一个人的信息,就必须用查询才能有效率、有精确度。

10.7.1　了解查询

　　查询是 Access 数据库的一个重要功能,查询分为选择查询、参数查询、交叉表查询、操作查询和 SQL 查询 5 种类型。

1. 选择查询

　　选择查询是最常见的查询类型,从一个或多个表中检索数据,并且在可以更新记录（带有一些限制条件）的数据表中显示结果,也可以使用选择查询来对记录降序分组,并且对记录降序统计、计数平均以及其他类型的总和计算。

2. 参数查询

　　参数查询是一种交互式查询,通过在对话框中输入信息执行查询。将参数查询作为窗体、报表和数据访问页的数据源,可以方便地显示和打印所需要的信息。

3. 交叉表查询

　　使用交叉表查询,可以计算并重新组织数据的结构,方便用户分析数据。交叉表查询可以对数据进行总计、求平均值或其他类型的总和计算。在 Access 2007 中,还可以使用数据透视表向导来显示交叉表数据,而无须在数据库中创建单独的查询。

4．操作查询

操作查询是仅在一个操作中更改许多记录的查询,包含 4 种:删除、更新、追加与生成表。

① 删除查询:删除查询可以从一个或多个表中删除一组记录。

② 更新查询:更新查询可对一个或多个表中的一组记录进行更改。

③ 追加查询:追加查询可将一个或多个表中的一组记录追加到一个或多个表的末尾。

④ 生成表查询:生成表查询使用一个或多个表中的全部或部分数据创建新表。

操作查询的数据表视图显示查询,执行查询时才按照查询检索到的记录操作表,用操作查询可以追加、删除和更新记录,以及将查询的结果数据集存为一个新表,操作查询在大批量修改表中数据的情况下应用比较广泛。

5．SQL 查询

SQL 查询是使用 SQL 语句创建的查询,SQL 特殊查询包括联合查询、传递查询、数据定义查询和子查询。实际上 Access 2007 的各种查询都可以通过 SQL 查询实现,但是只有这几种特殊查询才使用 SQL 查询。使用 SQL 查询,必须熟悉 SQL 语法规范。

10.7.2 创建查询

在 Access 2007 中,创建查询可以通过两种方式实现:使用查询向导和在设计视图中创建查询。

1．使用查询向导创建查询

使用查询向导不仅可以对单个表,也可以对多个表创建查询,例如,创建一个简单查询,查询 09 级研究生数据库中所有学生的学号、姓名、性别、职称、总分情况,这个查询就会用到"09 级研究生基本情况表"和"09 级研究生入学考试成绩表"。操作步骤如下:

(1) 打开"09 级研究生基本情况表"数据表。

(2) 单击"创建"选项卡中"其他"组的"查询向导"按钮,显示出"新建查询"对话框,如图 10-44 所示。选择"简单查询向导",单击"确定"按钮。

(3) 在"表/查询"中选择"09 级研究生基本情况表"。在"可用字段"列表框中选中"学号"字段,单击 > 按钮,将其添加到"选定字段"列表框中,用同样的方法,将"姓名"、"性别"、"职称"字段添加至"选定字段"列表框中。

(4) 在"表/查询"中选择"09 级研究生入学考试成绩表"。在"可用字段"列表框中选中"总分"字段,单击＞按钮,将其添加到"选定字段"列

图 10-44 "新建查询"对话框

表框中,如图 10-45 所示。

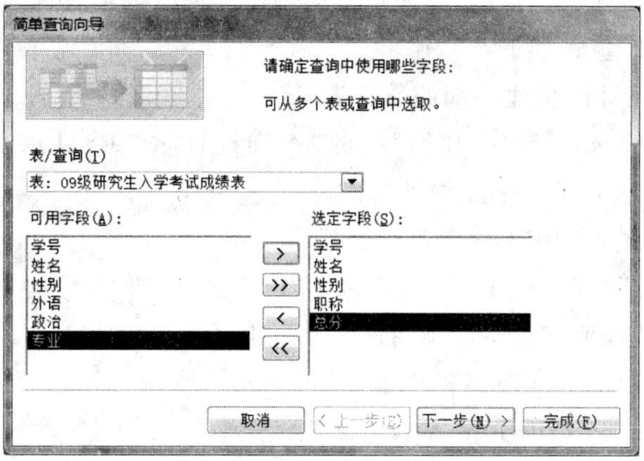

图 10-45　简单查询设置可用字段

（5）单击"下一步"按钮,选中"明细"单选按钮,如图 10-46 所示。

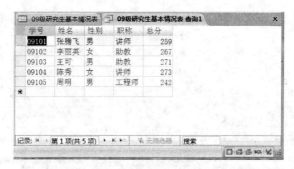

图 10-46　采用明细查询

（6）单击"完成"按钮,使用查询向导创建查询,效果如图 10-47 所示。

学号	姓名	性别	职称	总分
09101	张腾飞	男	讲师	259
09102	李丽英	女	助教	267
09103	王可	男	助教	271
09104	陈秀	女	讲师	273
09105	周明	男	工程师	242

图 10-47　简单查询效果

2. 使用设计视图创建查询

除了使用查询向导创建查询外，还可以使用设计视图创建查询，它可以建立基于多表的选择查询。其操作步骤如下：

（1）打开使用设计图创建查询的数据表。

（2）单击"创建"选项卡中"其他"组的"查询设计"按钮，显示"显示表"对话框，如图 10-48 所示，系统会自动切换至设计视图。

（3）按住 Ctrl 键，选中"09 级研究生基本情况表"选项，单击"添加"按钮，按住 Ctrl 键，选中"09 级研究生基本情况表"选项，单击"添加"按钮，在此时，在设计视图上部的数据源区域窗格中显示"09 级研究生基本情况表"和"09 级研究生入学考试成绩"列表框，然后单击"关闭"按钮。

（4）在"09 级研究生基本情况表"列表框中的"学号"字段上，按住鼠标左键，拖动至"09 级研究生入学考试成绩"列表框中的"学号"字段上，建立两者关系，如图 10-49 所示。

图 10-48　使用设计图创建查询的显示表

（5）在"09 级研究生基本情况表"列表框中，将"学号"、"姓名"和"籍贯"字段分别拖动至字段单元格中。用同样的方法，在"09 级研究生入学考试成绩"列表框中，将"外语"、"政治"和"专业"分别拖动至字段单元格中。

（6）在"外语"、"政治"、"专业"列中的"条件"单元格中，输入"＞80"，如图 10-50 所示。

（7）在状态栏中单击"数据表视图"按钮，切换至数据表视图，结果如图 10-51 所示。

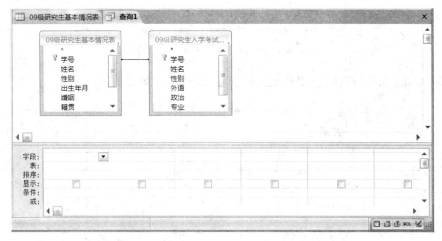

图 10-49　使用设计图创建查询的关系表

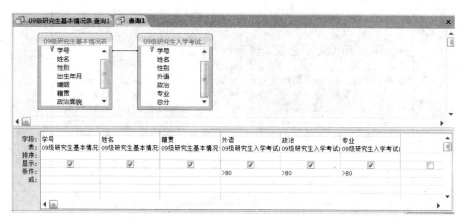

图 10-50　使用设计图创建查询添加条件

图 10-51　使用设计图创建查询结果

10.8　报表

报表是 Access 数据库中的重要对象之一。报表的主要功能是将数据库中的数据按照用户选定的结果,以一定的格式打印输出,这种固定在打印纸上的输出方式,便于用户浏览和分析数据。

创建报表的方法与创建窗体的方法相似,Access 2007 提供了 4 种方式,即直接创建、使用"空报表"创建、使用"报表向导"创建和使用"报表设计"创建。

10.8.1　直接创建报表

直接创建报表是最简单、快捷的方法。其操作步骤如下:

(1) 打开创建报表的数据表。

(2) 单击"创建"选项卡中"报表"组的"报表"按钮,即创建报表,效果如图 10-52 所示。

10.8.2　使用"空报表"创建报表

使用"空报表"创建报表可以更直观地描述数据间的关系。其操作步骤如下:

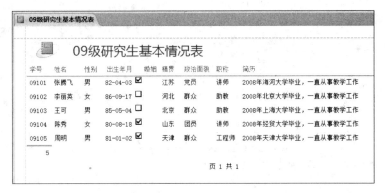

图 10-52　创建报表效果

（1）选择创建空报表的数据表。

（2）单击"创建"选项卡中"报表"组的"空报表"按钮。

（3）显示创建空报表设计窗口，同时显示"字段列表"任务窗格，如图 10-53 所示。

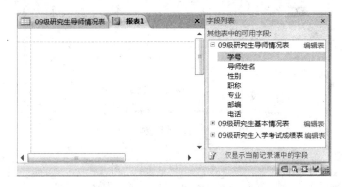

图 10-53　创建空报表设计窗口

（4）将"学号"字段拖至空报表设计窗口，用同样的方法，依次将"导师姓名"、"性别"、"职称"、"专业"、"邮编"、"电话"字段添加到空报表设计窗口，效果如图 10-54 所示。

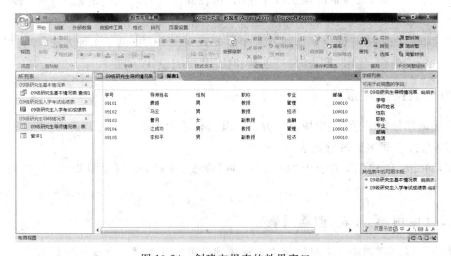

图 10-54　创建空报表的效果窗口

10.8.3 利用"报表设计"创建报表

对于简单的数据表，一般采用"报表设计"创建报表。其操作步骤如下：

（1）选择利用"报表设计"创建报表的数据表。

（2）单击"创建"选项卡中"报表"组的"报表设计"按钮，显示出报表设计窗格，确认"设计"面板为当前面板，在"工具"选项板中单击"添加现有字段"按钮，显示出"字段列表"任务窗格，如图 10-55 所示。

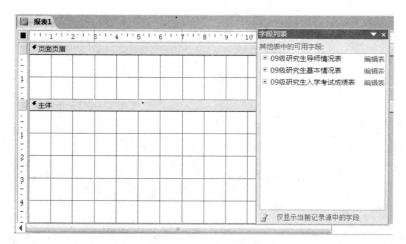

图 10-55 "报表设计"创建报表面板

（3）在"字段列表"任务窗格中，依次将"学号"、"姓名"、"性别"和"政治面貌"字段拖动到报表设计窗口中，如图 10-56 所示。

图 10-56 "报表设计"创建报表字段

（4）切换至报表视图，拖动垂直滚动条就可以显示其他举例，报表效果如图 10-57 所示。

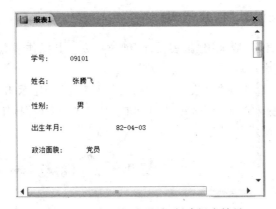

图 10-57 利用"报表设计"创建报表结果

第11章

使用 Outlook 2007 和互联网

11.1 使用 Outlook 2007

11.1.1 了解 Outlook 2007

与以往的版本相比,Office Outlook 2007 作了比较多的改进,其功能更加人性化,主要表现在以下几个方面:

(1) 即时搜索所有信息:Office Outlook 2007 中的即时搜索与界面充分集成,不必离开 Outlook,就可以查找所需信息。

(2) 轻松管理日常优先选项和信息:查找出带标志邮件与任务的待办事项栏,检查当天的优先事项。将待办事项栏项目集成到日历上,可以帮助用户安排日程,并节省跟踪项目的时间。

(3) 快捷、有效地与人联系:新的 Office Outlook 2007 日历处理功能为用户与他人共享日历提供了一条便捷途径。用户可以创建 Internet 日历并将其发布到 Microsoft Office Online,添加并共享 Internet 日历订阅、电子邮件、日历快照,甚至可以将自定义电子名片发送给他人,与他人进行交流。

(4) 安全防范垃圾邮件和恶意站点的新措施:为了防止用户向具有威胁性 Web 站点泄漏个人信息,Office Outlook 2007 改进了垃圾邮件过滤器,并增加了可以禁用链接和通过电子邮件向用户通知威胁性内容的新功能。

11.1.2 Outlook 2007 基本操作

本节介绍 Outlook 2007 有启动向导时的启动,其操作步骤如下:

(1) 单击"开始"→"所有程序"→Microsoft Office→Microsoft Office Outlook 2007 命令,打开"Outlook 2007 启动"对话框,如图 11-1 所示。

(2) Outlook 2007 启动的主要任务是完成 Outlook 2007 的配置,单击"下一步"按钮,

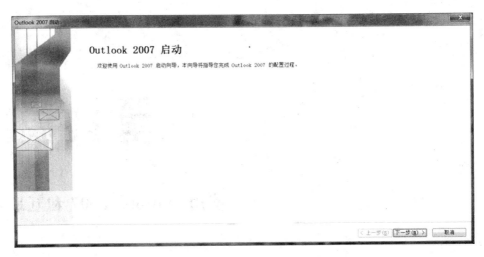

图 11-1　Outlook 2007 启动

打开"账户配置"对话框,如图 11-2 所示。

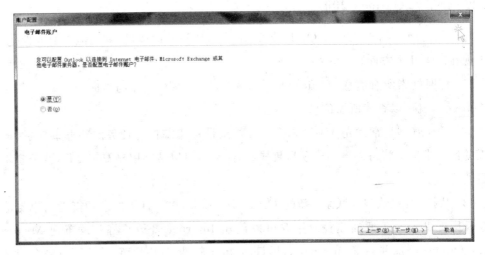

图 11-2　账户配置

(3) 因为 Outlook 的主要功能是邮件服务,所以在第一次启动 Outlook 时要进行电子邮件账户的配置,前提是要在网上。也可以不配置邮件账户,选择"否"单选按钮,当选择配置邮件账户时选择"是"单选按钮,单击"下一步"按钮,打开"添加新电子邮件账户"对话框,如图 11-3 所示。

(4) 如无特殊情况,一般选择 POP3 服务器。单击"下一步"按钮,打开"自动账户设置"对话框,如图 11-4 所示。

(5) 在"自动账户设置"对话框中,按照提示输入各项内容后,单击"下一步"按钮,电子邮件账户设置成功,如图 11-5 所示。

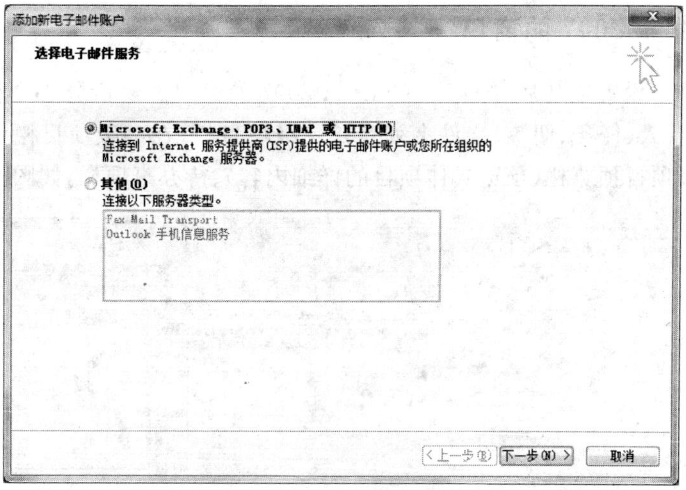

图 11-3　添加新电子邮件账户

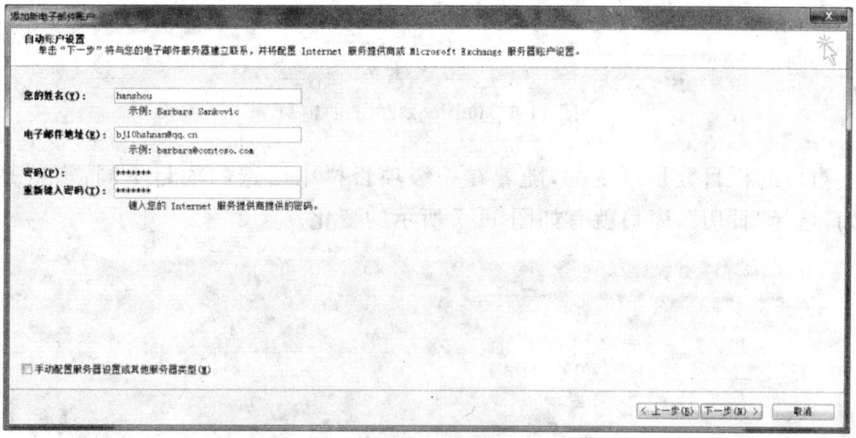

图 11-4　自动账户设置

图 11-5　电子账户设置成功

11.1.3 Outlook 2007 的窗口

电子邮件账户设置成功后，即打开 Outlook 2007 的窗口。窗口分 4 个栏：一级项目栏（邮件、日历、联系人、任务、便签、文件夹列表）、二级项目栏（在一级项目栏中所选项目的下一级项目）、二级项目预览栏（预览具体项目的详细内容）、待办事项栏，如图 11-6 所示。

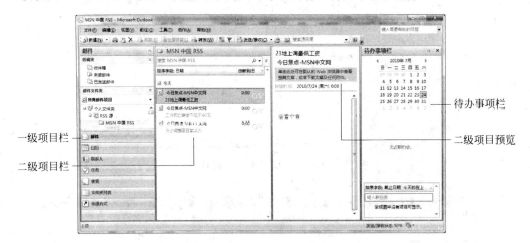

图 11-6　Outlook 2007 的窗口

这个窗口的栏目数是可变的，随着在一级项目栏中所选的项目不同，窗口是有变化的。例如，选择"日历"，窗口就有如图 11-7 所示的变化。

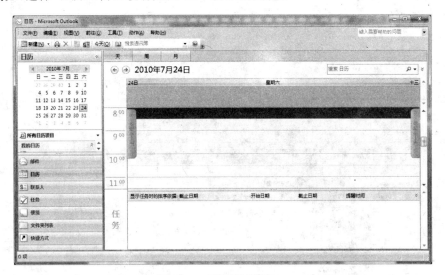

图 11-7　项目"日历"窗口

11.1.4 邮件搜索

Outlook 2007 邮件全文搜索功能，能够快速、高效地查找到用户所需的信息。

在一级项目栏中单击"邮件"项目，就能迅速显示 Outlook 2007 邮件、日历、联系人或任务中的信息,所有相关结果都将高亮显示,包括电子邮件中的附件。

在 Outlook 2007 中,单击"视图"菜单,在"排列方式"中单击"会话"菜单,选择按"会话"组织邮件,如图 11-8 所示。搜索结果可以按会话树状结构组织。

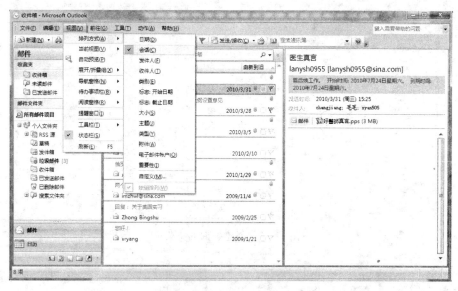

图 11-8　选择"会话"组织邮件

单击"展开查询生成器"的向下双箭头,如图 11-9 所示,用户可以根据不同的 Outlook 标准,如日期、发送人、颜色目录、邮件重要性等,很灵活地创建查询序列,如图 11-10 所示。

图 11-9　单击"展开查询生成器"按钮

对所有文件夹(收件箱、发件箱等)里的邮件搜索,需单击向下单箭头,如图 11-11 所示,显示即时搜索窗格菜单,选择搜索所有邮件项目。

11.1.5　预览附件

以前阅读邮件附件是个比较费时的工作,特别对于多个附件,用户必须逐个双击附

图 11-10　创建查询下拉菜单

图 11-11　搜索邮件项目选项

件,显示多个窗口来阅读。在 Outlook 2007 中,所有 Office 格式的文本、图片文件等附件 (如 Word、Excel、PowerPoint),只需单击附件就可以直接在预览窗格里阅读,如图 11-12 所示,大大节省了用户的时间和精力,而且可以按用户个人习惯来改变预览窗格的位置。

11.1.6　待办事项栏

Outlook 2007 可以帮助用户更加合理地管理信息和安排日程,其中的亮点就是提供 了一个待办事项栏。待办事项栏可以将用户的约会和任务整合到同一个视窗当中。

单击"视图"菜单,选择"待办事项栏"的"普通"命令,显示出待办事项窗格由三部分区 域组成,如图 11-13 所示。每栏的功能很清楚,中间部分是最近的日程安排,用户可以查 看自己的日程安排和即将到来的一些事件的提醒,把用户的任务全部直接显示出来,非常 直观。

图 11-12　预览附件窗口

图 11-13　待办事项窗格

　　还可以为电子邮件添加后续标记并将其自动添加到待办事项列表当中。操作步骤如下：

　　（1）选择邮件项目，右击邮件右边的小红旗，打开下拉菜单，如图 11-14 所示。

　　（2）可以把需要"今天"、"明天"、"本周"等限期处理的邮件，分别设置标记。

　　（3）这时再回到任务列表上，标记后的邮件自动出现在待办事项窗格下方，如图 11-15 所示。如果当天工作没　图 11-14　电子邮件添加后续标志能完成,系统自动将任务移到下一天。

图 11-15 标记后的邮件显示在代办事项窗格

11.1.7 用 Outlook 2007 提醒日程安排

提醒日程安排是 Outlook 2007 中的另一个重要的功能,当用户设置了日程安排后,无论是在家里还是在办公室,只要打开 Outlook 2007 就会提醒一天、一周或一个月的日程安排。这是很有用的功能。提醒日程安排的具体操作步骤如下:

(1) 在 Outlook 2007 的目录中单击"日历"导航按钮,打开日历视图,如图 11-16所示。

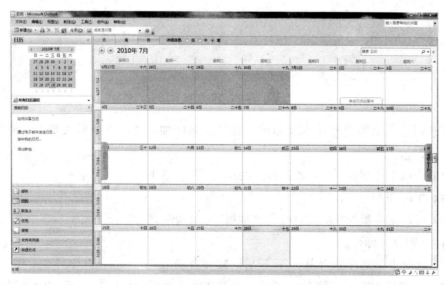

图 11-16 Outlook 2007 的"日历"窗口

图 11-17　设置提醒日常安排

　　(2) 如果要将某天的安排进行提醒设置，就双击某日，打开设置对话框，在"主题"和"地点"框内输入相应内容，选择"开始时间"和"结束时间"，如图 11-17 所示。

　　(3) 单击约会标签中"保存并关闭"按钮，显示提醒时间对话框，如图 11-18 所示，单击"开始前 5 分钟"文本框的下三角按钮，选择提醒时间，选择后单击"暂停"按钮。

图 11-18　显示提醒时间对话框

　　(4) 这时在日历的时间上显示设置的内容，如图 11-19 所示。届时会有提醒显示。

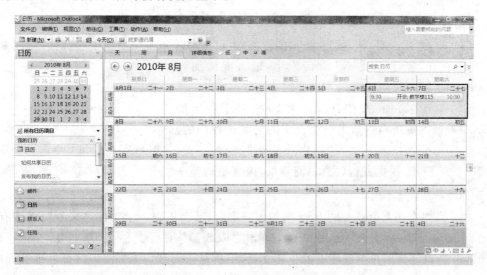

图 11-19　日历显示设置提醒项目

11.2   Outlook 新实用功能

11.2.1   集成的 RSS 订阅功能

Outlook 2007 支持 RSS 订阅,RSS 的全称是 Really Simple Syndication。用户可以接收到最新的资讯、新闻、博客类网站等,RSS 自动收集这些网站的更新信息。Outlook 2007 不仅支持简单的收发信件、安排会议,还能查看所有好友的 Blog、Space 有没有新文章,十分便捷,这是 Outlook 2003 所没有的。添加 RSS 订阅功能的操作步骤如下:

(1) 选择"工具"→"账户设置"命令,在"账户设置"对话框中,选择"RSS 源"选项卡,如图 11-20 所示。

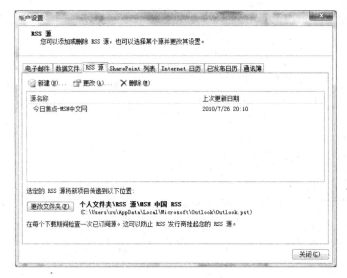

图 11-20   "RSS 源"选项卡

(2) 单击"新建"按钮,实现 RSS 的订阅(也可以直接单击网站提供的链接,实现 RSS 的订阅)。在"新建 RSS 源"对话框中,输入要添加到 Outlook 的 RSS 源的位置,如图 11-21 所示。

图 11-21   "新建 RSS 源"对话框

(3) 单击"添加"按钮,Outlook 2007 对于特定的 RSS 服务器的更新检查是由一个设定的时间来控制的。用户可以每分钟检查一次,也可以一个小时检查一次。如图 11-22 所示,根据发行(提供)商建议,内容更新频率为 5 分钟一次。

(4) 当用户在 Outlook 的 RSS 中加入一项后,就会出现一个文件夹来专门保管有关这个 RSS 地址的所有文章,用户只要单击"RSS 源"项目文件夹,单击添加的地址,Outlook 会自动为用户下载所有的更新文章,中栏显示文章的 Internet 网页地址和标题,右栏显示选中标题的具体内容,如图 11-23 所示。

图 11-22 RSS 源选项

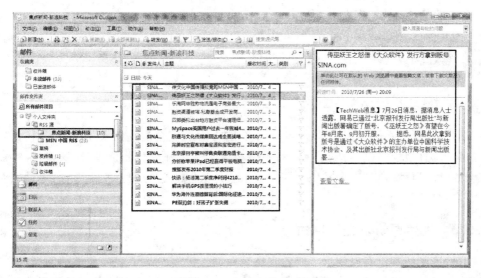

图 11-23 RSS 源文件夹

11.2.2 Outlook 2007 过滤垃圾邮件

很多用户每天都会收到来自四面八方的邮件，这其中也包括了垃圾邮件和携带病毒的邮件。Outlook 2007 可以协助用户封锁不请自来的垃圾邮件，使用户能够抵御垃圾邮件的干扰。

Outlook 2007 使用由 Microsoft Research 开发的智能过滤技术，自动筛选出垃圾电子邮件。这项筛选在预设上设为"低"，用来抓取最明显的电子垃圾邮件。筛选到的邮件会移到专用的"垃圾邮件"文件夹。需要的时候，将筛选值设为高，甚至将 Outlook 2007 设为永久删除可疑垃圾邮件，而不是将其移动到"垃圾邮件"文件夹。

设定 Outlook 2007 中垃圾邮件筛选，可以按照以下步骤操作：

（1）在"工具"菜单中，选择"选项"命令，打开"选项"对话框。在"首选参数"标签下的"电子邮件"选项中，单击"垃圾电子邮件"按钮。

（2）选择需要的垃圾电子邮件保护级别，如图 11-24 所示，单击"确定"按钮。

（3）单击"阻止发件人"标签，要封锁来自特定电子邮件地址或域名的电子邮件，只要将这些邮件的发件人加入到"阻止发件人"名单就可以实现，如图 11-25 所示。

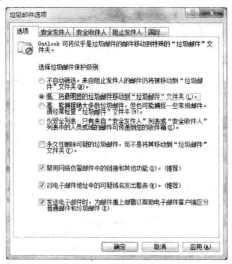
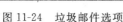

图 11-24　垃圾邮件选项

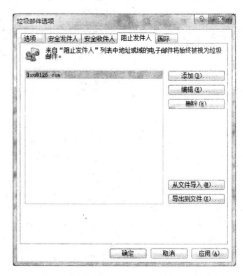

图 11-25　阻止发件人

（4）可将自己信件的电子邮件名单或群组加入到"安全的收件人"名单中。任何发到这些电子邮件地址、域名的电子邮件将不会被视为垃圾邮件。分别单击"安全发件人"和"安全收件人"标签，将"安全发件人"和"安全收件人"加入到"安全发件人"名单、"安全收件人"名单中。

11.2.3　读信回执及送达回执

收件方到底有没有收到信？或者收到信后读了没有？为了解决此类的问题，用户可以利用 Outlook 邮件读信回执及送达回执的功能，追踪邮件是否已送达或被阅读。操作步骤如下：

（1）选择"工具"→"选项"命令，打开"选项"对话框，在"首选参数"选项卡中单击"电子邮件选项"按钮，打开如图 11-26 所示的"电子邮件选项"对话框。

（2）单击"跟踪选项"按钮，打开"跟踪选项"对话框，便可以选择邮件跟踪项目，如图 11-27 所示。

（3）分别按三次"确定"按钮，此功能的设置就完成了。电子邮件就回按照你设置的跟踪选项进行工作。

11.2.4　利用邮件视图组织电子邮件

随着接收的邮件日益增多，用户需要对 Outlook 中的电子邮件进行有效的组织。在

Outlook 2007 中，收件箱中的电子邮件是通过视图的方式进行整理和组织的。打开 Outlook 收件箱后，选择"视图"→"排列方式"命令，可以看到 Outlook 为电子邮件的组织提供了多种视图查看方式，包括按照日期、会话、发件人、收件人、邮件大小、邮件主题、类型、附件、邮件账户、邮件重要性或邮件类别等排列。

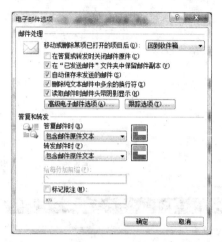

图 11-26 电子邮件选项

图 11-27 跟踪选项

例如，选择按照"日期"方式排列，则在收件箱中的邮件就会按照由新到旧的方式将邮件排列起来。同时，为了阅读方便，Outlook 会智能地在邮件的左侧显示邮件的到达时间，最近收到的邮件使用时间来标识，而以前收到的邮件则采用日期或者星期来标识，这样就能够使用户更关注于最新的邮件内容。

在邮件的排列方式中，用户还可以使用分组的方式，使邮件的排列更清晰。例如，在按照日期排列的邮件列表中，选择"视图"→"排列方式"→"按组排列"命令，邮件就可以按照组的方式组织排列。通过折叠与打开的方式，用户就能够查看每一个时间段邮件的接收情况。

如果邮件的接收者可能希望了解关于某一个话题的所有邮件，那么就可以选择"会话"的排列方式，Outlook 会自动将同一话题的邮件组织在一起，并通过折叠的方式可以查看相关的会话邮件。

另外，一般用户的电子邮件信箱都会有空间限制，当放置在服务器中的电子邮箱空间不足时，总希望能够删除或转移一些占用空间比较大的邮件。这时，通过收件箱的"大小"视图，可以按照每一个邮件占用空间的大小排列出来，而且还可以按照占用空间值进行自动的组合，使用户对信箱的使用一目了然。

11.2.5 设置代办便签

在 Outlook 2007 中有设置便签的功能，而且方便简单。其操作步骤如下：

（1）选择"便签"项目，在打开的窗口中，右击中间栏空白处，打开快捷菜单，选择快捷菜单中"新便签"项目，如图 11-28 所示。

（2）在打开的黄色便签中输入要办的事，就新建一条便签，如图 11-29 所示。以此类推,可以建立多条便签。

图 11-28　新建便签窗口一

图 11-29　新建便签窗口二

11.2.6　联系人管理系统

使用 Outlook 2007 中的联系人功能,可以构建功能强大的联系人管理系统,将个人的、团队的联系人信息管理起来。

在 Microsoft Outlook 导航窗格中单击"联系人"按钮,即可显示 Outlook 中的联系人窗口,如图 11-30 所示。

图 11-30　联系人管理窗口

在"联系人"视图中，可以通过"常规"工作栏中的"新建"按钮，打开创建新的联系人信息窗口，如图 11-31 所示。联系人的信息包括姓名、电子邮件地址、电话、传真号码、单位名称、Web 页的 URL 以及其他任何与联系人有关的信息（例如生日或纪念日等），并且还可以在联系人信息中加入该联系人的数字化照片。

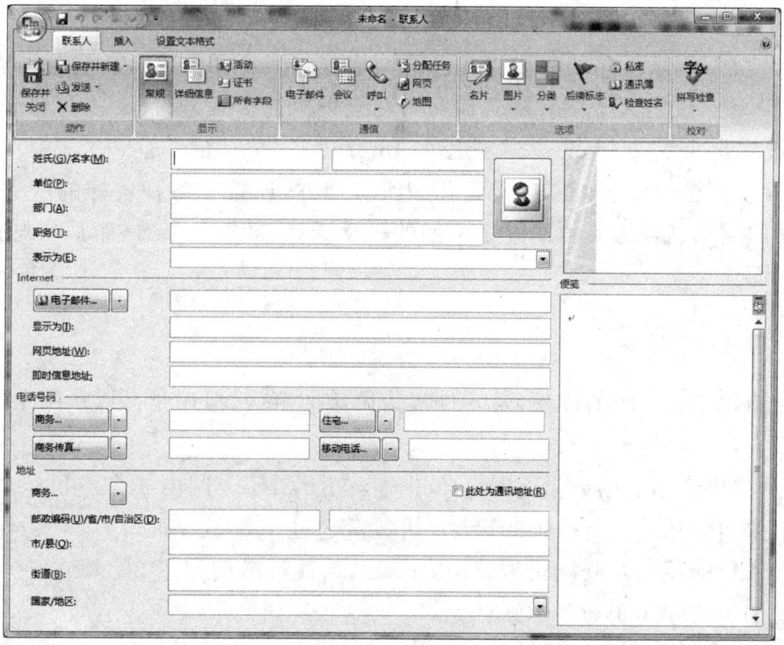

图 11-31　创建联系人对话框

右击 Outlook 联系人列表中的某个联系人，通过快捷菜单上的"创建"命令，可以快速向联系人发送电子邮件、会议邀请、任务请求或新日记条目等。如果在计算机上配备了调制解调器,也可以通过 Outlook 拨打联系人的电话,而且 Outlook 可以记录呼叫时间,并在"日记"文件夹中进行记录,同时记录会话便笺。

利用 Microsoft Outlook 联系人功能,可将任何 Microsoft Outlook 项目或 Microsoft Office 文档链接到联系人,以帮助跟踪与联系人有关的活动。

11.3 互联网的基础知识

11.3.1 互联网的起源与现状

互联网的历史,最早可以追溯到美苏冷战期间。1957 年,苏联发射了第一颗人造卫星。美国政府对苏联的科技进步颇感压力,决定大力发展本国科技。其中一项科技成果便是 ARPANET(Advanced Research Projects Agency Net),中文为"阿帕奇网"。

1969 年,阿帕奇网建成,最初这个网络把位于洛杉矶的加利福尼亚大学、位于圣芭芭拉的加利福尼亚大学、斯坦福大学,以及位于盐湖城的犹他州州立大学的计算机主机连接起来。后来,世界各地开始涌现出各种各样类似的网络,但由于这些网络都是用不同的网络协议,彼此之间是无法通信的。

1985 年,美国国家科学基金会(NSF)使用阿帕奇网的技术,和当时流行的 TCP/IP 网络协议,构建了一个更大范围内的广域网,取名为 NSFNET。由于 NSF 的鼓励和资助,很多大学、政府资助甚至私营的研究机构纷纷把自己的局域网并入 NSFNET 中,从 1986 年至 1991 年,NSFNET 的子网从 100 个迅速增加到 3000 多个。

1990 年之后,越来越多的机构将自己的网络连接到 NSFNET,甚至美国以外的网络也加入 NSFNET,成为其子网。随着该网络在全世界的扩展,以及一些商业公司的加入,NSFNET 最终演变变成了现在大家熟悉的 Internet。

目前,互联网已经渗透到了全世界几乎所有地方,连接了各种各样的服务器、终端设备。互联网的应用领域也不再局限于早期的科学计算、数据共享等,而是参与到了人们生活的各个方面。

11.3.2 Internet 规模

具体地描述 Internet 的规模,是一件极为困难的事情,但还是可以从两个侧面了解到互联网有多大:

首先,从主机或站点的数量上看:1969 年,ARPANET 网由 4 台主机组成;1986 年,互联网主机数增长到 2000 台;1999 年,主机数量超过 5000 万;而到了 2009 年底,根据一家名为 Netcraft 的英国互联网机构统计,全球站点数量激增到了 234 000 000 个,仅 2009 年一年就增加了约 47 000 000 个站点。

其次,从 Internet 使用人数上看:根据名为 Internet World State 的 Internet 统计机构数据,截止到 2009 年 12 月 31 日,全球有 1 802 330 457 位 Internet 使用者,其中约 42% 的使用者来自亚洲。图 11-32 是第 23 次中国互联网发展统计报告中,关于中国网民规模的数据。

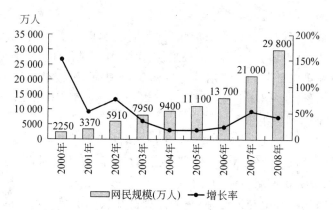

图 11-32　2000－2008 年中国网民规模与增长率

11.3.3　Internet 协议

在 Internet 上使用的网络协议是很多的,但最为基础的便是 TCP/IP 网络协议,以及在其基础上,与之配合的 DNS 域名解析协议、HTTP 协议和 FTP 协议等。事实上,这些网络协议也被统称为 TCP/IP 协议族(簇)。

1. TCP/IP 协议与 IP 地址

TCP/IP(Transport Control Protocol/Internet Protocol,传输控制协议/网际协议)是 Internet 上每台设备必须遵守的通信准则。

图 11-33 展示的是分别在北京、上海两地的两台计算机使用即时通信软件(如 QQ)传输信息时,TCP/IP 协议的具体工作方式。

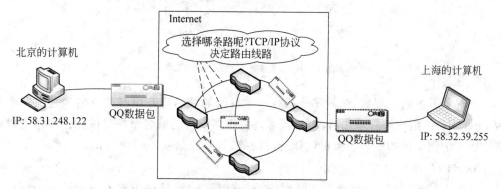

图 11-33　两地计算传输 QQ 信息示意图

2. 域名与 DNS 域名解析协议

域名是由一串用点分隔的名字组成的 Internet 上某一台计算机或计算机组的名称,在数据传输时用于标识计算机的电子方位(有时也包含地理位置)。域名又称为"网络地址"简称"网址"。

IP 地址是一长串数字,如 219.242.208.2。这种数字形式的地址很适合计算机间的通讯,但是却很难被人记忆。因此许多对外公开的计算机还有一个方便记忆的名称,如

www. moe. gov. cn。这种地址就是"域名"。

上述域名的最右侧的部分是顶级域名。如 cn 表示该主机在中国。美国为 us,加拿大为 ca,英国为 uk,日本为 jp 等等。一般来说,每个国家都有自己的顶级域名。

上述域名右侧第二部分 gov 表示政府机构,com 表示该域名为商业机构所有。常见的还有:edu 表示教育机构,int 表示国际性组织,mil 表示军事组织,net 表示 Internet 管理机构,org 表示非营利性组织等。

上述域名中间部分 moe 一般用来表示组织的名称。

拥有域名的计算机一般被称为"站点"。当用户访问该站点时,实际上用户是连接了该单位内,一个可以提供网络服务的计算机。

"域名"易于被用户理解和记忆,而一般计算机却只认识数字形式的 IP 地址。因此,需要一项服务,将用户输入的"域名"对应成计算机能识别的"IP 地址"。这项服务称为"域名解析服务"(简称 DNS),提供该服务的计算机称为域名解析服务器。其工作原理遵从"域名解析协议",如图 11-34 所示。

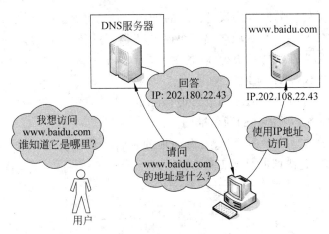

图 11-34　域名解析协议工作原理

了解了域名的原理后,如何才能拥有一个自己的域名呢? 所有的域名都是由一个称为 InterNIC 的组织来管理注册,但一般都是由许多下级的域名服务提供商代替您完成申请注册。中国常见的域名服务提供商有万网等,其网址是 www. net. cn。

3. HTTP 和 URL

如果在"浏览器"(一种浏览互联网资源的软件)的地址栏中输入 www. haokan123. com. cn,访问的将是该网站。但当网页出现之后,再次观察地址栏,将会发现地址栏中的内容变为:http://www. haokan123. com/index. htm/,这又是什么含义呢? 为什么会出现这一长串字符呢? 首先,这一长串字符可分为 3 部分,如图 11-35 所示。

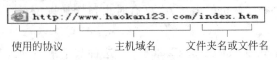

使用的协议　　　　主机域名　　文件夹名或文件名

图 11-35　URL 地址分解示意图

图 11-36 中的 http 即 HTTP,HTTP(Hypertext Transfer Protocol,超文本传输协议)是一种允许网络浏览器和 Web 服务器进行通信的协议,绝大多数的网站都使用 HTTP 协议。www.haokan123.com 为站点的主机域名;而 index.htm 为主页文件的名称。将上述各部分组合在一起就称为统一资源定位符(URL)。

4. FTP 简单文件传输协议

FTP 是 File Transfer Protocol 的缩写,即文件传输协议。文件传输指的就是两台计算机之间的文件复制,从远程计算机复制文件至自己的计算机上称之为"下载"(download)文件。若将文件从自己计算机中复制至远程计算机上,则称之为"上载"(upload)文件。

需要特别说明的是,使用 FTP 协议架设的服务器均设置有一定的权限,并非所有人访问时,都可以对文件进行随意的操作。对于一般用户,服务器仅给予读取权限,即文档的"下载"权限,而限制了"上传"、"修改"等高级权限。这是为了保护文件服务器和数据的安全。

11.4   常见的 Internet 接入方式

一方面,Internet 发展迅速,并拥有巨大的信息资源,可以为人们提供许多服务,充满了诱人的魅力;另一方面,其结构复杂,原理深奥。作为一般用户,通过什么样的方式才能连接到 Internet 呢?

事实上,在 Internet 已经商业化的今天,人们不用为连接 Internet 的事情担忧,有很多的商业公司、机构,可以为用户解决接入 Internet 的难题。这些公司或机构被称为 ISP。ISP 是 Internet Service Provider 的缩写,意思为"Internet 服务提供者"。这些公司会为一般用户提供接入 Internet 的技术支持,并可以为用户提供信息服务。

在中国,比较知名的 ISP 有中国移动、中国联通、中国电信等。人们只需坐在家中,给这些公司拨打一个电话,就会有相应的技术人员上门为用户接通 Internet。

ISP 有很多个,所提供的互联网接入技术也不尽相同。作为个人用户,如何在其中做出选择呢? 下文将介绍几种个人用户接入互联网的常见技术,并讲述其优缺点。

11.4.1   ADSL 接入技术

ADSL 是一种利用现有的固定电话网络,实现数据传输的互联网接入技术。这种技术由于依托于现有的固定电话线,因此有稳定、方便、快捷的特点,该技术已经可以为用户提供高达 8Mbps 的带宽。使用这样的带宽,可以实现在线欣赏高清电影、在线视频等高带宽需求的服务。中国,可以提供 ADSL 接入互联网的 ISP 有中国联通、中国电信等。

但这种技术也有它的缺点:ADSL 技术依托于固定电话线,所以只能在设定的地点接入互联网,这比较适合家庭中的固定计算机使用。如果要在室外,或者移动时使用 Internet,ADSL 将无法满足要求。

11.4.2 手机无线通信网络接入技术

由于技术上的限制,ADSL互联网接入技术并不能提供室外或移动中的Internet接入。为了解决这一问题,另外一种接入技术进入了人们的视线:无线接入技术。无线接入方式有很多,但应用最为广泛的还是通过手机网络接入Internet。

21世纪初,第二代手机通讯网络盛行(GSM网络,一般称为2G,含义为第二代手机通信网),当时接入Internet的技术一般为GPRS或EDGE。目前中国移动、中国联通的2G网络仍然在提供基于GPRS、EDGE技术的互联网接入。但其缺点也很明显:带宽很低,GPRS带宽为56Kbps,EDGE带宽为473.6Kbps。为了解决这一问题,在第三代手机通信网络(3G)设计时,就充分考虑了Internet接入的带宽问题。目前我国有三家公司均可以提供3G技术服务,详细对比见表11-1。

表 11-1　各手机网络运营商详细情况对比表

中国运营商	技术名称	标准研发状况	下行理论带宽	品　　牌
中国移动	TD-WCDMA	中国自主研发	2.8Mbps	G3
中国电信	CDMA 2000	美国高通主导	3.1Mbps	天翼
中国联通	WCDMA	欧洲和日本	14.4Mbps	沃

通过手机无线通讯网络连接互联网最大的优点,就是可以随时随地接入互联网,并且摆脱了电缆的束缚;但缺点是费用较为昂贵,网络稳定性经常受到信号质量的影响。

11.4.3 其他接入方式

上述两种方式是目前在我国最常见的Internet接入方式,除此之外还有另外三种常见方式:各地有线电视运营公司提供的名为cable modem的接入方式(例如北京地区比较流行的歌华有线),一般带宽为2Mpbs;许多小区也有自己的"小区宽带",一般都是在小区建设局域网,并统一连接Internet,而个人用户则直接该局域网,从而实现间接接入互联网的目的;另外,近些年还出现"光纤直接到户",这种方式带宽高,但价格昂贵。总之,目前接入互联网的方式很多,又各有优缺点,用户可以根据自身情况选择。

11.5　常用 Internet 服务及软件

上文中简述了如何接入Internet,但仅仅实现接入互联网还是不够的,仍然需要学习如何使用Internet上的信息资源和服务资源。下面将简述最常见的互联网资源、服务和相应的软件,并对Internet的发展进行展望。

11.5.1 WWW 服务和浏览器

WWW(万维网)服务是Internet上被广泛应用的一种信息服务技术。万维网采用的是客户/服务器结构,由服务器整理和储存各种资源,并响应客户端软件的请求,把所需的信息资源通过浏览器传送给用户。图 11-36 就是"新浪网"提供的万维网服务的首页。

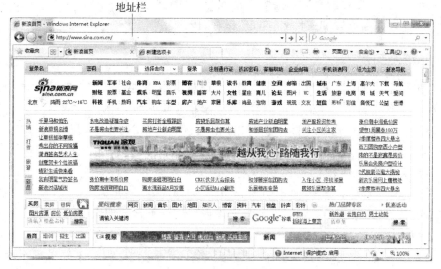

图 11-36　新浪网首页

为了制作该网页,需要使用一种规范化的发布语言。在万维网上,文档的发布语言是 HTML。HTML 是 Hypertext Marked Language 的缩写,即超文本标记语言。该语言有两个最明显的特点:

它可以将各种不同种类的元素(文字、图片、动画、声音)组织到一个"页面"。它还提供超链接功能,能够让浏览者在不同的页面之间跳转。图 11-37 中带下划线的文字都是超链接,点击它们就可以连接到其他的页面。

这种语言对于普通的用户来说,是无法看懂的,必须使用软件,将 HTML 语转换成普通用户可以看到的"页面"。这种软件称为"浏览器"。目前使用最广泛的浏览器仍然是微软的 IE(Internet Explorer)浏览器,市场占有率在 60％以上。其他比较流行的浏览器还有 Firefox 浏览器、傲游浏览器等。下面以"新浪网"为例,介绍浏览器的基本使用方法。

1. 使用浏览器访问新浪网

访问网页方法很简单,步骤如下:

(1) 打开 IE 浏览器;

(2) 在"地址栏"中输入网址 www.sina.com.cn。

(3) 按 Enter 键确认,或点击"转至"按钮。

2. 使用浏览器收藏常用网址

收藏网址需要三个步骤:

(1) 在访问某个需要收藏的网址时,单击"收藏夹"按钮。

(2) 在弹出的"收藏中心"框中选择相应的文件夹。

(3) 单击"添加到收藏夹"按钮。

3. 使用浏览器将页面保存成文本文档

(1) 在访问某个需要收藏的网址时,单击"命令栏"上的"页面"按钮。

（2）在弹出的菜单中选择"另存为"命令。

（3）在弹出的"保存网页"对话框中，修改"保存类型"为文本文件（＊.txt）。

（4）选择好保存位置和文件名，单击"保存"按钮。

11.5.2　搜索引擎

当今世界是一个信息的世界，在万维网中信息的数量也在以惊人的速度增加。如何在信息海洋中寻找到自己所需要的内容，就成了摆在人们面前的一大难题。搜索引擎就是为了解决这一难题应运而生的。它可以用"搜索关键字"的方法，帮助人们在 Internet 上快速、方便地找到所需要的信息。

目前被大家广泛使用的搜索引擎有很多，国外著名的搜索引擎有 Google、Bing、Yahoo 等，中国人自己研发的搜索引擎也有不少：Baidu（百度）、Sogou（搜狗）、QQ 等。总之搜索引擎很多，但是功能却大同小异。下面以国内著名的搜索引擎"百度"为例，介绍搜索的使用方法。

如果希望在 Internet 上查找关于"北京大学招生"的信息，但又不知道哪个网站可以提供这些信息，就可以使用搜索引擎来把这些分散在万维网上的信息搜索出来。步骤如下：

（1）打开 IE 浏览器，在地址栏中输入"百度"搜索引擎的网址：www.baidu.com。

（2）在 IE 窗口当中的文本框中输入"北京大学招生"的字样，单击右侧的"百度一下"按钮。

（3）等网络服务器将搜索结果返回后，就可以单击相关超链接，获得每条信息的具体内容。

其他搜索引擎网址还有：

- www.google.com.cn（谷歌的搜索引擎）；
- www.bing.com.cn（微软搜索引擎）；
- www.sogou.com（搜狐搜索引擎）。

11.5.3　E-mail 电子邮件

电子邮件（Electronic Mail，E-mail）是指在 Internet 上或其他计算机网络上各个用户之间以电子信件的形式进行通信的一种方式。目前，电子邮件 E-mail 是 Internet 上使用得最广泛的一种服务。

一般用户如果只是接收和发送一些电子函件，最简单便捷的方法是直接在互联网上申请一个免费的电子邮件信箱。通过申请后，除了得到一个免费的电子信箱外，同时还得到一个"电子邮箱地址"。它具有如下统一格式：

用户名@ 主机域名

其中：用户名就是用户向网络管理机构注册时获得的用户码。"@"符号后面是用户使用的计算机主机域名。例如，zhangsan@ yahoo.com，就是"雅虎"主机上的用户 zhangsan 的 E-mail 地址。

下面以"163免费电子邮箱"为例,讲解如何申请免费邮箱、如何使用电子邮箱。

申请"163免费电子邮箱"的操作步骤如下:

(1) 打开IE浏览器,输入网址:email.163.com,并确认访问。

(2) 单击页面下方的"立即申请"按钮,如图11-37所示。

(3) 填写注册信息,如图11-38所示。

图 11-37　申请一个免费电子邮箱

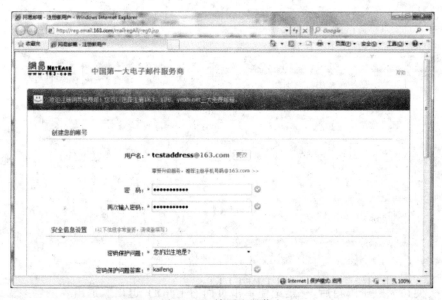

图 11-38　填写注册信息

登录并使用"163免费电子邮箱"的操作步骤如下:

(1) 打开IE浏览器,输入网址:email.163.com,并确认访问。

（2）输入您的用户名和密码，并单击"登录"按钮，进入邮箱。

（3）单击窗口右侧的"收件箱"，查看已经收到的电子邮件，如图 11-39 所示。

图 11-39　收件箱

（4）单击屏幕左侧的"写信"按钮，给朋友发一封电子邮件，操作界面如图 11-40 所示。

图 11-40　写信的操作界面

（5）使用完电子邮箱后，一定记住单击页面右上角的"退出"，退出登录状态。

11.5.4　即时通信

目前，使用 Internet 的人数越来越多，可以说，Internet 已经成为现代人的一种新兴的通讯方式。但是 E-mail 等网络服务方式都有一个共同的缺点，即不具备实时性。人们迫切需要一种可以通过互联网实时进行网络通信的服务。而且随着互联网的普及，这样的需求越来越强烈。

在 1996 年 7 月，四名以色列青年合伙成立了 Mirabilis 公司。正是这个公司在同年11 月发布了 ICQ 软件，很多 Internet 用户使用这个服务软件进行在线实时通信，并把这个服务软件形象地称为"网络寻呼机"。ICQ 的迅猛发展也让当时的大型互联网服务提供商 Yahoo! 和在桌面软件领域发展的微软看到了商机，它们分别推出了自己的即时通信服务软件：Yahoo! Messenger、MSN Messenger。

即时通信服务软件在国外风靡的同时，在中国也是很受大家的欢迎。1999 年 2 月一家名为"腾讯"的网络公司推出一个中文即时通信软件"腾讯 QQ"，后来该公司发展成为中国互联网中举足轻重的"腾讯"公司。

近年来，即时通信软件发展迅速，已经不再局限于使用简单文本进行通讯，而是使用声音与图像进行及时通信，很多人又称之为网络音频/视频电话，简称"网络电话"。

下面给出几个著名即时通信服务提供商的网络地址，通过连接，我们可以获取这些公司提供的即时通信服务软件：

- http://www.windowslive.cn/Messenger/（微软 Live Messenger）；
- http://messenger.yahoo.com/（雅虎 Yahoo Messenger）；
- http://im.qq.com/（腾讯 QQ）；
- http://skype.tom.com/（Skype 网络电话）。

11.5.5 博客和网络社区

随着互联网的发展，人们不再满足于仅仅从互联网上获取信息，或者把互联网当成一种简单的通讯手段。人们开始将自己的个人观点、个人信息、个人资源，在互联网上发布，与他人共享。人们希望从一个被动的"信息获取者"变为一个主动的"信息发布者"。换句话说，网络使用者是新一代互联网的主体。

在这样的时代背景下，最先出现的就是"博客"。这一词来源于 Blog 的音译。个人用户可以拥有自己的发布信息的空间，并可在上面发表文章、张贴图片等，提供给其他互联网使用者阅读。目前有很多互联网公司提供"博客"服务，例如：

- www.blogger.com（英文）；
- www.wordpress.com（英文）；
- www.blog.sina.com.cn（新浪博客）。

随着个人用户对 Internet 的进一步积极参与，开始出现了更为先进的"网络社区"。这种服务比单纯的博客更强调用户和用户之间的联系，将人的现实社会关系，带到了Internet 上。在国外著名的"网络社区"有：

- www.facebook.com（英文）；
- www.myspace.com（英文）。

在中国，"网络社区"有时又被称为"空间，"例如：

- www.hi.baidu.com（百度空间）；

- www. qzone. qq. com(QQ 空间)。

下面是以"百度空间"(见图 11-41)为例申请开通网络空间的操作步骤：

(1) 打开 IE 浏览器,访问网址：http://hi.baidu.com。

(2) 点击页面右侧的"立即注册并创建空间"按钮。

(3) 输入注册信息(此步骤和申请电子邮箱的步骤很相似),并确认。

(4) 返回百度空间主页：http://hi.baidu.com,并用刚才申请的用户名、密码登录。

(5) 第一次登录空间,需要为空间选择类型,并完善个人信息。

(6) 上传自己的照片、音乐、视频,书写自己的博客。

(7) 将空间地址记录下来,并发送给自己的好朋友,邀请他访问自己的空间。

图 11-41　百度空间

11.5.6　电子商务

电子商务就是在计算机网络的平台上,按照一定的标准开展商务活动,包括网络支付、网络客服、网上交易等等。

随着现代网络技术的普及和物流网络的完善,电子商务已经成了人们进行商务活动的常见方式。客户只需要通过互联网连接商家的网站,并且在线咨询售前服务人员,达成购买意向后,通过网络支付将款项付清,商品或货物就可以通过物流公司,转交给客户。如果商品出现质量问题,还可以通过网络和商家的网络售后服务部门沟通。这样的商务活动方式既方便快捷,又节约资源。

目前很多大型企业已经架设了自己的电子商务平台,但很多中、小型企业还没有条件独立架设私有的电子商务平台,但是这些企业可以使用"电子商务平台提供商"提供的统一的电子商务服务。例如,阿里巴巴公司就提供快捷的电子商务平台建设服务。再如,淘宝网提供针对个体商家的电子平台建设,个人只需要通过简单的申请,就可以在淘宝网上开设自己的"网上商店"。图 11-42 就是淘宝网的首页。

图 11-42　淘宝网

11.6　未来的互联网

10 年前中国的互联网刚刚起步的时候,如果有人问您,未来的互联网是什么样子? 您能想象到今天互联网的繁荣景象么? 也许那时候您会想:

10 年后,我们通过互联网打电话,不用花一分钱。

10 年后,我们随时通过互联网看到世界上最著名的图书馆里的藏书。

10 年后,我们坐在家里,通过互联网销售产品,钱就自动转到了我们的银行账户。

······

转眼 10 年过去了,似乎人类在 10 年前"关于未来"的种种设想都实现了。那么下一个 10 年呢? 人们关于互联网的未来又有什么设想呢?

11.6.1　云计算

最近两年,"云计算"的概念被到处宣传。其实"云计算"的概念很简单,设想这样一个场景:某用户有一个极端复杂的软件需要运行,或者有海量的数据需要存储并计算,但是用户自己的个人电脑计算性能很差,硬盘又很小。就目前的技术而言,唯一的解决途径就是去购买更强大的个人电脑,但有时候这是不现实的,因为"更强大"就意味着需要很多的金钱,也意味着计算机体积会很大,安装很复杂,个人用户根本无法方便地使用。如何解决这种矛盾呢? 假如有一家公司可以提供这样的服务,如图 11-43 所示。

该公司有很强大的计算机组成的计算机集群(多的数不清,连成一片,就像天空中漂浮巨大云团,故称为计算云),将那些极端复杂的软件安装到"计算云"中,并且允许用户将自己的数据存放到公司的"计算云"中,公司为您保存数据,并进行复杂计算,通过互联网将计算结果或数据显示到用户的小型个人设备上(也许是一台笔记本电脑,也许只是一个智能手机)。为此,用户只需要付给该公司很少的钱(例如 10 元/月)。用户是不是觉得这样的方式很好呢?未来人们可以像每个月买"自来水"、"电"一样,购买"计算"。用多少,买多少。

图 11-43　云计算示意图

　　事实上,已经有很多高科技公司开始着手做这件事了,例如 Google、微软、IBM、亚马逊等公司,都已经开始在全世界各地,架设他们的"数据中心",也就是上文提到的"云"。到目前为止,Google 已经在全球建设了 38 个数据中心,每个数据中心均有数不清的高性能服务器,成为"云计算"的领军企业。

11.6.2　物联网

　　设想一下,将来我们身边的所有物件都是联网的:电冰箱是联网的,当人吃光了冰箱中某种食物后,冰箱会自动和互联网上的食品销售商联系,按照用户事先设定好的标准订购食物;汽车是联网的,当油箱没油的时候,立即主动上网搜索附近的加油站,并引导用户去加油;家里的宠物也是联网的,通过全球定位系统随时可以知道它在哪里,再也不怕小猫、小狗们跑丢了;甚至钥匙链也是联网的,不小心把钥匙搞丢了,只要通过网络查询钥匙链的位置,就可以找到丢失的钥匙。

　　将来通过射频识别(RFID)、红外感应器、全球定位系统、激光扫描器等信息传感设备,按约定的协议,把任何物品与互联网连接起来,进行信息交换和通信,以实现智能化识别、定位、跟踪、监控和管理。这样整个世界都变得智能起来。这种神奇的网络,人们称之为物联网(The Internet of Things)。

11.6.3　虚拟的世界

　　"云计算"让个人拥有了强大的计算能力,"物联网"让世界上的所有现实的物品都联了网,那么下一步,人们的设想就更大胆,甚至可以说有些离谱了。人们试图在互联网中创建一个虚拟的世界,里面有虚拟的商店、虚拟的大学、虚拟的公司等,而这个虚拟的世界又是和现实相联系的,例如:人们坐在自己家中,连接互联网,登录虚拟世界,在"虚拟"的商店中挑选商品。在这个虚拟商店中,用户甚至可以用视觉、听觉、触觉、嗅觉来感受虚拟商品。用户通过电子银行付款后,在几小时内,物流公司就会将用户购买的商品,及时送到用户面前。小孩子可以在自己家中,连接互联网,登录虚拟学校,学习各种知识,并且坐在同班同学"身边",他们实际上都在各自的家中,但却能在这个虚拟学校中使用各自的"虚拟化身"互动。

　　上班族也不用再辛苦奔波了,只需要登录虚拟世界中的"虚拟公司",就可以像走进现实中的办公室一样,使用虚拟办公桌、虚拟打印机,甚至和同事的虚拟化身交谈,就和真实的办公环境一模一样。

　　仔细想想，这种离谱的设想正在我们身边一步步实现着。例如，在电子商务领域里著名的"淘宝网"，就是一个虚拟的大商场，"远程教育"就是虚拟的大学，而时下流行的"网络办公"，就是未来的虚拟公司的雏形。只不过目前的这种虚拟只是一种简单的形式上的模拟，并没有把真实世界中的每个细节都虚拟出来。但随着计算科学、生物学等基础学科不断发展，计算机仿真，人机交互技术的不断完善，未来究竟是什么样子，谁又能说得清楚呢？

　　但关于未来，有一点是确定的：未来的世界必定是一个高科技、信息化、互联的世界。而应用计算机技术、网络技术也将是人们未来必备的生存技能。让我们学好必备的知识，在下一个十年中尽情体验未来吧……

附录 A

习题

A.1　Windows 7 习题

A.1.1　选择题

(1) 操作系统按使用(　　)分为批处理、分时、实时系统。

　　A. 环境　　　　　B. 数目　　　　　C. 硬件　　　　　D. 结构

(2) 操作系统的命令方式大体有两种，一是以键盘为工具的字符命令方式，二是以(　　)为主要工具的文字图形相结合的图形界面方式。

　　A. 打印机　　　　B. 鼠标　　　　　C. 软件　　　　　D. 文件

(3) 微机操作系统的特点，一是单用户个人专用，二是联机操作和(　　)。

　　A. 网络　　　　　B. 鼠标　　　　　C. 硬件　　　　　D. 人机交互

(4) 桌面图标实际是一种快捷方式，可以根据个人的需要添加图标，用于快速打开(　　)项目或程序。

　　A. 相应的　　　　B. 操作　　　　　C. 系统　　　　　D. 区域

(5) 屏幕保护程序是一种扩展名为(　　)的可执行文件。

　　A. scr　　　　　　B. bmp　　　　　C. wmf　　　　　D. txt

(6) 文件大体分为三种，即程序文件、程序辅助文件和(　　)。

　　A. 打印机软件　　B. 鼠标软件　　　C. 绘图软件　　　D. 数据文件

(7) 在文件名或文件夹名中，最多可以有 255 个字符或(　　)个汉字，其中包含驱动器和完整路径信息。

　　A. 255　　　　　　B. 128　　　　　C. 256　　　　　D. 100

(8) 帮助文件的扩展名为(　　)。

　　A. bmp　　　　　　B. bmp　　　　　C. hlp　　　　　D. txt

(9) 通配符星号"＊"代表(　　)，"?"可以代表一个字符。

　　A. 所有字符　　　　B. 128 个字符　　C. 软件　　　　D. 文件

(10) 剪贴板是复制或移动使用的信息(　　)存储区域。

A. 字符　　　B. 长期　　　C. 辅助软件　　D. 临时

(11) 按下(　　)键,即可将一个活动的窗口图像复制到剪贴板上。

A. 鼠标左键　　　　　　　B. 鼠标右键

C. Alt＋PrintScreen　　　　D. 空格

(12) 使用 Windows 资源管理器可以很方便地对文件进行浏览、查看、移动、(　　)等操作。

A. 复制　　　B. 扫描　　　C. 格式化　　　D. 隐藏

(13) 文件或文件夹的属性有(　　)。

A. 保存　　　B. 只读、隐藏　C. 字节　　　D. 文件

(14) 选定多个连续文件或文件夹:单击要选的一个文件或文件夹,按住(　　)键,再单击要选的最后一个文件或文件夹。

A. Enter　　　B. Tab　　　C. Ctrl　　　D. Shift

(15) 选定多个不连续文件或文件夹:单击要选的一个文件或文件夹,按住(　　)键,再单击要选的文件或文件夹。

A. Enter　　　B. Tab　　　C. Ctrl　　　D. Shift

(16) 设备管理器中对于设备图标的不同显示方式,体现了当前设备的工作状态。如果设备工作有一定问题,会以(　　)对用户进行提示。

A. 黄色叹号　　B. 红色问号　　C. 绿色井号　　　D. 蓝色问号

(17) 一般情况下碎片不会在系统中出现问题,但碎片多时会浪费(　　),引起计算机读取速度和性能的下降。

A. 内存　　　B. 磁盘空间　　C. 软件　　　D. 文件

(18) 写字板可以用来打开和保存多格式文本文件(．rtf)、文本文档(　　)和 Text (．odt)文档等。

A. ．wmf　　　B. ．jpg　　　C. ．bmp　　　D. ．txt

(19) 在科学型模式下,计算器会精确到(　　)位数。以科学型模式进行计算时,计算器采用运算符优先级。

A. 32　　　B. 64　　　C. 128　　　D. 56

(20) 使用"画图"也可以打开并编辑已经存在的、以位图文件格式保存的图形图像,包括扩展名为(　　)等的图像文件。

A. wmf　　　B. doc　　　C. bmp　　　D. txt

A. 1. 2　操作题

综合题 1

(1) 在 D 盘用"自己的姓名"建立一个文件夹,再在此文件夹下建立一个"自学题 1"的文件夹。

(2) 利用"帮助和支持"功能,将主题为"如何使用搜索→如何搜索文件和文件夹"的说明内容,复制到"记事本"程序中,并保存在 D 盘"自己的姓名"文件夹下"自学题 1"的文件夹中,文件名为 Help1. txt。

（3）利用"帮助和支持"功能，将主题为"鼠标的使用"的说明内容，复制到"记事本"程序中，并保存在 D 盘"自己的姓名"文件夹下"自学题 1"的文件夹中，文件名为 Help2.txt。

（4）为"画图"程序在桌面建立快捷方式，名称为："我的画板"。

（5）为 Word 软件在桌面建立快捷方式，名称为"Word 快捷方式"。

（6）在 C 盘上查找 4 个剪贴画文件（.wmf），小于 5 个字节，将它们复制到 D 盘"我的剪贴板"的文件夹中，将其中一个文件设置为"只读"属性。

（7）桌面背景设置为"放幻灯片"，图片位置（L）：顶级照片，图片位置（P）：填充，更改图片时间间隔：10 秒，无序播放。

（8）将"活动窗口标题栏"的颜色设置 1 紫色 2 蓝色，字体为新宋体 10 号。

（9）选择"工具"→"文件夹"命令，在常规标签中设置：显示所有的文件夹；在查看标签中设置：不隐藏已知文件的扩展名；在搜索标签中设置：始终搜索文件名和内容。

（10）选择"开始"→"入门"→"更改文字大小"命令，单击"调整分辨率"，打开"我应该选择什么样的显示器"，将其内容有选择地复制到记事本中，简单编辑后保存到 D 盘"自己的姓名"文件夹中，文件名为：我的显示器我选择。

（11）选择"开始"→"入门"→"更改文字大小"命令，单击"校准显示器"，打开"如何校准我的显示器"，将"什么是显示颜色校准"的回答复制到写字板中，简单编辑后保存到 D 盘"自己的姓名"文件夹中，文件名为"我的显示器颜色校准"。

综合题 2

（1）在 D 盘用"自己的学号"建立文件夹，再在此文件夹下建立一个"自学题 2"的文件夹。

（2）利用"帮助和支持"功能，将"文件"→"查找文件"→"复制和移动文件和文件夹"→"创建和删除文件"的说明内容，复制到"写字板"程序中，并保存在 D 盘"自己的学号"文件夹下"自学题 2"的文件夹中，文件名为 Help3.txt。

（3）将文件名为 Help3.txt 设置为隐藏属性。

（4）利用"搜索程序和文件"，搜索 *.MP3，将其中一个 MP3 文件，发送为桌面快捷方式。

（5）在"文件夹选项"中设置"不隐藏已知文件的扩展名"。

提示：选择"资源管理器"→"工具"→"文件夹选项"→"查看"命令。

（6）打开"控制面板"→"轻松中心"→"轻松访问中心"→"更改键盘的工作方式"的窗口，将此窗口复制到写字板中，并保存在 D 盘"自己的学号"文件夹下"自学题 2"的文件夹中，文件名为，"键盘工作方式.txt"。

（7）选择"开始"→"入门"→"个性化 Windows"，单击"任务和开始菜单"→"开始菜单"→"如何更改开始菜单的外观"命令，在对"开始"菜单的操作中学习并操作：

① 从开始菜单中删除程序图标；

② 移动开始按钮；

③ 清除开始菜单中最近打开的文件或程序的步骤。

（8）选择"开始"→"便签"命令，在桌面上添加"本人上计算机课程的时间，如某某学院某系某班某某人，星期一 3、4 节和星期三的 7、8 节"的便签。其中"某某学院"是指你自己的学院，依次类推。

A.2　Word 习题

A.2.1　选择题

(1) Office 按钮菜单底部显示的命令是(　　)。

  A. 关闭　　　　　　　　　　B. 文件名

  C. 当前打开的文件名　　　　D. 正在被打印的文档文件名

(2) Word 窗口标题栏上的文字是(　　)的名字。

  A. Microsoft Word　　　　　B. 文档文件名

  C. 软件公司　　　　　　　　D. B 和 A

(3) 上翻前一页按钮和下翻下一页按钮被设置在(　　)上。

  A. 页眉和页脚　　B. 菜单条　　　C. 垂直滚动条　　D. 标题条

(4) 按住 Shift 键可以选定的对象是(　　)。

  A. 图片　　　　　　　　　　B. 相邻的多行文字

  C. 断续多行的文字　　　　　D. 两个窗口中的文字

(5) 复制对象后，信息被保留到(　　)，可以被粘贴(　　)次。

  A. 硬盘；无数　　　　　　　B. 文件；1 次

  C. 内存；1 次　　　　　　　D. 剪贴板；无数次

(6) 若一次把 5 个"文档"单词都替换成"文秘档案"，应该选择(　　)。

  A. 从键盘输入　　　　　　　B. 鼠标拖动

  C. 从剪贴板粘贴　　　　　　D. "替换"命令

(7) 设置某段为居中对齐，首先将光标移到文本选定区通过(　　)来选定该段落。

  A. 双击该段落　　　　　　　B. 三击该段落

  C. 光标放在该段落中　　　　D. 定义全文

(8) 利用"打印"对话框，不可以设置(　　)。

  A. 打印页数　　　B. 打印预览　　　C. 后台打印　　　D. 纸张大小

(9) 设置首字下沉格式可以使段落的第一个字符下沉，首字最少下沉(　　)行。

  A. 3　　　　　　　B. 5　　　　　　C. 8　　　　　　　D. 2

(10) 合并单元格的含义是(　　)。

  A. 合并行或列相邻的多个单元格　B. 只能合并一行相邻的单元格

  C. 只能合并两个单元格　　　　　D. 只能合并一列相邻的单元格

A.2.2　操作题

格式练习

(1) 录入以下文字内容：

世界是你们的，也是我们的，但是归根结底是你们的，你们青年人朝气蓬勃，正在兴旺时期,好像早晨八九点钟的太阳,希望寄托在你们身上。

(2) 在此段落前插入标题"希望寄托在你们身上"。

(3) 将正文复制三遍,使之成为四个自然段。每段首行缩进2个字符,每段段前段后各空一行。

(4) 在标题前后插入特殊符号"★"。

(5) 将标题设置为隶书、二号字、红色、居中、动态(礼花绽放形式)。

(6) 将第一段正文设置为楷体、四号字。段落对齐方式设置为左对齐。

(7) 将第一段设置成首字下沉两行格式。

(8) 将第二段加绿色边框和浅蓝色底纹。

(9) 将第三段加红色边框和浅黄色底纹。

(10) 对整个页面加艺术型边框。(自定)

(11) 在页面设置中,将纸张设置为B5。

(12) 将该文档保存在D盘创建的文件夹下,命名为"文档格式练习1"。

排版练习

(1) 输入以下文字:

从我做起　节约资源

地大物薄、资源缺乏

记得小时候刚进学堂时,学的就是我们国家"地大物博、资源丰富"。受这种思想的影响,长期以来总认为"节约资源"离自己很遥远。现在"地大物博、资源丰富"应代之以"地大物薄、资源缺乏",用以教育、引导我们的后代,让他们从小就有资源危机感。

提倡节俭的生活

如今社会上有一股相互攀比的不良风气,住必要豪宅,行必要宝马,穿必要名牌,吃必要山珍海味……无形中造成了巨大的浪费。因此,有必要倡导节俭的生活方式,号召大家在提高生活质量的前提下,科学消费,树立"节约光荣、浪费可耻"的观念。

(2) 将标题设置为居中、隶书、字号为三号字、蓝色。

(3) 将每段的小标题设置为黑体、四号字、绿色、倾斜。

(4) 将每段首行缩进两个字符,按照自己的欣赏力,设置不同的字体、颜色、字形。按照一页A4纸的大小设置行距。

(5) 设置页眉为自己的姓名、性别,设置页脚为自己的学号、单位名称。设置页眉页脚的字体、大小、颜色(自定)。

(6) 将该文档保存在D盘创建的文件夹下,命名为"文档格式练习2"。

图文混排练习

利用剪贴画、艺术字、文本框、自选图形、艺术边框等图文混排操作,做如图A-1所示的文档。

提示1:页面设置为横向、纸张大小为32开。

提示2:文本框要有阴影及阴影颜色的设置。

将该文档保存在D盘创建的文件夹下,命名为"图文混排练习"。

图 A-1

表格练习

按照表绘制表格。

提示：根据自己的喜好设置行或列的底纹颜色。

将该文档保存在 D 盘创建的文件夹下，命名为"表格练习"。

教学研讨会日程表

时间 日程	时间	内容
上午	8：00—8：30	领导介绍情况
	8：30—10：20	大会发言
	10：20—10：40	休息
	10：40—11：30	课件演示
	11：30—12：30	午餐
下午	12：30—14：00	午休
	14：00—15：00	公布并讲解新的工作方法
	15：00—16：30	分组讨论
	16：30—17：00	会议总结

图 A-2

A.3　Excel 习题

A.3.1　填空题

（1）Excel 2007 默认工作簿文件的扩展名为_____。

（2）在 Excel 2007 中，输入文本的默认格式是_____存放在单元格中。

（3）在 Excel 2007 中，输入数字的默认格式是_____存放在单元格中。

（4）在 Excel 2007 中，选定多个不连续的单元格需要按住_____键。

（5）将电话号码 67676767 输入到单元格，应先键入_____。

（6）在 Excel 2007 中，表示同一工作簿内不同工作表中的单元格时，工作表名与单元格名之间应使用_____分开。

(7) 在 Excel 2007 中,混合引用是指单元格地址的行号或列号前加________符号。

(8) 在 Excel 2007 中,一般默认的工作表为________个。

(9) 在 Excel 2007 中,________是存储数据的最小单位。

(10) 默认的工作表名称为________。

A.3.2 操作题

输入练习

(1) 输入文字

在工作表 Sheet1 中的单元格 A1:F1 中输入“学号”、“姓名”、“年龄”、“出生日期”、“序列 1”、“序列 2”、“序列 3”,在 A2 输入 091234 学号,利用鼠标“填充柄”填充 10 个学号(文本型数据,见图 A-3),在 B1 B11 中输入同学的姓名,观察文本型数据的默认对齐方式。

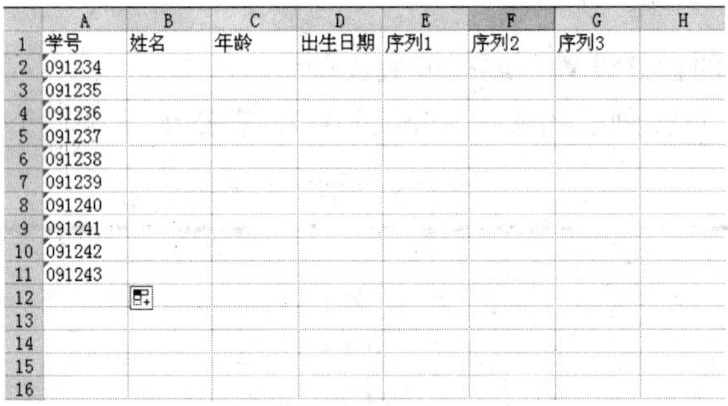

	A	B	C	D	E	F	G	H
1	学号	姓名	年龄	出生日期	序列1	序列2	序列3	
2	091234							
3	091235							
4	091236							
5	091237							
6	091238							
7	091239							
8	091240							
9	091241							
10	091242							
11	091243							
12								
13								
14								
15								
16								

图 A-3

(2) 输入数字

在 C2:C11 单元格中输入每人的年龄(数值自定)。观察数值型数据的默认对齐方式。

(3) 输入日期和时间

在 D2:D11 单元格中输入每人的出生日期(数据自定)。

(4) 利用鼠标“填充柄”在序列 1 中填充 1,2,3…,在序列 2 中填充 2,4,6,8…

(5) 利用鼠标“填充柄”在序列 3 中填充“一月”、“二月”……“十二月”。

数据填充练习

(1) 在工作表 Sheet2 中,利用鼠标填充柄在 A 列填充 2000,1999,1998,…,1985。

(2) 利用“填充”功能在 B 列中填充 10000 以内的 1,3,9,27,81,243,…(等比序列,3 倍递增)数据。

(3) 在 C 列中输入美术学院、教育学院、文学院、理学院、管理学院,将其导入自定义序列,在 D 列利用鼠标填充柄依次填充这些学院。

(4) 将该工作簿保存在 D 盘创建的文件夹下,命名为“电子表格格式练习”。

公式与函数练习

(1) 在 Sheet1 中输入图 A-4 中的数据。

	A	B	C	D	E
1	学号	姓名	英语	数学	计算机
2	0221002	范旭东	85	88	71
3	0221010	梁燕	82	70	68
4	0231005	李连杰	82	81	76
5	0231008	成龙	84	92	84
6	0231009	张雨	56	70	53
7	0241010	王娟	78	81	79
8	0241011	刘竞	86	70	80
9	0241015	王新	87	84	85
10	0251001	王思思	94	87	90
11	0151006	黎明	83	79	82
12	0151002	白云	84	90	81
13	0121002	章华	85	82	78
14	0121003	李双	80	84	81
15					

图　A-4

(2) 在单元格 F1、G1、H1 中分别输入"平均成绩"、"总成绩"和"名次",在 B16、B17、B18 中分别输入"平均成绩"、"最好成绩"、"最差成绩"。

(3) 用 ACERAGE 函数和 SUM 函数分别求出每个学生的平均成绩和总成绩。

(4) 用 AVERAGE 函数、MAX 函数、MIN 函数分别求出每门课程的平均成绩、最好成绩、最差成绩。

(5) 用条件格式把学生中平均成绩＞85 的数据用红色表示出来。

(6) 用 RANK 函数根据每个学生的总成绩排列名次。

(7) 在 B 列和 C 列中间插入一列,在 C1 中输入"性别",为每个记录添加性别。

(8) 在 B19 中输入"女生成绩和",在 D19 中利用 SUMIF 函数求出女生的"英语"总和。

(9) 在 B20 中输入"男生人数",在 C20 中利用 COUNTIF 函数求出男生人数。

(10) 在 B21 中输入"＞＝80",在 C21 中利用 COUNTIF 函数统计考试成绩大于等于 80 的数目。

(11) 在 Sheet1 中的最前面插入一行,在 A1 单元格中输入"学生成绩表",合并居中,宋体、20 号字。操作结果如图 A-5 所示。

(12) 将该工作簿保存在 D 盘创建的文件夹下,命名为"电子表格函数练习"。

综合操作练习

(1) 在 Sheet1 工作表中输入如图 A-5 的内容。

(2) 工作表格式设置为标题黑体字、16 号字、合并居中。

(3) 行标题为仿宋字体、14 号字、底纹颜色浅灰色,工作表的所有数据居中对齐、双细线边框,如图 A-6 所示。

(4) 利用自动求和求出每种产品的一季度的销售额。

(5) 把 Sheet1 工作表中 B3:J8 的数据分别复制到工作表 Sheet2、Sheet3、Sheet4 的 A1:I1 单元格区域中。

(6) 将 Sheet2、Sheet3、Sheet4 工作表设置为最适合的列宽。

学生成绩表

	A	B	C	D	E	F	G	H	I
1				学生成绩表					
2	学号	姓名	性别	英语	数学	计算机	平均成绩	总成绩	名次
3	0221002	范旭东	男	85	88	71	81.3	173	4
4	0221010	梁燕	女	82	70	68	73.3	152	12
5	0231005	李连杰	男	82	81	76	79.7	163	8
6	0231008	成龙	男	84	92	84	86.7	176	2
7	0231009	张雨	男	56	70	53	59.7	126	13
8	0241010	王娟	女	78	81	79	79.3	159	10
9	0241011	刘竞	女	86	70	80	78.7	156	11
10	0241015	王新	男	87	84	85	85.3	171	5
11	0251001	王思思	女	94	87	90	90.3	181	1
12	0151006	黎明	男	83	79	82	81.3	162	9
13	0151002	白云	女	84	90	81	85.0	174	3
14	0121002	章华	女	85	82	78	81.7	167	6
15	0121003	李双	男	80	84	81	81.7	164	7
16									
17		平均成绩		82	81.385				
18		最好成绩		94	92				
19		最差成绩		56	70				
20		女生成绩和		509	480				
21		男生人数	7						
22		>=80	27						

图　A-5

佳美家电商场一季度销售表（2004年）

产品编号	产品类别	产品名称	单价	一月	二月	三月	四月	销售额
0101	电视机	长虹	1500	7500	9000	4500	9000	31500
0201	洗衣机	小鸭	1230	4920	6150	8610	8610	29520
0301	空调	美利	2345	4690	4690	7035	9380	28140
0401	DVD	惠名	560	1680	2240	2800	1680	8960
0501	冰箱	新新	900	2700	1800	4500	5400	15300

图　A-6

（7）将 Sheet1 更名为表 1,颜色为紫色;Sheet2 更名为表 2,颜色为蓝色;Sheet3 更名为表 3,颜色为橙色;Sheet4 更名为表 4,颜色为绿色。

（8）在表 2 中利用排序(降序)排列销售额,如图 A-7 所示。

	A	B	C	D	E	F	G	H	I
	产品编号	产品类别	产品名称	单价	一月	二月	三月	四月	销售额
	0101	电视机	长虹	1500	7500	9000	4500	9000	31500
	0201	洗衣机	小鸭	1230	4920	6150	8610	8610	29520
	0301	空调	美利	2345	4690	4690	7035	9380	28140
	0501	冰箱	新新	900	2700	1800	4500	5400	15300
	0401	DVD	惠名	560	1680	2240	2800	1680	8960

图　A-7

（9）在表中,利用自动筛选筛选出销售额的前 3 名(最大),如图 A-8 所示。

	A	B	C	D	E	F	G	H	I
	产品编号	产品类别	产品名称	单价	一月	二月	三月	四月	销售额
	0101	电视机	长虹	1500	7500	9000	4500	9000	31500
	0201	洗衣机	小鸭	1230	4920	6150	8610	8610	29520
	0301	空调	美利	2345	4690	4690	7035	9380	28140

图　A-8

（10）利用自动求和求出总销售额和各销售额占总额的百分比，制作总销售额百分比饼图，设置图标题为"一季度销售总额百分比图"，楷体、22号字，如图 A-9 所示。

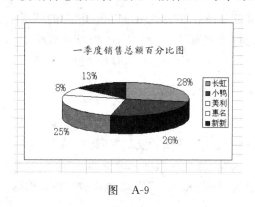

图　A-9

A.4　PowerPoint 习题

A.4.1　选择题

（1）PowerPoint 2007 演示文稿保存的默认文件扩展名是（　　　）。

    A. pptx　　　　　　B. exe　　　　　　C. bat　　　　　　D. bmp

（2）幻灯片上可以插入（　　　）等多媒体信息。

    A. 声音、音乐和图片　　　　　　B. 声音和影片

    C. 声音和动画　　　　　　　　　D. 剪贴画、图片、声音和影片

（3）幻灯片中占位符的作用是（　　　）。

    A. 表示文本长度　　　　　　　　B. 限制插入对象的数量

    C. 表示图形大小　　　　　　　　D. 为文本、图形预留位置

（4）PowerPoint 的"自定义动画"包含（　　　）。

    A. 添加效果　　　　　　　　　　B. 切换声音、速度

    C. 切换方式　　　　　　　　　　D. A、B、C

（5）PowerPoint 的"超链接"命令可实现（　　　）。

    A. 幻灯片之间的跳转　　　　　　B. 演示文稿幻灯片的移动

    C. 中断幻灯片的放映　　　　　　D. 在演示文稿中插入幻灯片

（6）PowerPoint 2007 的扩展名为 .potx 是（　　　）文件类型？

    A. 演示文稿　　　B. 模板　　　　C. 其他版本文稿 D. 可执行

（7）在（　　　）方式下能实现用一个屏显示多张幻灯片。

    A. 幻灯片视图　　　　　　　　　B. 大纲视图

    C. 幻灯片浏览视图　　　　　　　D. 备注页视图

（8）如要终止幻灯片的放映，可直接按（　　　）键。

    A. Ctrl＋C　　　　B. Esc　　　　C. End　　　　D. Alt＋F4

（9）"设计"选项卡中"背景"组的"背景样式"有内置（　　）个背景样式。

    A. 12　　　　　　　B. 10　　　　　　C. 30　　　　　　　D. 50

（10）保存（　　），可以在没有安装 PowerPoint 软件的计算机上播放。

    A. 自动播放幻灯片光盘　　　　B. 幻灯片放映

    C. U 盘上　　　　　　　　　　D. 模板

A.4.2　操作题

制作演示文稿练习

（1）制作一个含有四张幻灯片的演示文稿"唐诗三首"。

（2）第一张标题处输入"唐诗三首"，副标题处输入"你的姓名"。

（3）第二、三、四张设置"标题和文本"版式，标题处输入"标题和作者"，文本处输入诗的内容，见图 A-10 所示。

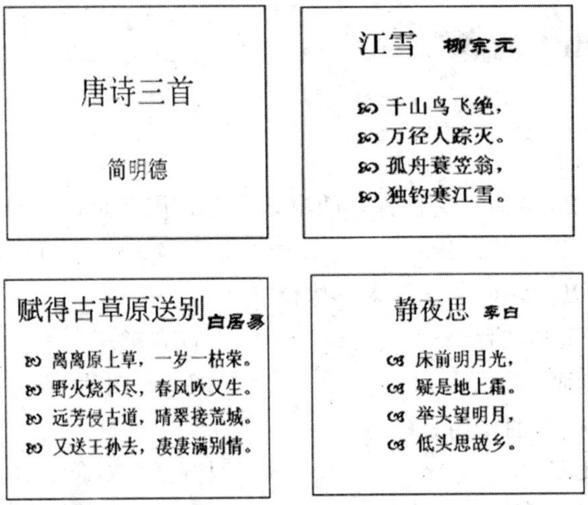

图 A-10

（4）将每首诗添加项目符号。

（5）调整行距、文字居中等。

（6）将该演示文稿保存在 D 盘创建的文件夹中，命名为"演示文稿练习1"。

修饰演示文稿练习

（1）打开"演示文稿练习1"。

（2）将四张幻灯片设置不同的背景。

（3）将四张幻灯片插入相应的图片。

（4）将四张幻灯片的标题设置艺术字。

（5）根据自己的喜好进一步修饰幻灯片。

（6）将该演示文稿保存在 D 盘创建的文件夹中，命名为"演示文稿练习2"。

插入组织结构图练习

（1）利用组织结构图，创建演示文稿六张幻灯片。

(2)插入一个组织结构图,结构图的类型和文字内容如图 A-11。

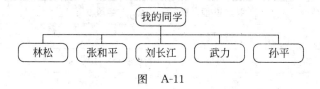

图　A-11

（3）将每个同学设置超链接,链接到的幻灯片中要有该同学的照片、姓名、性别、特长、优点等文字介绍。

（4）在每张幻灯片上设置母板背景,背景的样式自定。

（5）将该演示文稿保存在 D 盘创建的文件夹中,命名为"演示文稿练习3"。

插入声音练习

（1）制作"家乡美"演示文稿(不少于 6 张)。

（2）要求有图片、图片说明、地理位置、风土人情等方面的介绍。

（3）将每张幻灯片中的图片、图片说明设置自定义动画(自定)。

（4）将每张幻灯片设置幻灯片切换(自定)。

（5）插入声音(歌曲、音乐),要与主题贴切。

（6）将该演示文稿保存在 D 盘创建的文件夹中,命名为"演示文稿练习4"。

A.5　Access 习题

A.5.1　简答题

（1）试写出建立 Access 2007 数据库和数据表的扩展名。

（2）建立数据库有几种不同方法? 写出实现的步骤。

（3）在数据库中建立数据表有几种不同的方法?

（4）数据表中允许使用哪些数据类型?

（5）在数据库中如何建立窗体? 写出实现的步骤。

（6）在数据库中如何建立查询? 写出实现的步骤。

（7）在数据库中如何建立报表? 写出实现的步骤。

A.5.2　操作题

（1）创建 3 个表,各表的结构如表 A-1～表 A-3 所示。

表 A-1　"学生自然情况表"的字段类型

字段名	字段类型	字段长度	索引类型
学号	字符型	6	主索引
姓名	字符型	6	—
性别	字符型	2	—

字段名	字段类型	字段长度	索引类型
籍贯	字符型	10	—
出生年月	日期/时间型	8	—
电话	数字型	13	—
电子邮件	字符型	20	—
照片	OLE 对象	默认	—

表 A-2　"学生必修课程表"的字段类型

字段名	字段类型	字段长度	小数位	索引类型
学号	字符型	6	—	主索引
外语	数字型	5	1	—
哲学	数字型	5	1	—
法律	数字型	5	1	—
心理学	数字型	5	1	—
总分	数字型	5	1	—

表 A-3　"学生选修课程表"的字段类型

字段名	字段类型	字段长度	小数位	索引类型
学号	字符型	6	—	主索引
古典音乐欣赏	数字型	5	1	—
台球	数字型	5	1	—
保健	数字型	5	1	—
油画	数字型	5	1	—
总分	数字型	5	1	—

（2）在三个表中输入至少 10 个学生的记录。

（3）将三个表建立表间关系。

（4）利用查询"设计视图"创建"学生必修课程表"的选择查询。

（5）利用"简单查询向导"创建"学生必修课程表"的追加查询。

（6）利用"简单查询向导"创建"学生选修课程表"的总分排序查询。

（7）利用"向导创建窗体"创建包含这三个表的数据操作窗体，其中"学生自然情况表"是主表，其他两个是与主表一对一的关联表。

（8）利用"向导创建报表"创建包含"学号"、"姓名"和两个表"总分"字段的报表。

（9）利用"向导创建报表"创建"学生必修课程表"的"总分"字段的平均值的报表。

（10）利用"向导创建报表"创建"学生选修课程表"的"总分"字段的平均值的报表。

附录 B

部分习题参考答案

B.1　Windows 7 选择题参考答案

(1) A	(2) B	(3) D	(4) A	(5) A
(6) D	(7) B	(8) C	(9) A	(10) D
(11) C	(12) A	(13) B	(14) D	(15) C
(16) A	(17) B	(18) D	(19) A	(20) C

B.2　Word 选择题参考答案

(1) A	(2) D、B 和 A	(3) C	(4) B	(5) D
(6) D	(7) A	(8) B	(9) D	(10) A

B.3　Excel 填空题参考答案

(1) xlsx　(2) 以左对齐方式　(3) 以右对齐方式　(4) Ctrl　(5) 单引号
(6) 惊叹号　(7) $　(8) 3 个　(9) 单元格　(10) Sheet1.2.3

B.4　PowerPoint 选择题参考答案

(1) A	(2) D	(3) D	(4) D	(5) A
(6) B	(7) C	(8) B	(9) A	(10) A

参 考 文 献

［1］ 柏松.Office 2007 标准培训教程［M］.上海:上海科学普及出版社,2008.

［2］ 华信卓越.Office 2007 办公应用［M］.北京:电子工业出版社,2008.

［3］ 翟晓晓,等.玩转 Windows 7［M］.北京:机械工业出版社,2010.

［4］ 付林.Windows 7 使用指南［M］.北京:电子工业出版社,2009.

［5］ 龙腾科技.Access 2007 循序渐进教程［M］.北京:科学出版社,2008.

［6］ 黄立,等.Office 2007 商务办公［M］.北京:人民邮电出版社,2007.

［7］ 罗刚君.Excel 2007 函数案例速查宝典［M］.北京:电子工业出版社,2009.

［8］ 龚沛曾.大学计算机基础(第五版)［M］.北京:高等教育版社,2009.

［9］ 侯冬梅.常用办公软件综合实训教程［M］.北京:清华大学出版社,2009.

［10］ 孙慧.最新常用软件的使用［M］.北京:清华大学出版社,2008.